生命と環境

林 要喜知・細谷夏実・矢澤洋一　編著

三共出版

はじめに

1 本書の内容について

　地球上に住む人間を初めとする「生命」と，それに関わる「地球環境問題」は，近年，大きな関心が寄せられている分野の一つである。それだけに近年出版されているテキストには，「環境」に関するものが数多くある。今回のこのテキスト執筆に加わった私達自身がこの10～20年間に渡り，学生諸君を前にして「環境」について講義を重ねてきた。そして現在発行されているテキストの多くは，理工学系の著者が多く，生物学系等の著者が少ない事に気がついていた。

　今回，このテキストを作成するにあたり，私たちは「生命と環境」というタイトル通りに，「生命」と「環境」を第Ⅰ編と第Ⅱ編に別けて記述することにした。まず，「生命」について学んだ後に，次いでそれを取り巻く「環境」を学習していただくことを意図したわけである。もちろん，第Ⅱ編の「環境」から入って学んでも無理なく進んでいけるようにも配慮した内容に組み立ててある。

　第Ⅰ編の「生命」は，全12章からなり，「地球誕生」から「生命の誕生」に続く「生命を構成する物質」，「生命を維持するエネルギーと代謝」，それに「受精と発生と進化と遺伝」，「生体防御と生活習慣病」に続き，最終章（第12章）に「生命科学の最近の話題（ニュース）」を掲載した。

　第Ⅱ編の「環境」においては，まず，我が国の公害問題の原点といわれる，「足尾銅山の歴史」と「水俣病」を学んでもらう事を第一とした。この二つは「環境」を学ぶ時にまず耳にするのであるが，著者である豊田氏を除いた私たちの中にも，このようにコンパクトにまとめられた公害の歴史を読むことが初めての人が多く，非常に面白くかつ興味を持つことができた。それに引き続いて「水質」，「土壌」，「大気」と「地球温暖化」といった地球環境を学んだ後，今や世界の国々の関心事となっている，「エネルギー問題」を中心にして，「食と農の安全」さらに「新興感染症」，「アレルギー」などについて諸君は学ぶことになる。同時に現在は，いろいろな国々が一致して世界規模で地球環境を守るために協同歩調を取らなくてはならない時期を迎えていることをこの 2 と 3 で理解することになるであろう。このテキストで学んだ知識をもとに地球環境がよりよくなるように諸君が，少しずつでも実践に移していかれることを期待する。

2 環境ISO（イソ）― ISO14000 シリーズ ―[1)]

　1922年の地球サミット（国連環境開発会議）においては，「企業は経済活動を行うのみならず，地球の将来あるいは環境を健全に保つ上で重要な役割を担わなければならない」という21世紀の企業のあり方が明確に打ち出された。この会議をきっかけに，ISO（International Organization for Standardization，国際標準化機構）も地球環境問題に積極的に関わるようになり，1996年には「地球環境に配慮した企業経営の標準化規格」を定めた。これが「ISO14000シリーズ」（別名，環境ISO）である。この規格は，企業の規模や種類にかかわらず，すべての組織に適用される。

環境 ISO の目指すことは，(1) グリーン購入，グリーン調達（グリーンとは「環境に優しい製品や原料」をいい，文具，事務機器，車，あるいは各種原料など企業活動に必要な資機材はグリーンなものを購入・調達するという），(2) 環境への汚染物質放出の減少 (3) 廃棄物の減量化 (4) 省資源 (5) 省エネルギー (6) リサイクルの向上などであり，これらを実現することによって企業の社会的責任（環境保全と循環型社会への寄与）を果たし，環境に関する意識の向上を図ることなどを目指している。

「環境 ISO」は，環境に関する世界基準として認められており，世界の主要国の国家規格として定められている。日本の環境 ISO 認証取得件数は世界の中で突出しているが，これらは日本企業（製造業，サービス業）や各種組織（役所，病院，学校）が環境問題に対する意識が高いことの現れであり，また各国と取引を行う際の輸出の障壁を越えておくための一つの手段として環境 ISO を位置づけているためでもある。

3 HACCP（ハサップ）と ISO9000[2]

食品を製造する際には，原材料の輸送・保管，調理・加工，包装，流通のすべての行為で衛生的に取り扱うように細心の注意が必要である。

かつては，商品の安全確認は，最終製品のランダムなサンプリング検査によって行われていた。しかし，この方法では確率的に安全性が高いことは保証されるが，100％安全というわけにはいかない。そこで，近年，人の健康を損なう危害の発生を予防するために，工程中の重要な管理点を監視するという考え方が宇宙飛行士の食品生産方式として，NASA（米国航空宇宙局）で考案された。HACCP（Hazard Analysis of Critical Control Point：危害分析重要管理点管理）とはこの食品品質管理方法である。この管理方法の方が最終製品の検査による管理方法よりも高い確率で食品の安全を保証できると国際的な合意がなされている。近年では，多くの国々で HACCP システムによらない食品の輸出，輸入は困難になってきている。

特に，輸入食品の依存度が高い我が国においては，国際的に共通した品質マネジメントが必要な時代となっている。現在の HACCP 方式では，その対象が食品の製造・加工業者のみに限定されている。食に関するより良い安全性確保の方策として，農産物製造業者，飼育製造業者，卸業者，輸送業者・容器包装製造業者，サービス供給業者などにも枠を広げ，食品の分野の管理レベルを高める ISO22000 の取り組みなどが提案されている。

一方，食品の品質も安全確保に重要な要因である。近年のように，食品の国際的な動きが活発になってくると，品質基準の国際化は必要である。国際基準化機構が発行する，品質マネジメントシステムに関する規格（ISO9000 シリーズ）は，製品の品質管理の手法として注目されている。なお，ISO が発行する国際規格には，目的に応じていくつかのシリーズがある。先にも述べた ISO9000 シリーズの他に，環境管理システムに関する ISO14000 シリーズなどもある。これらは，製品管理システムの有効性を審査登録機関が審査し認証するため，製品の品質管理レベルを公的に明示しているものである。

参考文献
1) 合原 眞ほか，「人と環境―循環型社会をめざして」，三共出版（2002）
2) 鮫島邦彦，高橋史生編，「ニューフードサイエンス」，三共出版（2005）

目次

第Ⅰ編　生　命

第1章　生命の誕生とその進化

1-1　は じ め に ……………………………………………………… 2
1-2　宇宙の誕生と進化 ……………………………………………… 2
1-3　原始生命の誕生 ………………………………………………… 4
　　1-3-1　地球上の化学進化 ……………………………………… 4
　　1-3-2　生 物 進 化 ……………………………………………… 4

第2章　生命を維持する物質

2-1　は じ め に ……………………………………………………… 11
2-2　水 …………………………………………………………………… 11
2-3　タンパク質 ……………………………………………………… 13
2-4　炭 水 化 物 ……………………………………………………… 16
2-5　脂　　質 ………………………………………………………… 18
2-6　核　　酸 ………………………………………………………… 20
2-7　ミネラル（無機質）…………………………………………… 24
2-8　ビ タ ミ ン ……………………………………………………… 26

第3章　細　　胞

3-1　は じ め に ……………………………………………………… 28
3-2　細胞の種類 ……………………………………………………… 28
3-3　細胞のしくみ …………………………………………………… 29
　　3-3-1　細胞膜と細胞壁 ………………………………………… 29
　　3-3-2　膜構造をもつ細胞内小器官 …………………………… 32
　　3-3-3　膜構造をもたない細胞内小器官 ……………………… 35
3-4　単細胞生物と多細胞生物 ……………………………………… 38

第4章　生体エネルギー

- 4-1　はじめに……………………………………………………………………40
  - 4-1-1　熱力学第一法則……………………………………………………40
  - 4-1-2　エントロピーと熱力学の第二法則………………………………41
  - 4-1-3　ギブス（Gibbs）の自由エネルギー………………………………41
  - 4-1-4　ギブスの標準自由エネルギーと自由エネルギー………………42
- 4-2　生体エネルギーの合成とその利用……………………………………42
  - 4-2-1　好気性生物によるエネルギー獲得………………………………43
  - 4-2-2　好気・嫌気条件でのエネルギーの獲得…………………………44
- 4-3　自由エネルギーを利用したATP生成の仕組み………………………45
  - 4-3-1　基質準位のATP生成………………………………………………45
- 4-4　ミトコンドリアによるATPの産生……………………………………46
  - 4-4-1　ミトコンドリアの電子伝達系とATP生成………………………46
- 4-5　光エネルギーによるATPの合成………………………………………48

第5章　代　　謝

- 5-1　栄養素の代謝……………………………………………………………50
  - 5-1-1　糖　代　謝…………………………………………………………50
  - 5-1-2　脂　質　代　謝……………………………………………………52
  - 5-1-3　アミノ酸の代謝……………………………………………………54
- 5-2　環境汚染物質の代謝（解毒または活性化）……………………………55
  - 5-2-1　第一段階代謝反応…………………………………………………55
  - 5-2-2　第二段階代謝反応…………………………………………………55
  - 5-2-3　発ガン前駆物質の活性化…………………………………………55
  - 5-2-4　ガンを遠ざける食品………………………………………………57

第6章　受精と発生

- 6-1　はじめに…………………………………………………………………58
- 6-2　受　　精…………………………………………………………………58
  - 6-2-1　卵の受精に向けての準備…………………………………………58
  - 6-2-2　精子の受精に向けての準備………………………………………60
  - 6-2-3　ウニ類における卵と精子の接触から核融合まで………………60
  - 6-2-4　哺乳類における卵と精子の接触と結合…………………………62

6-2-5　性の決定	……………………………………	63
6-3　発　　生	…………………………………………………	64
6-3-1　初期発生のしくみ	…………………………………	64
6-3-2　ヒトの発生1	………………………………………	66
6-3-3　ヒトの発生2	………………………………………	67
6-3-4　多　　胎	……………………………………………	69

第7章　脳と進化

7-1　はじめに	……………………………………………………	71
7-2　脳の発生	……………………………………………………	71
7-3　延髄・小脳	…………………………………………………	74
7-4　中　　脳	……………………………………………………	75
7-5　間脳と大脳	…………………………………………………	77

第8章　遺伝のしくみ

8-1　はじめに	……………………………………………………	80
8-1-1　メンデルの法則	……………………………………	80
8-1-2　染　色　体	…………………………………………	81
8-2　遺伝物質の本体	……………………………………………	83
8-2-1　遺伝子の本体-DNA-	………………………………	83
8-2-2　DNAと遺伝子	………………………………………	84
8-3　DNAの複製	…………………………………………………	85
8-3-1　DNA複製のしくみ	…………………………………	85
8-3-2　テロメア	……………………………………………	86
8-4　遺伝子の発現	………………………………………………	87
8-4-1　転　　写	……………………………………………	87
8-4-2　翻　　訳	……………………………………………	88

第9章　ゲノムDNAと遺伝子変異

9-1　はじめに	……………………………………………………	90
9-1-1　コード遺伝子と非コード遺伝子	…………………	90
9-1-2　ゲノムDNAにおける遺伝子分布	…………………	92
9-1-3　非遺伝子DNAの特徴	………………………………	93

9-1-4　新規遺伝子の発見 …………………………………………… 95
9-2　遺伝子変異と疾患 ……………………………………………………… 96
　　9-2-1　DNA 複製と修復 ……………………………………………… 96
　　9-2-2　遺伝子の変異 ………………………………………………… 98
　　9-2-3　変異部位と病気 ……………………………………………… 99
　　9-2-4　遺伝子 DNA の後成的修飾 ………………………………… 100

第 10 章　生体の防御機構

10-1　はじめに ……………………………………………………………… 102
10-2　動物の生体防御の全体像をとらえる ……………………………… 102
　　10-2-1　自然免疫 ……………………………………………………… 102
　　10-2-2　自然免疫を担当する細胞の進化 ………………………… 103
10-3　獲得免疫（細胞性免疫と体液性免疫）…………………………… 104
　　10-3-1　獲得免疫を担当する細胞の進化 ………………………… 104
　　10-3-2　獲得免疫反応の概観 ……………………………………… 106
　　10-3-3　主要組織適合複合体（MHC）とその役割 ……………… 107
　　10-3-4　体液性免疫（B 細胞による抗体産生）………………… 109
　　10-3-5　補体 ………………………………………………………… 110
10-4　免疫疾患 ……………………………………………………………… 111
　　10-4-1　先天性免疫疾患 …………………………………………… 111
　　10-4-2　後天性免疫疾患 …………………………………………… 111

第 11 章　生活習慣病

11-1　はじめに ……………………………………………………………… 114
11-2　ヒトの食物代謝 ……………………………………………………… 114
11-3　病気の発症要因 ……………………………………………………… 115
11-4　生活環境と疾患 ……………………………………………………… 117
　　11-4-1　メタボリックシンドローム ……………………………… 117
　　11-4-2　ガン ………………………………………………………… 118
　　11-4-3　アルツハイマー病 ………………………………………… 120
11-5　環境要因による変異遺伝子の保持 ………………………………… 122
11-6　多因子遺伝病の解析 ………………………………………………… 124

第12章　生命科学の最近の話題

- 12-1　多能性幹細胞 ……………………………………………… 125
    - 12-1-1　ES 細胞 ………………………………………… 125
    - 12-1-2　人工万能幹細胞 ………………………………… 127
- 12-2　魚の性決定 ………………………………………………… 129
    - 12-2-1　魚の雌雄を産み分ける ………………………… 129
    - 12-2-2　魚の性転換 ……………………………………… 131
    - 12-2-3　我が国の魚介類の養殖 ………………………… 133

第 II 編　環　　境

第13章　公害と生物学

- 13-1　足尾銅山の歴史と生態系 …………………………………… 140
- 13-2　水俣病－生物学的立場から ………………………………… 144

第14章　水質汚濁

- 14-1　はじめに ……………………………………………………… 149
- 14-2　水の種類 ……………………………………………………… 149
- 14-3　陸水の汚染 …………………………………………………… 149
- 14-4　海水の汚染 …………………………………………………… 151
- 14-5　濃度表示法 …………………………………………………… 152
- 14-6　まとめ ………………………………………………………… 153

第15章　土壌汚染

- 15-1　土壌汚染とは ………………………………………………… 155
- 15-2　重金属による汚染 …………………………………………… 155
    - 15-2-1　重金属汚染の原因 ………………………………… 157
- 15-3　農薬汚染とは ………………………………………………… 158
    - 15-3-1　農薬の種類と土壌汚染 …………………………… 159
- 15-4　化学肥料による汚染 ………………………………………… 162
    - 15-4-1　硝酸態窒素の影響 ………………………………… 162

第 16 章　大気汚染と地球温暖化

- 16-1　はじめに ……………………………………………………… 164
- 16-2　大気汚染 ……………………………………………………… 164
  - 16-2-1　大気とその組成 ………………………………………… 164
  - 16-2-2　大気汚染物質の起源とその性質 ……………………… 165
  - 16-2-3　大気汚染による公害 …………………………………… 167
- 16-3　地球温暖化 …………………………………………………… 169
  - 16-3-1　地球の平均気温の変化 ………………………………… 169
  - 16-3-2　地球温暖化の要因 ……………………………………… 170
- 16-4　まとめ ………………………………………………………… 170

第 17 章　エネルギーと地球環境

- 17-1　はじめに ……………………………………………………… 171
- 17-2　エネルギーと日本 …………………………………………… 171
  - 17-2-1　人類のエネルギー使用と展望 ………………………… 171
  - 17-2-2　エネルギー資源の分類 ………………………………… 172
  - 17-2-3　主要諸外国と我が国のエネルギー情勢と対策 ……… 173
- 17-3　化石エネルギー ……………………………………………… 178
  - 17-3-1　石　　油 ………………………………………………… 178
  - 17-3-2　石　　炭 ………………………………………………… 179
  - 17-3-3　ガ　　ス ………………………………………………… 179
- 17-4　原子力エネルギー …………………………………………… 180
  - 17-4-1　原子の構造と核エネルギー …………………………… 180
  - 17-4-2　原子力発電のしくみと原子炉の様式 ………………… 182
  - 17-4-3　我が国と諸外国の原子力発電所の現状と将来 ……… 183
  - 17-4-4　原子力発電の新しい計画 ……………………………… 184
  - 17-4-5　原子力発電の問題点 …………………………………… 185
- 17-5　再生可能エネルギー ………………………………………… 187
  - 17-5-1　水　　力 ………………………………………………… 187
  - 17-5-2　太陽光発電 ……………………………………………… 187
  - 17-5-3　風　　力 ………………………………………………… 190
- 17-6　バイオマスエネルギー ……………………………………… 192
  - 17-6-1　バイオエタノール ……………………………………… 192
  - 17-6-2　その他のバイオエネルギー …………………………… 193

- 17-7 燃料電池 …………………………………………… 195
  - 17-7-1 燃料電池の歴史 …………………………… 195
  - 17-7-2 特徴 ………………………………………… 195
  - 17-7-3 エネルギー生産の原理と方法 …………… 196
  - 17-7-4 我が国の燃料電池普及 …………………… 197
- 17-8 地熱発電 …………………………………………… 198
- 17-9 リサイクルエネルギー …………………………… 199
  - 17-9-1 廃棄物発電 ……………………………… 199
  - 17-9-2 廃棄物熱利用と廃棄物燃料製造 ………… 199
- 17-10 未使用エネルギー ……………………………… 200
- 17-11 石油代替えエネルギーと核融合エネルギー … 201
  - 17-11-1 オイルサンド ………………………… 201
  - 17-11-2 超重質油 ……………………………… 202
  - 17-11-3 メタンハイドレート ………………… 202
  - 17-11-4 核融合発電 …………………………… 202
- 17-12 コージェネレーション（コジェネ）………… 203
- 17-13 地球温暖化とその対策 ………………………… 204
  - 17-13-1 地球温暖化とアレニウス …………… 204
  - 17-13-2 地球温暖化防止に向けて …………… 206

第18章 有害化学物質による過敏症・アレルギー

- 18-1 免疫のしくみ …………………………………… 208
  - 18-1-1 免疫とは ………………………………… 208
  - 18-1-2 細胞性免疫と体液性免疫 ……………… 209
  - 18-1-3 免疫記憶とワクチン …………………… 211
- 18-2 アレルギー ……………………………………… 212
  - 18-2-1 アレルギーとは ………………………… 212
  - 18-2-2 食物アレルギー ………………………… 213
  - 18-2-3 花粉症 …………………………………… 215
  - 18-2-4 アナフィラキシーショック …………… 215
- 18-3 化学物質過敏症 ………………………………… 216
  - 18-3-1 新築の家が病気をもたらす―シックハウス症候群 … 216
  - 18-3-2 化学物質過敏症の原因因子 …………… 217

第19章　新興感染症

- 19-1　はじめに ……………………………………………………………… 220
- 19-2　SARSとマールブルグ熱 …………………………………………… 221
  - 19-2-1　近隣の出来事，遠方の出来事 ………………………………… 221
  - 19-2-2　三つの感染経路 ………………………………………………… 222
  - 19-2-3　流行拡大型のSARSと地域限局型のマールブルグ熱 ……… 223
  - 19-2-4　流行拡大が起こったアフリカの事情 ………………………… 224
- 19-3　地球規模で流行している新興感染症 ……………………………… 224
  - 19-3-1　HIV …………………………………………………………… 224
  - 19-3-2　インフルエンザウイルス ……………………………………… 225
  - 19-3-3　プリオン病 ……………………………………………………… 227
- 19-4　新興感染症の発生と伝播 …………………………………………… 227
  - 19-4-1　新興感染症発症の歴史 ………………………………………… 227
  - 19-4-2　環境や生態系の変化による伝播 ……………………………… 228
  - 19-4-3　人為的な伝播 …………………………………………………… 229
  - 19-4-4　日本における感染拡大の可能性 ……………………………… 230
- 19-5　感染症対策の問題点 ………………………………………………… 230
- 19-6　感染症対策の将来 …………………………………………………… 231

第20章　食と農の安全

- 20-1　食に対する不安の増大 ……………………………………………… 233
- 20-2　日本の食糧事情の現状 ……………………………………………… 234
- 20-3　きれいで長持ちに潜む危険―食品添加物― ……………………… 235
- 20-4　遺伝子組み換え食品 ………………………………………………… 237
  - 20-4-1　遺伝子組み換え食品とはどのようなものか ………………… 237
  - 20-4-2　遺伝子組み換え食品の安全性 ………………………………… 238
  - 20-4-3　遺伝子組み換え食品の表示 …………………………………… 240
- 20-5　家畜はつくられる …………………………………………………… 241
  - 20-5-1　クローンウシの生産 …………………………………………… 241
  - 20-5-2　BSE ……………………………………………………………… 243
- 20-6　これからの食と農 …………………………………………………… 244
  - 20-6-1　地産地消 ………………………………………………………… 244
  - 20-6-2　トレーサビリティ ……………………………………………… 244

索　引 ……………………………………………………………… 247

第Ⅰ編 生命

第1章　生命の誕生とその進化

1-1　はじめに

　地球上の「生命の誕生とその進化」を語るには，まず，宇宙の誕生と現在に至るまでの進化を学ぶことから始めていくのが，最も理解しやすいと考えられる。本章においては，宇宙の進化と地球上の原始大気からの化学進化および，地球上に最初に誕生した生物と現在に至るまでの生物進化とその多様性について学ぶことにしよう。

1-2　宇宙の誕生と進化

　宇宙の誕生については，ここ20～30年の間に「100億年～200億年前」ということで諸説があったが，最近になり約138億年前のビッグバン（大爆発）からであるという説に落ち着いてきている。この結果が出るにあたっては，米国の「ハッブル宇宙望遠鏡」や現在世界一とされる日本の「すばる」天文台といった，巨大で秀れた望遠鏡とさらに，その天文台が空気の清澄な高地や宇宙に設置されたおかげであった。
　130億年前には宇宙は1点であり，その大気成分は，最小素粒子（電子を含む6種類のクオークとよばれる原子や分子のもととなる素粒子）であり，この1点ができた途端に大爆発（ビッグバン）を引き起こして，水素（$_1H$）や，ヘリウム（$_2He$）などといった簡単な原子が生成した。そのHやHeが宇宙空間で局所的に密集してどんどんその密度を上昇させていった（数億トン/cm^3）。その内部温度は上昇していき，やがてそれは核融合反応をおこして，Hから$_{26}Fe$までの原子ができる。それらが密集して「暗黒星雲」となり，さらに「原始星」になる。原始星は数億年も経過すると「恒星」へと変化する。誕生した恒星が局所的に密集（～10^{10}個＝100億個）した集団を銀河という。ちなみに，わが太陽系は「天の川銀河」の一員である。そして，現在も新たな恒星が誕生しつづけており，宇宙は膨張を続けている。しかし，恒星には寿命もあり図1-1に示した経過に従って，恒星の誕生と消滅が起こる。なお，クオークの存在を予言した日本の小林誠，益川敏英の両博士は，南部陽一郎博士とともに2008年にノーベル物理学賞を受賞した。
　恒星の寿命は数10億～100億年位といわれており，誕生後50億年を経過した太陽の寿命は，あと40億余年位といわれている。その頃になると太陽は膨張を始めて，巨大な赤色巨星へと変化する。赤色巨星となった太陽は，火星のあたりまでの半径をもつ程に巨大なものとなり，その時に地球は太陽にのみこまれて滅亡を迎えることになる。太陽が膨張

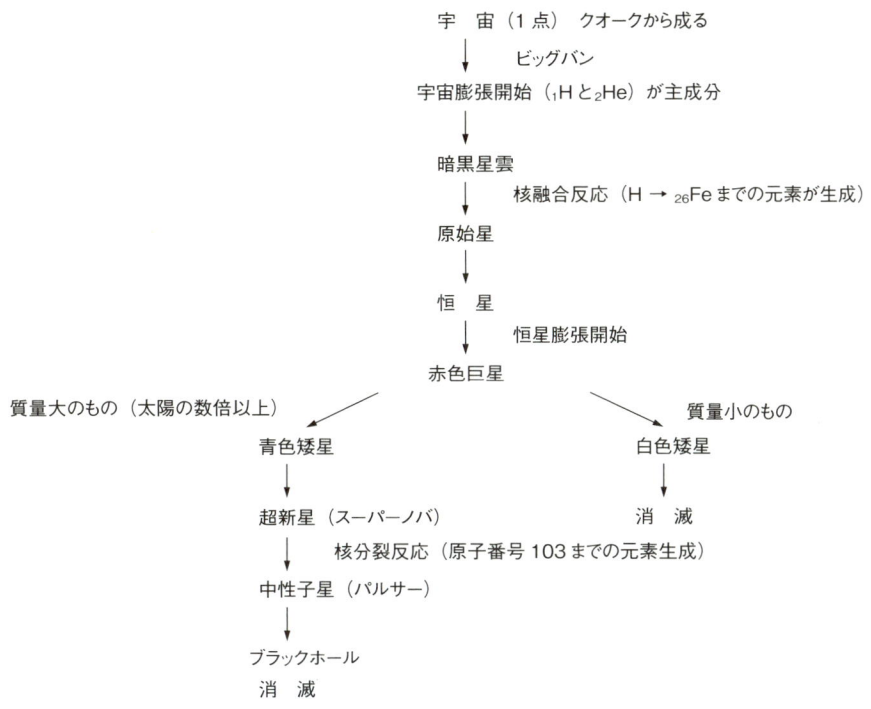

図 1-1　宇宙の起源と恒星の一生

を始めた時に，地球上の人類が宇宙船に分乗して，地球外の生存に適した星に向かって移住を目指すという SF 小説のプロットは，太陽の一生を頭においてつくられたものである。

恒星は，密度の高いものと，太陽のように密度の低いものに 2 分される。赤色巨星はその密度の差に従って，太陽のような恒星は収縮して白色矮星となり，やがて消滅する。

太陽より，数倍以上密度の高い恒星は赤色巨星から収縮して青色矮星へとなり，さらに収縮していき，やがて超新星となる。その密度が数億トン/cm³ 位になった所で大爆発（核分裂反応）を起こして燃えつきて中性子星とよばれる密度が数十億トン/cm³ 位の高密度を持った中性子のみからなる星（中性子量）へと変化する。すなわち直径 140 万 km の太陽よりもさらに大きい恒星が，直径がわずか 20 km の中性子星になってしまう。この超新星爆発の始めから終末までを詳しく記した世界最古の記録は，平安時代の西暦 1054 年に起きた時のもので，藤原定家が鎌倉時代の 13 世紀初頭（1200 年代）に記した日記「明月記」に詳しく述べられている。

超新星が爆発した時に，現在の自然界に存在する 103 種の元素がすべて揃ったのである。この中性子星がブラックホールとなり，やがて消滅する。宇宙空間ではまた，暗黒星雲が誕生して恒星となり，死を迎える。地球上の自然界に存在している 103 種の元素は宇宙の誕生から恒星の一生の間に生成される。このことを初めて提唱したセカール博士とグプタ博士は，1983 年のノーベル物理学賞を受賞した。

1個の銀河当たり10^{10}個（100億個）の恒星が含まれており，その銀河は～10^{12}（1兆）種類も存在している。したがって$10^{10} \times 10^{12} = 10^{22}$個位の恒星が現在の宇宙に存在するという。まさに天文学的数字である。宇宙は135億年前のビッグバン以来，現在に至るまで膨張を続けており，これからも膨張は続き，恒星も増え続けていくという『宇宙膨張説』は，1929年に米国のハッブルが提唱した。さらに米国のハッブル望遠鏡や日本のすばるといった高性能望遠鏡等を持った天文台による観測技術の向上により，宇宙のはてにあって今迄発見されなかった恒星の発見によっても確認される恒星の数はさらに増え続けるであろう。なお「すばる」天文台は，空気の清浄な米国ハワイ州のハワイ島にあるマウナケア火山山頂の約4,000 mの高所にある。

1-3　原始生命の誕生

1-3-1　地球上の化学進化

太陽を構成する物質をもとにして，今から約46億年前に地球が誕生した。ちなみに太陽の惑星の一つである地球の直径は約1.4万kmと太陽の百分の1にすぎない。当時の原始地球上の大気の構成成分は，水素（H_2），窒素（N_2），青酸（シアン化水素 HCN），アンモニア（NH_3），一酸化炭素（CO），ホルムアルデヒド（HCHO），水蒸気（H_2O）といった簡単な化学物質であったと考えられている。酸素は当時には存在しなかったとされるが，微量だが存在していたという説もある。上記の大気成分を出発物質として，その当時の高温多湿とされる気候条件下で，生命が生まれたとされる40億年前位までの約6億年間をさして化学進化の時代といわれる。その間に生命を構成する化学成分であるRNA（リボ核酸）やDNA（デオキシリボ核酸）といった核酸成分，アデノシン-3-リン酸（ATP），グアノシン-3-リン酸（GTP），ウリジン-3-リン酸（UTP）などといった生体エネルギー化合物，アミノ酸とタンパク質，脂質，炭水化物などといった物質が合成されてきた（図1-2）。

1-3-2　生物進化

約40億年前に地球上に初めて出現した生物はRNAのみから構成されていた。すなわち，RNAワールドの出現であった。ここから生物進化が始まり，現在に至っている。

『生物とは何か？』という定義を明確に打ち出すことは，むつかしい面があるが，一応自己複製・自己増殖ができることが大きな目安となる。1981年にT.チェック（米）によって，池や沼にひっそりと生活している原生動物・繊毛虫類の1種であるテトラヒメナの体内にすんでいる生物リボザイムが，最初に報告されたRNA生物であった。リボザイムはRNAのみからなりたっている。リボザイムの遺伝物質はRNA（リボ核酸）である。一方，我々人間を含めた多くの生物は骨格形成と生体内部の化学代謝反応を触媒する酵素（エンザイム）の役割はタンパク質が行うが，リボザイムのRNAはタンパク質の役割も

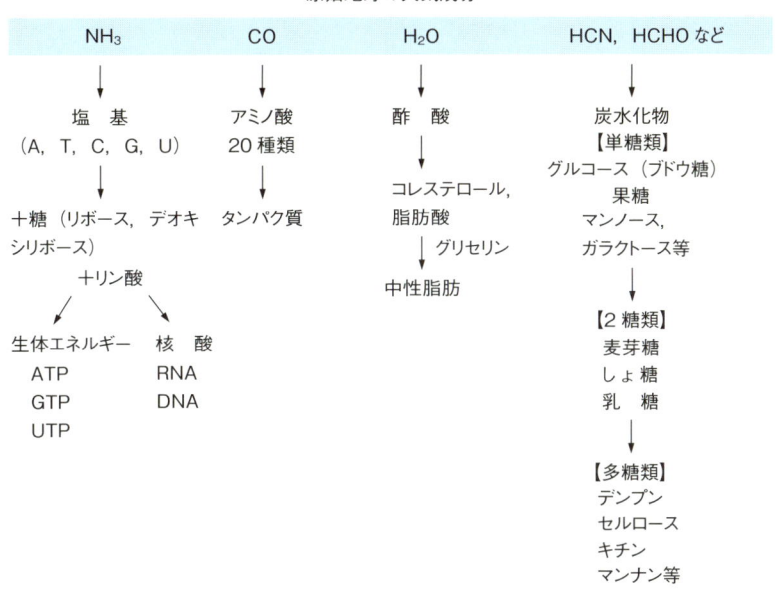

図 1-2　原始地球上の化学的進化

担っていたのである。続いて 1984 年にアルトマン（米）が大腸菌中に存在していた RNA 分解酵素の RNase P は，タンパク質と RNA からなっており，酵素作用と自己増殖作用のいずれもその RNA 部分が行っていると報告した。一方，1956 年頃発見されたジャガイモやせ病病原体は，1971 年に命名されたウイロイド（ウイルスもどき）が RNA のみから成ることから，はじめは無生物と信じられていた。しかし，自己増殖能を有しており，これも RNA 生物であることが判明した。さらに，人間の細胞内小器官のミトコンドリア内にも数種類のリボザイム様 RNA 生物が生息していることが最近確認された。嫌気的条件下で生命が誕生して以来，ひっそりと生息してきたこれらリボザイム様生物（RNA 生物）のさらなる発見がこれからも続き，その機能が解明される日も近いと期待される。なお，チェックとアルトマン両博士は 1989 年にノーベル賞を受賞した。

つづいて，RNA ウイルスが出現した。このウイルスの遺伝物質は RNA であり，その酵素の機能等をタンパク質が行うことになった（表 1-1）。この例として，ポリオウイルス（小児マヒ），ヒト A 型と C 型肝炎ウイルス，インフルエンザウイルス等が RNA ウイルスとして分類されることになった。同じ RNA ウイルスでも，RNA → DNA → mRNA →タンパク質という経路をたどる別タイプの RNA ウイルスが出現した。ここに至って DNA が複製の過程に入ってくるようになったのである。RNA から DNA，それから mRNA へと逆もどりしてからタンパク質が合成されることから，この RNA ウイルスはレトロ（復古する・逆もどりする）ウイルスとよばれるようになった。ここに含まれるウイルスは，HIV（ヒト免疫不全性ウイルス＝ヒトエイズウイルス）や成人 T 細胞白血病ウ

表 1-1 生物の特徴等の比較

	RNA 生物（リボザイム様生物）	RNA ウイルス		DNA ウイルス	原核生物	真核生物
		RNA ウイルス	レトロウイルス			
誕生年代	〜40億年前（?）	36〜40億年前	36〜40億年前（?）	36〜40億年前（?）	〜36億年前	〜15億年前
サイズ（μm）	0.01〜0.1（?）	0.02〜0.3	0.02〜0.3（?）	0.02〜0.3（?）	1〜3μm	10〜数百μm
遺伝物質	RNA（1本鎖）	RNA（1〜2本鎖）	RNA（2本鎖）	DNA（1〜2本鎖）	DNA（2本鎖）	DNA（2本鎖）
酵素作用等	RNA	タンパク質	タンパク質	タンパク質	タンパク質	タンパク質
情報伝達	RNA → RNA	RNA → mRNA → タンパク質	RNA → DNA → mRNA → タンパク質	DNA → mRNA → タンパク質	左同	左同
生物種例	嫌気性 ・リボザイム ・RNase-P ・ウイロイド ・ヒトミトコンドリア中のリボザイム様生物	嫌気性 ・ポリオ（小児マヒ）ウイルス ・狂犬病ウイルス ・ヒトA型及びC型肝炎ウイルス ・エボラ出血熱ウイルス ・ヒトE型肝炎ウイルス	嫌気性 ・ヒト免疫不全ウイルス（HIV） ・ヒトT細胞白血病ウイルス（HTLV）	嫌気性 ・ヒトB型肝炎ウイルス ・天然痘ウイルス ・アデノウイルス ・大腸菌ファージウイルス	嫌気性 ・細菌 ・藍藻類	好気性 ・酵母 ・植物 ・動物

イルス（HTLV）などが実例としてあげられる。

　もう一つは DNA ウイルスであり，ヒトB型肝炎ウイルスやアデノウイルスがその例である。この DNA ウイルスおよび原核生物と真核生物の遺伝子はすべて DNA であり，DNA を鋳型にしてつくられた mRNA からタンパク質が合成されるという経路をたどっていく。1980年以前はこの経路がすべての生物にあてはまると信じられていたので，

　　　DNA　→　mRNA　→　タンパク質

の流れはセントラルドグマとよばれたし，今もそういわれることが多い。しかし，真核生物は以下の経路をたどっている（8-4-1 参照）。

　　　　　　　転写　　　スプライシング　　翻訳
　　　DNA　→　hnRNA　→　mRNA　→　タンパク質

　原核生物が誕生したのは約35億年前のことであり，今も生存している光合成作用のできる藍藻類（シアノバクテリア）が出現した（表1-2）。この時点から少しずつ酸素（O_2）が蓄積されてきて今から10億年位前に，O_2 は現在の大気量（O_2 は現在の大気中に約20%を占めている）の1%の量になった。すなわち，大気量の $20 \times 0.01 = 0.2$% の O_2 が存在するようになり，これ以後生物種が爆発的に増加し始めるのに伴い O_2 も現在の20%へと増加した。その間の約14億年前に真核生物が誕生した。菌類の1種である単細胞生物の酵母に似たものであったと考えられている。今から8億年前に多細胞真核生物が誕生

表 1-2　地球上の化学進化及び生物進化年表

	億年前	生物種	特　徴	
生物進化	2.2	哺乳類	胎生	
	2.5	鳥　類	殻を持つ卵生	
	3.0	爬虫類	同上	
	3.5	両生類	陸上へ進出	
	5.0	魚　類	脊椎動物の誕生	
	5.5	脊索動物		
	8.0	多細胞動物	動・植物の誕生	
	15.0	真核生物		
	36.0	原核生物	呼吸（好気的酸化） 光合成 発酵 嫌気呼吸	
	40.0	ウイルス リボザイム様 RNA 生物	DNA 合成 タンパク質合成 RNA 合成	＜RNA ワールド 　　誕生＞
化学進化	46.0		原始大気より化学物質 の合成	

し，ほどなくして動・植物が出現してきた。さらに 5.5 億年前にホヤやナメクジウオのような脊索動物が誕生した。5 億年前には，脊椎動物の中でも最も原始的な魚類無顎類（円口類）が誕生した。円口類では海に生息するヌタウナギ（メクラウナギ）と河川と海を往復しているヤツメウナギが生きている化石として現存している。日本では，東北・信越・北海道に豊富に生息していたカワヤツメが河川の改修により激減しており，北海道でわずかに生息するだけの状態になっている。これは関東以南の海に生息するヌタウナギと並んで生きている化石として脊椎動物の基礎研究に欠かせない動物である。さらに約 4 億年前に魚類の軟骨魚類（サメとエイ）さらに硬骨魚類，両生類を経て爬虫類，鳥類，次いで約 2 億年前に哺乳類が誕生した。人間は，哺乳類の中でも比較的新しい生物で，数百万年前に登場したにすぎない。動物の系統樹を図 1-3 に示した。そのうち，動物の分類とそれらの例については表 1-3 に掲載した。

また，地球上に現存する生物種のおよその数を表 1-4 に示した。それによると，現在，地球には約 200 万～300 万種におよぶ生物が発見され，同定されている。そのうち，ヒトを含む哺乳類はわずか，4,000 種程度にすぎない。もっとも多い生物は昆虫類と線形動物で 100 万種くらい存在するとされている。多くの未発見の昆虫類のほかに，細菌類や線形動物などは信じられないほど多く地球上に存在していると推定される。

とくに線形動物は，我々人間の注目を集めることもなく約 1,000 種類くらいとされていたが，最近になって 100 万種以上生息しているらしいと推定されるようになった。しか

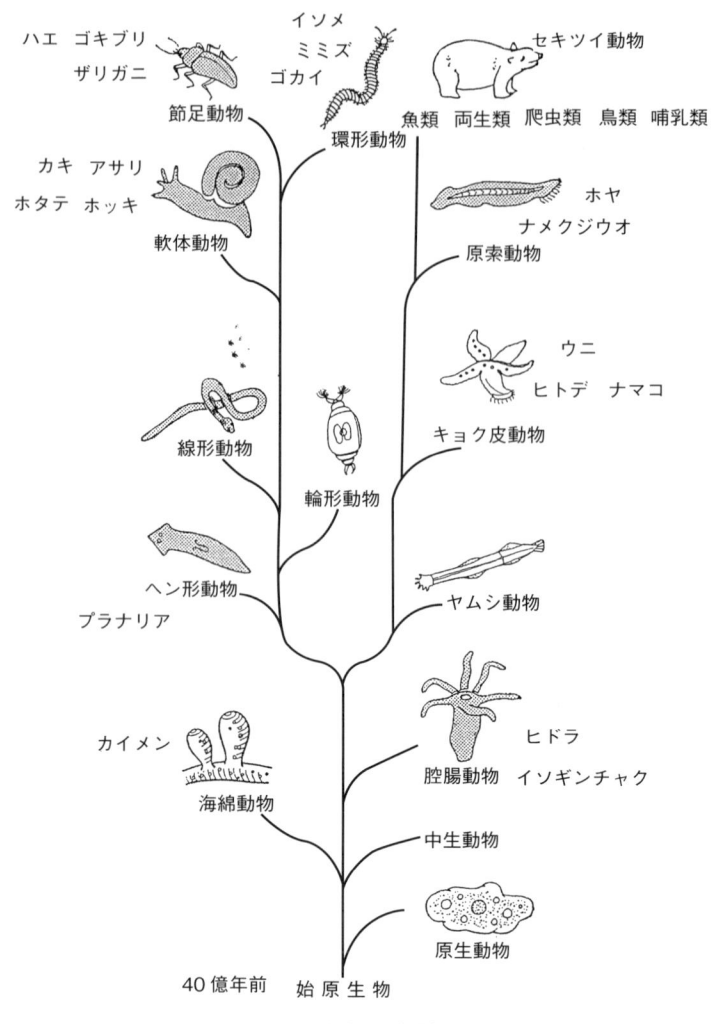

図1-3 動物の系統樹

し，それどころか実際にはもっと多く地球上に生息しており，数百万種以上2千万種にもおよぶのではないかともいわれている。

その一方で，細菌をはじめ絶滅の危機にある多くの生物が報告されている。その多くが人類による密林開発や，エネルギー乱用による地球温暖化を始めとする環境悪化が原因といわれている。

表 1-3　動物の分類

動物門	〈類〉	動物例
原生動物	ベン毛虫類	トリパノゾーマ・トクソプラズマ
	根足虫類	アメーバ・有孔虫・太陽虫・放散虫
	繊毛虫類	ゾウリムシ・ツリガネムシ・テトラヒメナ
	胞子虫類	マラリア病原虫
（中生動物）		ニハイチュウ
海綿動物		ケツボカイメン・カイロウドウケツ・ホッスガイ・イソカイメン
腔腸動物		ヒドラ・カツオノエボシ・ミズクラゲ・ウミサボテン・イソギンチャク
ヘン形動物	ウズムシ類	ナミウズムシ（プラナリア）・コウガイビル
	条虫類	ミゾサナダムシ・カギナシサナダムシ
	吸虫類	日本住血吸虫・ジストマ
（ヒモムシ類）		ナミヒモムシ・マミズヒモムシ
線形動物	輪虫類	ミジンコワムシ・ヒルガタワムシ
	線虫類	回虫・ギョウチュウ・十二指腸虫
軟体動物	ヒザラガイ類	ケムシヒザラガイ
	ホリアシ類	ツノガイ
	オノアシ類	アコヤガイ・カキ・アサリ・カラスガイ
	腹足類	カタヤマガイ・カワニナ・ナメクジ
	頭足類	オウムガイ・ホタルイカ・イイダコ
環形動物	ユムシ類	ボネリア・キタユムシ
	貧毛類	イトミミズモドキ・フツウミミズ
	ヒル類	ウミビル・チスイビル・ヤマビル
	多毛類	ゴカイ・イトメ・イソメ
節足動物	剣尾類	カブトガニ
	クモ形類	サソリ・カニムシ・キムラグモ・ケダニ
	甲殻類	ウミホタル・ミジンコ・ザリガニ・シャコ
	倍脚類	ヤスデ
	唇脚類	ムカデ・ゲジ
	コン虫類	ノミ・ゴキブリ・シロアリ・カ・ハエ・ガ
触手動物	コケムシ類	ハネコケムシ・ヒメテンコケムシ
	腕足類	シャミセンガイ・ホオズキガイ
毛ガク動物		ヤムシ
キョク皮動物	ウミユリ類	ウミユリ・ウミシダ
	ナマコ類	クルマナマコ・グミ・キンコ
	ヒトデ類	モミジガイ・アカヒトデ
	クモヒトデ類	クモヒトデ・テズルモズル
	ウニ類	ムラサキウニ・タコノマクラ・バフンウニ
原索動物	半索類	ギボシムシ
	頭索類	ナメクジウオ
	尾索類	オタマボヤ・ホヤ
脊椎動物	円口魚類	メクラウナギ・カワヤツメ
	軟骨魚類	サメ・エイ
	硬骨魚類	ニジマス・ウナギ・ニシン・タツノオトシゴ
	両生類	サンショウウオ・イモリ・アカガエル
	爬虫類	カメ・ムカシトカゲ・ヤモリ・マムシ
	鳥類	ペンギン・ダチョウ・ライチョウ・ツバメ
	哺乳類	カモノハシ・モグラ・コウモリ・ゾウ・イルカ

表 1-4　地球上の現存生物種の数

界	分類群	種の数	備考
ウイルス		～1,000	
原核生物	細菌	3,000	
	ラン藻	1,700	
原生生物	原生生物	260,000	
	粘菌	500	
	その他	2,000	双鞭毛藻類，ミドリ虫
菌類		70,000	接合菌，子のう菌，担子菌
植物	藻類	250,000	黄藻，褐藻，紅藻，緑藻類
	苔植物	20,000	
	シダ植物	12,000	
	裸子植物	600	
	被子植物		
	双子葉類	165,000	
	単子植物	50,000	
動物	無脊椎動物		
	昆虫類（節足動物）	1,000,000	
	その他の節足動物	100,000	
	軟体動物	100,000	
	線形動物	1,000,000	
	その他	45,000	海綿，腔腸，環形動物，苔虫など
	原索動物	1,300	
	脊椎動物		
	魚類	20,000	無顎（円口）類，軟骨，硬骨魚類
	両生類	4,000	
	爬虫類	6,000	
	鳥類	9,000	
	哺乳類	4,000	
	合計	3,125,100	

第2章　生命を維持する物質

2-1　はじめに

　生物の体はさまざまな物質（化合物やイオン）から構成されている。その主要な化合物は有機化合物である。有機化合物は炭化水素とその誘導体と定義される。この有機化合物の中でもっとも重要なものはタンパク質を作るアミノ酸であり，それを構成している主要な原子は，炭素，水素，酸素，窒素である。また，骨はハイドロキシアパタイト（リン酸カルシウム）を主成分としているので，カルシウム，リンも生物の主要な構成元素である。これらは必要不可欠なミネラルとして，微量元素（Ca, P, K, S, Na, Cl, Mg）や超微量元素（Zn, Mn, Cu, F, I, Mo, Co, B, V など）とよばれて存在している。これらの原子からなる化合物が生体を形作り，その活動を支えている。この章では生命を構成し，維持するのに必要な物質として，水，タンパク質，炭水化物，脂質，核酸，ミネラル（無機質），ビタミンなどを取り上げ解説する。

2-2　水

　水はギリシア時代には万物の根元（アルケー）の一つとして考えられ，ルネッサンス以降も元素の一つとされていた。水が水素と酸素の化合物であることがわかったのは，18世紀の後半になってからである。水は地球上に非常に豊富に存在し，みなれた物質であるが，その性質は特異なものである。石油などの一般的な液体と大きく異なっている水の特異な性質には，次があげられる。
・氷が水に浮く。すなわち固体の密度が液体の密度より小さい。あるいは，同重量の氷は液体の水より体積が大きい。
・熱容量が1と大きい。
・沸点，融点が同じくらいの分子量の物質より大幅に高い。
・溶解熱，気化熱が大きい。
　このような特異な性質は，水分子間に働く分子間力（<u>水素結合</u>）によるものである。
　水の構造は，図2-1に示される。水分子の酸素の非共有電子対ともう一つの水分子のδ$^+$に分極した水素の間に水素結合が生じる（図2-1）。水素結合は分子間力として非常に強い力をもっている。水分子は1分子につき4本の水素結合を作ることができる。したがって，融解，沸騰の際にはこれらの水素結合を切る必要があるので，沸点，融点，溶解

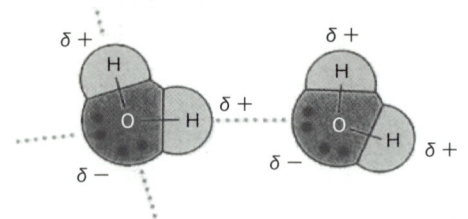

図 2-1　水分子と水素結合

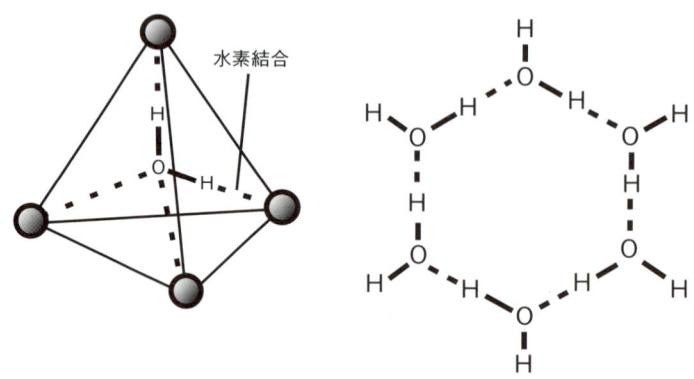

図 2-2(a)　結晶中の水の構造　　**図 2-2(b)　ある角度から見た水の結晶構造**

熱，気化熱が大きくなる。また，水素結合により水分子が正四面体型（4配位）に配列した固体（氷）を形成する（図 2-2(a)）ので，一般の物質の固体の最密充填型（12配位）の配置に比べ，隙間が多く，ある角度から見ると水分子が六角形に配列した大きな空間が存在する（図 2-2(b)）。氷になる時にこの空間を生じることが氷の体積増加の原因である。液体の水では，水素結合が切れたりできたりしていて，水分子が氷のときに生じている空間を埋めている。したがって，液体の密度が固体の密度より大きくなる。

　また，水の酸素と水素の結合は<u>極性共有結合</u>であり，結合双極子が存在している。それを合成した分子双極子も存在するので，水分子は極性分子であり，極性溶媒である。イオンは極性溶媒には良く溶ける。また，水は多くの物質を溶かすことができ，化学反応のよい溶媒である。

　生物では，水は普通体重の 60〜80％を占める。生物の体内においても，水は生体を維持するさまざまな物質や化学反応の溶媒として非常に重要である。核酸，タンパク質，糖質などの生体高分子も水素結合を作ることができるので，水に溶けやすい。また，体内で起こる化学反応の際に水が反応物となる場合（加水分解など）も多い。さらに，水は熱容量が大きいので，体温の維持に都合がよい。このように，水は地球上の生命が生きていく上で，必須な物質である。

2-3 タンパク質

タンパク質は 20 種類の L-α-アミノ酸（図 2-3）がペプチド結合（図 2-4）で結合した高分子化合物である。分子量 10,000 以上のものをタンパク質，それ以下のものをペプチドとよぶ。アミノ酸はアミノ基とカルボキシル基をもつ有機化合物であり，図 2-3 のように両方の基が同一の炭素に結合しているものを α-アミノ酸とよぶ。タンパク質を構成するアミノ酸（表 2-1）は，炭素（C）に水素（H）と側鎖とよばれる 20 種類の置換基が結合しているので，その炭素は不斉炭素原子となり，光学異性体（D, L 型）（図 2-3）が存在する（グリシンを除く）。また，タンパク質を構成する α-アミノ酸は L 型のみである。

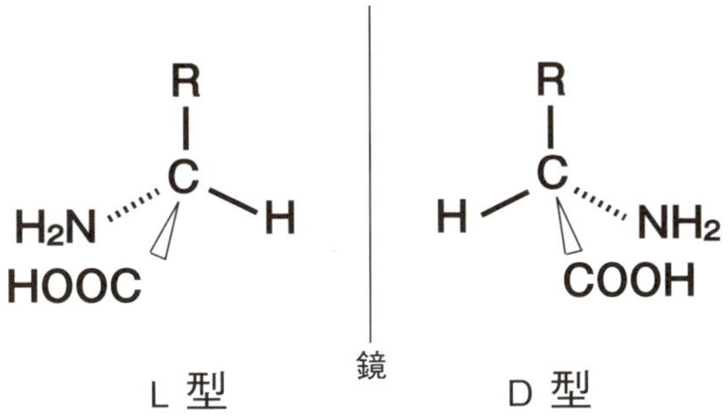

図 2-3　α-アミノ酸の立体構造
＊R は側鎖（表 2-1 参照）

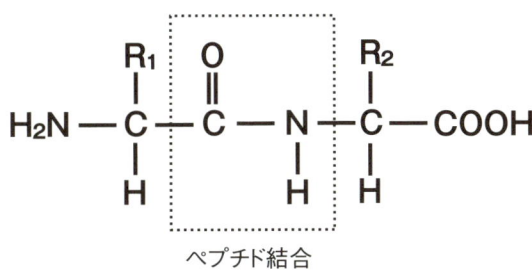

図 2-4　ペプチド結合

生体内でのタンパク質の役割でもっとも重要なものは，酵素としての役割である。酵素は，生化学反応を体温レベルの温度でおこなうことができるように，生体内触媒として働いている。この触媒としてのタンパク質がなかったとしたら，生命活動に必要な化学反応をおこすためには，生命が生きていけないほどの高温が必要となる。このような生体触媒の働きは，生命の進化の過程の最初では RNA が担っていたとする RNA ワールド仮説がある。タンパク質を合成するリボソームの重要な構成成分としてリボソーム RNA があり，現在でもリボザイムとよぶ酵素の働きを示す RNA が見いだされていることが，その仮説の根拠である。その後，より効率的な生体触媒としてタンパク質の酵素が登場したと考えられている。

表 2-1　アミノ酸の性質（名称，略号，性質，等電点）と側鎖（R）の構造

グリシン Gly, G	アラニン Ala, A	バリン Val, V	ロイシン Leu, L	イソロイシン Ile, I
中性，疎水性，5.97	中性，疎水性，6.00	中性，疎水性，5.96	中性，疎水性，5.98	中性，疎水性，6.02
H–	–CH$_3$	–CH(CH$_3$)$_2$	–CH$_2$CH(CH$_3$)$_2$	–CH(CH$_3$)CH$_2$CH$_3$
セリン Ser, S	トレオニン Thr, T	システイン Cys, C	メチオニン Met, M	プロリン Pro, P
中性，親水性，5.68	中性，親水性，6.16	中性，親水性，5.07	中性，疎水性，5.74	中性，疎水性，6.30
–CH$_2$OH	–CH(OH)CH$_3$	–CH$_2$SH	–(CH$_2$)$_2$SCH$_3$	(環状構造)
アスパラギン Asn, N	グルタミン Gln, Q	フェニルアラニン Phe, F	チロシン Tyr, Y	トリプトファン Trp, W
中性，親水性，5.41	中性，親水性，5.65	中性，疎水性，5.48	中性，親水性，5.66	中性，疎水性，5.89
–CH$_2$CONH$_2$	–(CH$_2$)$_2$CONH$_2$	–CH$_2$C$_6$H$_5$	–CH$_2$C$_6$H$_4$OH	–CH$_2$(インドール)
アスパラギン酸 Asp, D	グルタミン酸 Glu, E	リシン Lys, K	アルギニン Arg, R	ヒスチジン His, H
酸性，親水性，2.77	酸性，親水性，3.22	塩基性，親水性，9.74	塩基性，親水性，10.76	塩基性，親水性，7.59
–CH$_2$COOH	–(CH$_2$)$_2$COOH	–(CH$_2$)$_4$NH$_2$	–(CH$_2$)$_3$NHC(=NH)NH$_2$	–CH$_2$(イミダゾール)

　その他，生体内においてタンパク質は，ヘモグロビンなど物質を運ぶ担体，細胞の働きを調節するインスリンなどのホルモン，細胞表面で特定の物質をキャッチする受容体，生体防御機能をつかさどる抗体，腱などの成分であるコラーゲンの支持体としての役割をもつ。

　タンパク質は，アミノ末端（N端）からカルボキシル末端（C端）まで，番号付けされ

1 mtdqqaears ylseemiaef kaafdmfdad gggdisvkel gtvmrmlgqt
 51 ptkeeldaii eevdedgsgt idfeeflvmm vrqmkedakg kseeelaecf
101 rifdrnadgy idaeelaeif rasgehvtde eieslmkdgd knndgridfd
151 eflkmmegvq

図 2-5　ウサギトロポニン C のアミノ酸配列（一次構造）

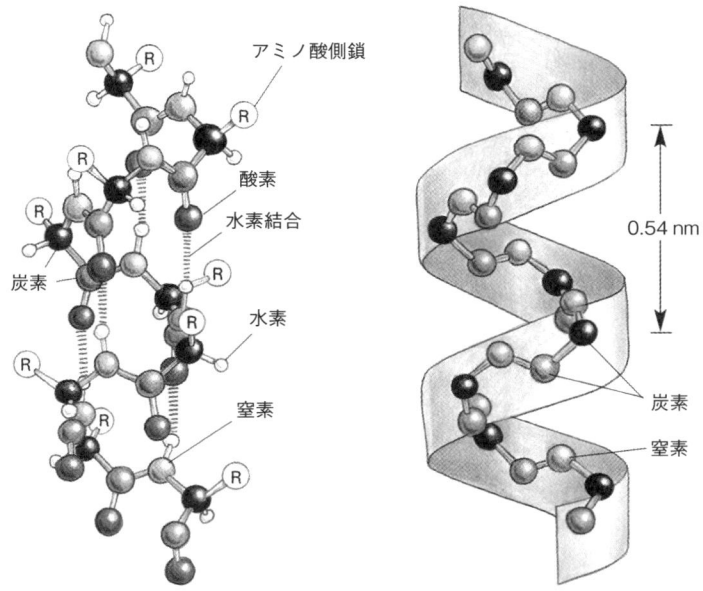

図 2-6　α-らせん構造（二次構造）

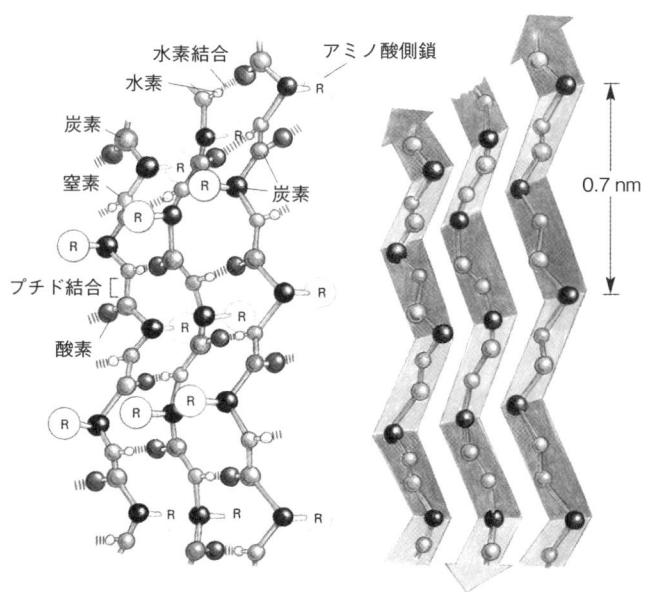

図 2-7　β-シート構造（二次構造）

たアミノ酸の配列で示される。このアミノ酸配列とジスルフィド結合（-S-S-結合）の位置を示したものをタンパク質の一次構造（図2-5）とよぶ。連なるアミノ酸は部分的に安定な立体配置を取る。これらを二次構造とよび，α-らせん構造（図2-6），β-シート構造（図2-7），ランダムコイル構造がある。また，タンパク質の立体的な構造は二次構造が組み合わさった三次元的な構造（三次構造）（図2-8）でその形が示される。サブユニットからなるタンパク質はサブユニットの立体的な配置（四次構造）で示される。タンパク質は，さまざまな物質を結合する結合サイトをもち，その結合サイトの構造が各物質の立体構造を認識できるようになっている（分子認識）。

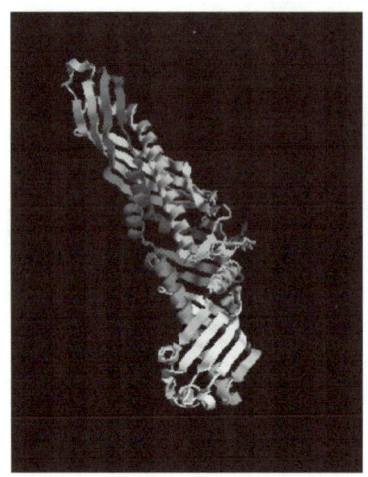

図2-8 コレステロールエステル転移酵素の三次構造（リボンモデル）

2-4 炭水化物

炭水化物は，多数のヒドロキシル基をもつカルボニル化合物（アルデヒド基を持つアルデヒドまたはカルボニル基をもつケトン）である単糖類とよばれる化合物と単糖類がグリコシド結合によって重合してできた多糖類を総称する言葉である。

炭水化物は，生物が太陽のエネルギーを生命活動に使うために光合成（太陽エネルギーの固定）のシステムを作り出したとき以来，光合成の産物，エネルギー貯蔵物質として非常に重要な物質となった。光合成は，らん藻類によって始まり，太陽エネルギーを固定して生命活動に必要な物質を自ら作り出すことにより，当時の食糧危機が一気に解決され，生命の爆発的な増殖が可能になり，さらに地球上の酸素分子の増加にもつながった。

緑色植物は，独自のDNAと脂質二重膜をもつオルガネラ（細胞内小器官）である葉緑

体をもっている。この葉緑体は，大きな単細胞生物が光合成能力のある単細胞生物を共生的に体内に取り込み，それがオルガネラになったとされている。葉緑体には葉緑素（クロロフィル）が含まれ，その葉緑素は赤や青の光を吸収する。光合成は，この光エネルギーによってATPやNADPHを作り，水を分解して酸素をつくりだす明反応と，そのATPやNADPHを使って二酸化炭素を還元しグルコースを合成するカルビン回路を含む暗反応からなる。緑色植物は，光合成によりグルコースを作りだし，デンプンなどの多糖類として植物体内に蓄積する。

炭水化物の生体内での役割は，まず第1にエネルギー源，エネルギー貯蔵物質としての役割である。脳の栄養はグルコースでまかなわれる。また，肝臓にはグリコーゲンという形で，糖質が蓄えられている。生物は，光合成の逆反応である細胞内呼吸とよばれる一連の過程の反応で，糖類を最終的に，二酸化炭素と水にまで分解することによって，ATPを作りだし，それを，生命活動を維持するさまざまな生化学反応のエネルギー源として用いている。細胞内呼吸は，ミトコンドリアで行われる。ミトコンドリアも葉緑体と同様に共生的に取り込まれてできたオルガネラであり，酸素を使って，解糖系と比べ，より効率よくATPを生産することができる。次に，細胞認識に関わる機能があげられる。ABO式血液型を決めているのは，赤血球膜から伸びる糖鎖の性質である。糖鎖は特定の細胞を認識する標識としての役割を果たしている。さらに，植物体ではセルロースが細胞壁を作り，構造的な強度を生み，樹木は大きく成長できる。

単糖類は炭素数によって分類され，一般的な糖は炭素数が6の六炭糖（ヘキソース）（図2-9）であり，代表としてグルコース（ブドウ糖）があげられる。六炭糖はたくさんの不斉炭素原子をもつため，多くの光学異性体が存在する。我々の体に必要なのはD-グルコースである。また，グルコースはアルデヒド基をもつので，このような単糖はアルドースとよばれる。フルクトース（果糖）は，カルボニル基を持つので，そのような単糖はケトースとよばれる。図2-9にはその鎖状構造を示したが，環状構造も存在し，環化の際には，もう一つ不斉炭素原子が生じるため，その鏡像体を α，β で区別している（図2-10）。

核酸に使われる五単糖（ペントース）であるリボースは，図2-10のような構造である。環状構造は，酸素を含む五員環で示される。この構造はフランの構造に似ているので，このような環状構造をとった単糖を，フラノースとよぶ。同様にグルコースで示されたピラ

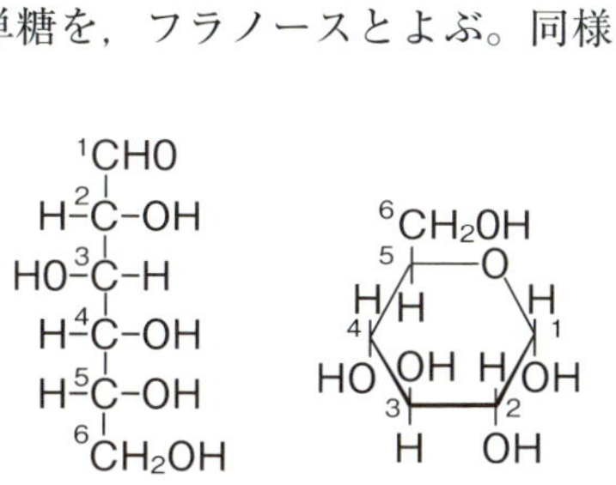

図2-9 六単糖（グルコース）の鎖状構造および環状構造

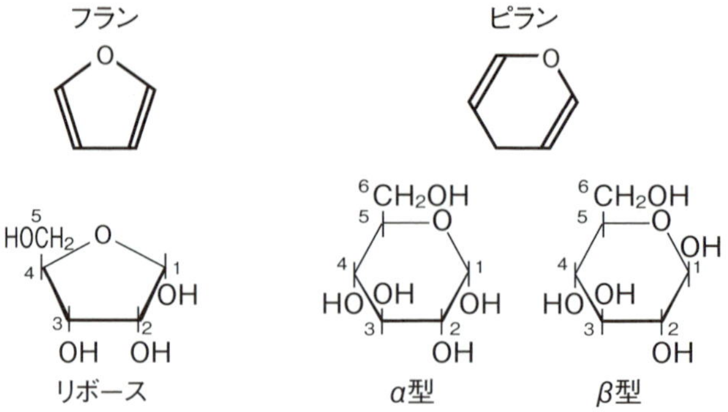

図 2-10　フラノースとピラノース

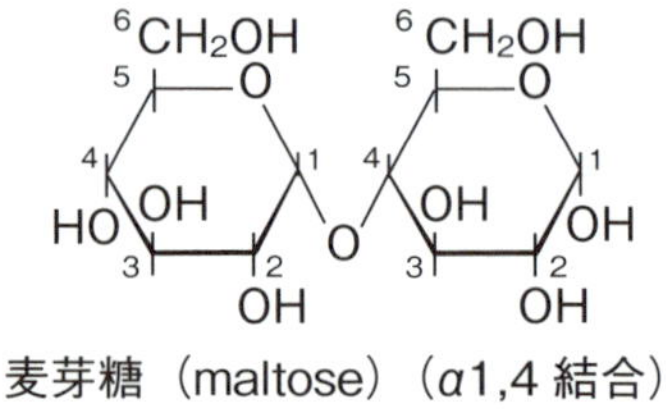

麦芽糖（maltose）（α1,4 結合）

図 2-11　グリコシド結合

ン型の 6 員環構造をとった単糖を，ピラノースとよぶ．結局，図 2-10 の α 型の構造を持つ単糖は α-D-グルコピラノースとよばれる．その他，OH が H, NH_2 に置換した形のデオキシ糖，アミノ糖やカルボキシル基をもつウロン酸などの誘導体も存在する．

　二つの単糖類はそのヒドロキシル基同士が脱水縮合して，グリコシド結合（エーテル結合）を作り（図 2-11），結合することができる．この反応が繰り返されると，複数の単糖類が結合した多糖類を生じる．単糖類には多数のヒドロキシル基が存在するので，グリコシド結合は，そのヒドロキシル基の位置番号をつけて，α1, 4 結合などと表す．セルロースはグルコースの β1, 4 結合ポリマーであり，β 型のグルコースが 1, 4 結合したものである．

2-5　脂　　質

　生体を構成する成分のうち，水に溶けにくく，有機溶媒に溶けるものを脂質（lipid）という．脂質は単純脂質，複合脂質とコレステロールなどの不ケン化物に分類することができるが，単純脂質の代表的な脂質である中性脂質は，脂肪酸（カルボン酸）とグリセリン（3 価アルコール）のエステルである（図 2-12）．脂肪酸は，炭素数が偶数（4〜22 個）のカルボン酸であり，炭化水素基に二重結合をもつものを不飽和脂肪酸（図 2-13, b, c, d），もたないものを飽和脂肪酸（図 2-13, a）とよぶ．体内で用いられている不飽和脂肪酸は，普通 *cis* 型（図 2-13, c, d）であり，二重結合が増えると丸まった分子構造になる．*trans*

CH₂-OH   HOOC-R₁   CH₂-O-CO-R₁
CH-OH   +   HOOC-R₂   →   CH-O-CO-R₂
CH₂-OH   HOOC-R₃   CH₂-O-CO-R₃
グリセリン   脂肪酸   中性脂質

図2-12 中性脂質（トリグリセリド）

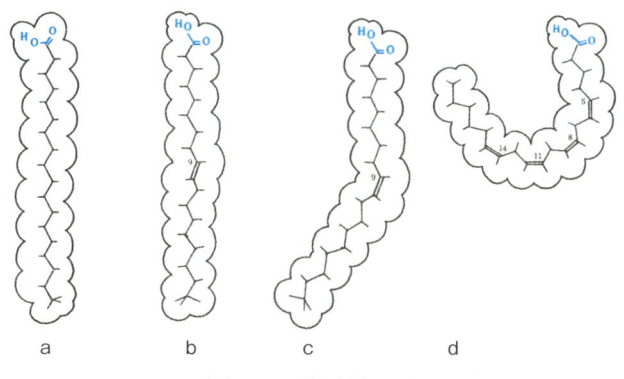

図2-13 脂肪酸の形

型の不飽和脂肪酸（図2-13, b）は，直線形の構造をもち，これを含む油脂を摂取するとLDLコレステロールが増加し，心臓疾患のリスクを高めるとされ，使用を規制する動きが起こっている。

　中性脂質は，分子中に疎水性の部分（脂肪酸の炭化水素基部）と親水性の部分（エステル結合部）をもつ化合物であり，単分子として水に溶けるには不都合である。そこで，水中では，ミセルとよばれる分子集団を作る。ミセルは多数の脂質分子の疎水性相互作用により疎水性部を内側に集め，親水性部を外側表面に配置したものであり，ミセル全体が水に溶けやすい構造をとっている。このミセルの形態の一つが球状構造であり，もう一つが膜構造である。この膜構造である脂質2重膜は，細胞膜の基本的な構造（図2-14）として知られている。

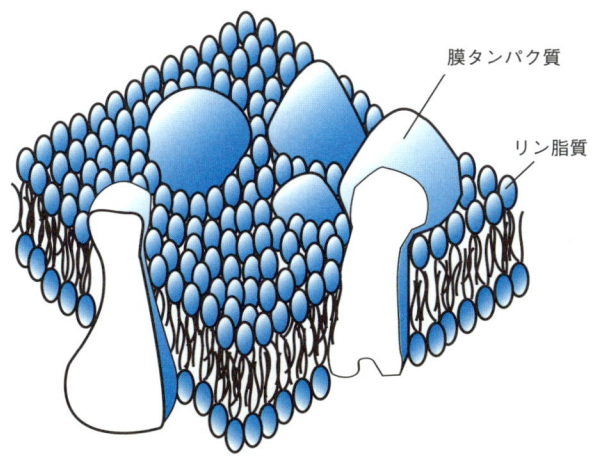

図2-14 細胞膜の模式図

細胞膜を構成する脂質はホスファチジルコリンなどの複合脂質に分類されるリン酸エステル型のリン脂質（図2-15）である。複合脂質には，その他糖脂質がある。不ケン化物には，ステロイド，ステロールがあり，性ホルモンとして働くものもある。

その他，脂質はエネルギー貯蔵物質としても使われる。生体は一時的に得られた食物を体内に蓄えるために，それを脂質に変換し，脂肪細胞に溜めるという機能をもつ。

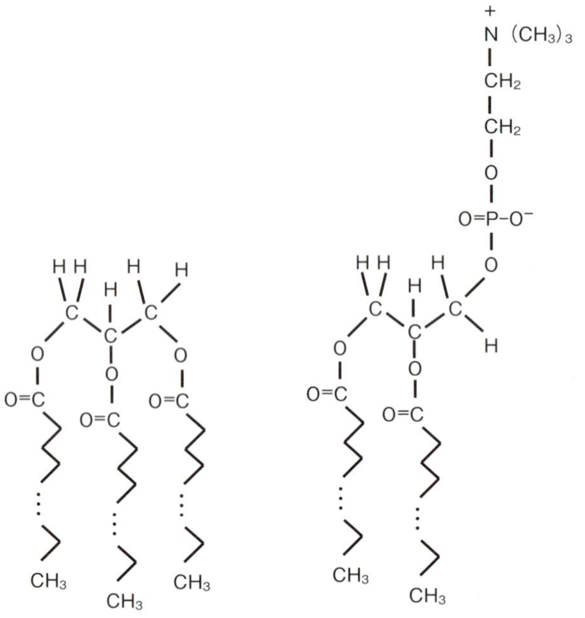

図2-15　中性脂質とリン脂質

2-6　核　　酸

核酸は，DNA（デオキシリボ核酸）およびRNA（リボ核酸）とよばれる生体高分子である。生命の進化の過程で，一時期RNAが遺伝物質と生体触媒（酵素）の両方の役割を担っていた時期があると考えられている。そして，その後より安定なDNAが遺伝物質として定まり，今日に至っているとされる。核酸は4種類のヌクレオチドが多数，**リン酸ジエステル結合**（図2-16）で結合した高分子である。ヌクレオチドは，五単糖のリボースにアデニンなどの塩基（図2-17）とリン酸基が結合した物質であり（図2-18），アデニン（A），シトシン（C），グアニン（G）がすべての核酸に共通する塩基である。DNAのみに使われる塩基はチミン（T），RNAのみに使われる塩基はウラシル（U）である（図2-17）。

DNAは，遺伝情報を担う物質として染色体を構成している。DNAは2本のDNA鎖が

図 2-16 リン酸ジエステル結合

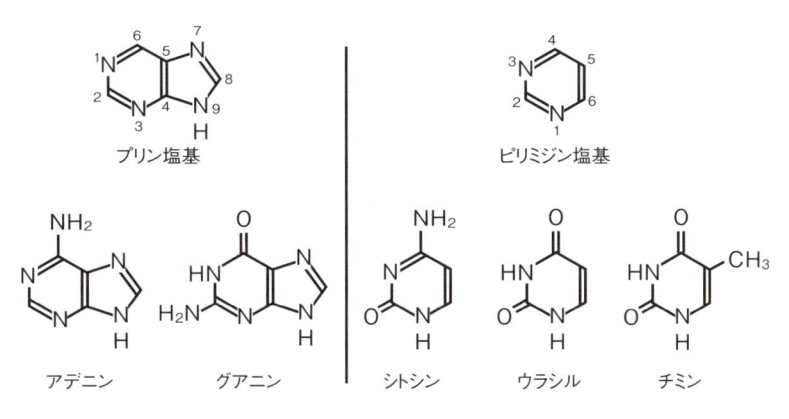

図 2-17 塩基の構造

2 重らせん構造とよばれる安定な紐状の構造をとっている（図 2-19）。この構造は，AT，GC の相補的な塩基対の間に水素結合（図 2-20）が生じることにより安定化され，また，欠損などのトラブルを回復する利点ももつ。さらに，DNA を複製するときには，2 本の DNA 鎖が離れ，それぞれを鋳型として，その塩基と相補的な塩基を結合していくことにより，効率的に複製が進む。真核生物の DNA の一部分は遺伝子（遺伝子 DNA）であり，そこにはタンパク質のアミノ酸配列をコードしたエクソンとよばれる領域と，イントロンというタンパク質の情報がない領域が存在する（図 8-5 参照）。

遺伝子 DNA はタンパク質のアミノ酸配列情報を保存しており，その情報から必要に応じてメッセンジャー RNA（mRNA）が作られ，リボソームに運ばれて，タンパク質が合成される。この一連の流れをセントラルドグマとよぶ。20 種類の個々のアミノ酸を示す

図 2-18　ヌクレオチド AMP の構造

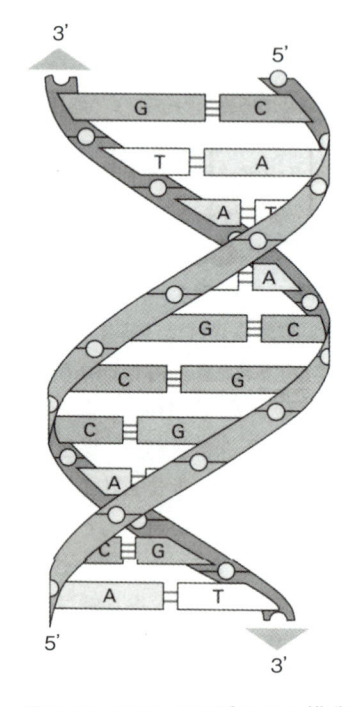

図 2-19　DNA の二重らせん構造

ために三つの塩基配列（**トリプレット**）（表 2-2）が定まっている。4 種類の塩基からなる 3 塩基の組には，$4^3=64$ 通りの組み合わせがある。この 64 通りの組み合わせそれぞれにアミノ酸，終止配列が決まっており，これらの関係は**遺伝コード**とよばれている。この組み合わせ数は 20 種類のアミノ酸を指定するのに多すぎるが，一つのアミノ酸を示すのに一つ以上のトリプレットが存在することを示し，この冗長性によって突然変異によってトリプレットの一つが変更された場合でも，同じアミノ酸を翻訳する可能性を高めるという効果が認められる。

　RNA には，大きく伝令 RNA（mRNA），転移 RNA（tRNA），リボソーム RNA（rRNA）

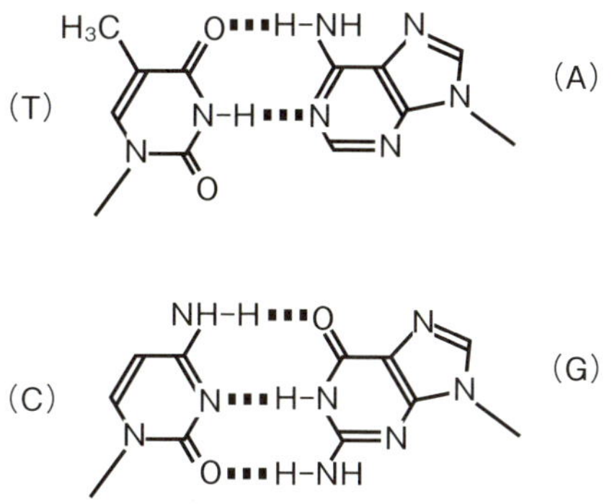

図 2-20　相補的な塩基対間の水素結合（・・・）

表 2-2　コドン表

1文字目・5'端側		2文字目							3文字目・3'端側
		U		C		A		G	
	U	UUU	Phe	UCU	Ser	UAU	Tyr	UGU	Cys	U
		UUC		UCC		UAC		UGC		C
		UUA	Leu	UCA		UAA	終止	UGA	終止	A
		UUG		UCG		UAG		UGG	Trp	G
	C	CUU	Leu	CCU	Pro	CAU	His	CGU	Arg	U
		CUC		CCC		CAC		CGC		C
		CUA		CCA		CAA	Gln	CGA		A
		CUG		CCG		CAG		CGG		G
	A	AUU	Ile	ACU	Thr	AAU	Asn	AGU	Ser	U
		AUC		ACC		AAC		AGC		C
		AUA		ACA		AAA	Lys	AGA	Arg	A
		AUG	Met・開始	ACG		AAG		AGG		G
	G	GUU	Val	GCU	Ala	GAU	Asp	GGU	Gly	U
		GUC		GCC		GAC		GGC		C
		GUA		GCA		GAA	Glu	GGA		A
		GUG		GCG		GAG		GGG		G

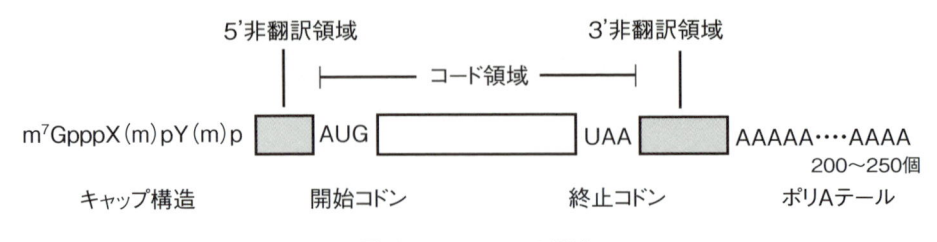

図 2-21　mRNA の構造

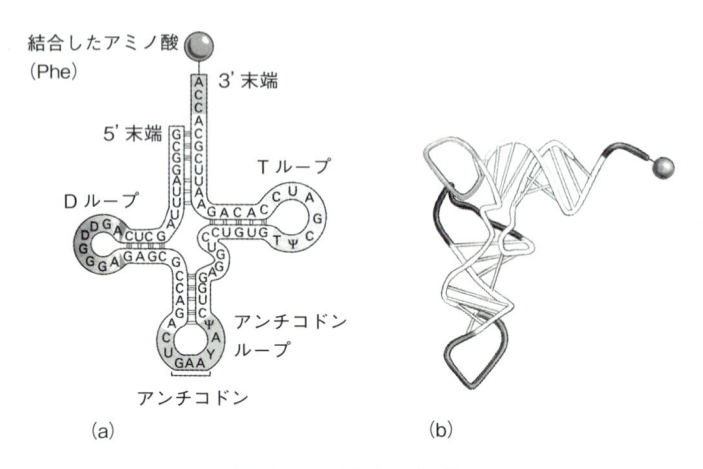

図 2-22　tRNA の構造

がある。**mRNA** は，タンパク質のアミノ酸配列を示した設計図である（図 2-21）。mRNA ができるときには，イントロン部分を転写した領域は除かれ，タンパク質のアミノ酸配列をコードしているエクソン領域のみが残される。この過程はスプライシングとよばれる。**tRNA** は，タンパク質合成の際必要なアミノ酸をリボソームまで運搬する（図 2-22）。**rRNA** は，タンパク質合成をする場であるリボソームの RNA・タンパク質複合体の構成成分である。そのほか，ノンコーディング RNA（ncRNA）とよばれるさまざまな RNA が多く見いだされている（9-1-1 および 9-1-4 参照）。ncRNA は，タンパク質へ翻訳されずに機能する RNA のことであり，tRNA，rRNA なども含まれるが，そのほかに生体内でさまざまな生命現象に関連する ncRNA が多数見つかっている。

2-7　ミネラル（無機質）

ミネラル（無機質）は，有機化合物の成分である主要生体元素（炭素，水素，酸素，窒素）以外で，体の維持に必要な微量及び超微量生体元素を指す。健康増進法施行規則第十六条四（厚生労働省）には，亜鉛・カリウム・カルシウム・クロム・セレン・鉄・銅・ナトリウム・マグネシウム・マンガン・ヨウ素・リンの 12 成分が示されているが，そのほか，イオウ，塩素，ホウ素，ケイ素，バナジウム，コバルト，モリブデンなども該当す

る。ここでは先の12成分について解説する。

　亜鉛は，生体での存在量は鉄の次に多い微量元素であり，多くの酵素の補因子として働いている。亜鉛を補因子とする代表的な酵素は，炭酸脱水酵素である。

　カルシウムは骨の主成分のリン酸カルシウム（ハイドロキシアパタイト）の主要成分でもある。カルシウムイオン（Ca^{2+}）は細胞内液にはほとんど存在せず，細胞外からのカルシウムイオンの流入，細胞内の小胞体に蓄えられたCa^{2+}の放出は，さまざまなシグナルとなり，セカンドメッセンジャーとして働く。筋収縮は，Ca^{2+}が筋小胞体から放出され，トロポニンという調節タンパク質に結合することによって開始される。

　クロムの主な機能は糖代謝に関するもので，インシュリンは耐糖因子（glucose tolerance factor）がないと働かない。3価のCr^{3+}はこの耐糖因子を構成している。また，クロムはいくつかの酵素の補因子として作用する。一方6価のクロム（Cr^{6+}）は毒性が強い。

　セレンはイオウがセレンに置きかわったアミノ酸の一種であるセレノシステインとしてタンパク質中に存在する。セレノシステインをもつタンパク質を，セレノプロテインとよぶ。セレノプロテインにはグルタチオンペルオキシダーゼ，セレノプロテインPなどがある。グルタチオンは動物細胞に高濃度で存在し，グルタチオンペルオキシダーゼは，グルタチオンと過酸化水素や有機過酸化物とを反応させ，過酸化物を分解する働きをもつ。セレノプロテインPは血漿中に存在し，10個のセレノシステインをもつ。

　鉄は，赤血球の中に含まれるヘモグロビンや筋肉中のミオグロビンのヘムを構成している。ヘムは鉄イオンとポルフィリンからなる錯体である。これらのヘムタンパク質は酸素を運ぶ担体であり，体内の鉄分が不足すると，鉄欠乏性貧血を起こすことがある。また，ヘムはシトクロム，カタラーゼなどの酵素の補欠分子族として働いている。

　銅は，節足動物や軟体動物における酸素結合タンパク質であるヘモシアニンの活性中心となっていることはよく知られている。また，シトクロムcオキシダーゼ，モノアミンオキシダーゼやリジルオキシダーゼなどの活性中心も銅イオンであることが知られている。

　カリウムは，カリウムイオン（K^+）として主に細胞内に分布しているが細胞外液で非常に低濃度に保たれている。K^+は組織細胞の浸透圧の維持に中心的な役割をはたしている。

　ナトリウムは，ナトリウムイオン（Na^+）として，その大部分が細胞外液に分布している。一般に細胞の内部ではNa^+の濃度が低く，K^+の濃度が高い。細胞内外のK^+，Na^+濃度を維持するために細胞膜にはNa^+ポンプが存在し，細胞内のNa^+を細胞外に排出，細胞外からK^+を取り込んでいる。神経細胞の活動電位は，軸索膜のNa^+チャネル，K^+チャネルが開き，細胞内外での両イオンの濃度が大きく変化することによって生じる。

　マグネシウムはクロロフィル（マグネシウム・ポルフィリン）の金属成分であり，骨のハイドロキシアパタイトの構成成分でもある。ヘキソキナーゼは，活性化にマグネシウムイオン（Mg^{2+}）を必要とするなど，マグネシウムは多くの酵素の補因子として重要である。ATP分解酵素の基質となるのは一般にMgATPである。

リンは，DNAやRNAのリン酸ジエステル結合の中に存在するほか，ATPなどのヌクレオチドなど重要な働きを担う化合物中に存在している。また，骨の主成分はリン酸カルシウムである。

マンガンは，骨の石灰化に関係し，代謝に関係する酵素やミトコンドリアに存在し活性酸素を分解するSOD酵素（スーパー・オキサイド・ディスムターゼ）の構成成分であるなど，酵素の補因子として重要である。

ヨウ素は，体内で甲状腺ホルモンを合成するのに必要であり，人にとって必須元素である。人体に摂取，吸収されると，ヨウ素は血液中から甲状腺に集まり，蓄積される。しかし，必要量以外は体外に排出される。原子炉事故の際の救急キットには，非放射性のヨウ素を含む錠剤が入っている。これは，原子炉から出る放射性のヨウ素が甲状腺に蓄積しないように，あらかじめ必要量を甲状腺に蓄えるために用いられる。

2-8　ビタミン

ビタミン（Vitamin）は我々を含む高等動物の一部が，少量を経口摂取する必要のある有機化合物である。微量ではあるが生理作用を円滑に行うために必須なこれらの物質を合成する能力を我々は失っており，食物として摂取しなければ，機能不全を起こす。ビタミンは水溶性ビタミンと脂溶性ビタミンに分類される。人体に必要な水溶性ビタミンには，補酵素として働くビタミンB群や還元剤（抗酸化剤）として働くビタミンCがある。ビタミンCは，壊血病を予防し，コラーゲンの生成に必須である。脂溶性ビタミンには，ビタミンA, D, E, Kがある。ビタミンAは，視色素のレチナールの前駆体であり，この欠乏は夜盲症を引き起こす。ビタミンDからできるホルモンが，カルシウム，リンの代謝を調節する。ビタミンEは，抗酸化剤として働き，代謝によって生じるフリーラジカルから細胞を保護する。ビタミンKは，血液凝固に必要である。ビタミンと名前がつく

表2-3　ビタミン

水溶性ビタミン
　*ビタミンB_1（チアミン）
　*ビタミンB_2（リボフラビン）
　*ビタミンB_3（ナイアシン，ニコチン酸）
　*ビタミンB_5（パントテン酸）
　*ビタミンB_6（ピリドキサール，ピリドキシン）
　*ビタミンB_7（ビオチン）
　*ビタミンB_9（葉酸）
　*ビタミンB_{12}（コバラミン）
　*ビタミンC（アスコルビン酸）
脂溶性ビタミン
　*ビタミンA（レチノール）
　*ビタミンD（カルシフェロール）
　*ビタミンE（α-トコフェロール）
　*ビタミンK（フィロキノン，メナキノン）

ものには，N, O, Z を除いてすべてのアルファベットのものがあるが，表2-3の13種のビタミン以外は，すでに知られているビタミンの複合体であるものや，ビタミンと思われていたがビタミンではなかったものなどである。

参考文献

1) L. Stryer,「生化学 第4版」東京化学同人（2000）
2) B. Alberts, A. Johnson, J. Lewis, M. Raff, K. Roberts, P. Walter,「細胞の分子生物学 第4版」, Newton Press（2004）
3) 泉屋信夫，野田耕作，下東康幸,「生物化学序説 第2版」, 化学同人（1998）
4) 遠藤克美，三輪一智,「生化学ガイドブック 改訂第3版」, 南江堂（1996）
5) 八木康一，石井信一,「生命現象と生化学-バイオの新しい考え方」, 北海道大学図書刊行会（1988）
6) 堀越弘毅，廣田才之，平山修，奥忠武，西尾俊幸，西田恂子 生物有機化学概論 講談社サイエンティフィク（1996）
7) 相阪和夫，酵素サイエンス, 幸書房（1999）

第3章 細　　胞

3-1　はじめに

　細胞は生物の最小単位である。細胞は各生物の特徴を子孫に伝える遺伝情報をもっている。その遺伝情報を元に，ある細胞は増殖したり，分化したりする。そして，細胞1個からなる単細胞生物も，60兆個もの細胞からなる多細胞生物のヒトもその種を維持し増やそうと，その遺伝情報を保存し，それらを複製させていく。本章では遺伝情報によって構築された細胞に焦点をあて，細胞内の構造や生物の特徴を概説していく。

3-2　細胞の種類

　生物は，その生物がもっている細胞の特徴から，原核生物と真核生物の二つに分類される。前者の細胞（原核細胞）の特徴は核膜構造を持った細胞核が存在せず，その結果，遺伝子DNAは裸の状態で細胞内に存在することである。後者の細胞（真核細胞）は膜で囲まれた核を持つ有核細胞であり，この中に含まれる遺伝子DNAはヒストンとよばれるタンパク質と結合して存在する。さらに，原核細胞は，真核細胞には存在する膜構造をもった細胞内小器官（ミトコンドリアや葉緑体，ゴルジ体など）がないという特徴もある。したがって，原核細胞は真核細胞より原始的な細胞構造をもっており，おもに細胞1個で個体をなす，すなわち，単細胞生物として存在する。

　一方，生物の特徴の一つが遺伝子を保持することであれば，そのもっとも単純化した形はウイルスである。第1章で述べられたように，ウイルスには多くの種類があり，その構造も多様性に富む。共通する基本的な構造は，遺伝子（DNAウイルスはDNA，RNAウイルスはRNA）とそれを取り巻くタンパク質の殻からだけでできていることである。ただ，ウイルスは，細胞としてのほかの特徴，たとえば，細胞質や細胞内小器官の存在，細胞分裂能力や遺伝子発現，代謝能力などをもっていない。それゆえ，細胞とは認められないことが多く，生物と非生物の間の存在として位置づけられるのが一般的である。

　表3-1にウイルス，原核細胞および真核細胞の特徴を比較した。

表 3-1 ウイルスと原核細胞および真核細胞の違い

	ウイルス	原核細胞	真核細胞
代表的な生物例	DNAウイルス（天然痘ウイルス，ヘルペスウイルス） RNAウイルス（インフルエンザウイルス，狂犬病ウィルス）	真正細菌；バクテリア（大腸菌，ボツリヌス菌，納豆菌，乳酸菌） 古細菌（深海の熱水噴出孔の好熱菌，メタン菌）	原生生物（アメーバ，ゾウリムシ） 真菌（キノコ，カビ，酵母） 植物（シダ，裸子植物，被子植物）， 動物（無脊椎動物，脊椎動物）
細胞膜	なし	あり	あり
細胞質	なし（遺伝子の核酸とタンパク質の殻のみ）	あり	あり
細胞核・核膜	細胞核なし・核膜なし	細胞核なし（核様体）・核膜なし	細胞核あり・核膜あり
代謝能力	なし	あり（従属栄養，独立栄養）	あり（従属栄養，独立栄養）
エネルギー産生細胞内小器官	なし	なし	あり（ミトコンドリア，葉緑体）
遺伝子	DNA（DNAウイルス） RNA（RNAウイルス）	DNA	DNA
遺伝子発現能力	ない（他細胞に感染して発現）	あり	あり
自己増殖能力	なし	あり	あり
タンパク質合成能力	なし	あり	あり
増殖方法	他細胞へ感染し，その宿主細胞の代謝合成能力に依存	細胞分裂・出芽	細胞分裂・出芽

3-3 細胞のしくみ

図 3-1 と図 3-2 に真核細胞（動物，植物）の模式図と細胞内構造の電子顕微鏡写真をそれぞれ示した。植物細胞では，細胞壁や葉緑体があり，細胞そのものの柔軟性には欠けるが，その強靭な外壁や光合成能力は数十メートルにも及ぶ巨木など巨大な生物体を維持させることが可能である。一方，動物細胞では，植物細胞にはない中心小体がある。また，細胞壁がないことがよりダイナミックな細胞運動や細胞増殖を可能にしている。

3-3-1 細胞膜と細胞壁

原核細胞や真核細胞の周囲は細胞膜で覆われている。さらに，原核細胞や植物細胞では細胞膜の外側には細胞壁が存在する。原核細胞の細胞壁の主成分はペプチドグリカンであり，多糖類とテトラペプチド（アミノ酸4個のペプチド）の複合体である。一方，植物細胞の細胞壁の主成分はグルコースの重合したセルロースである。ヒトはセルロースを消化

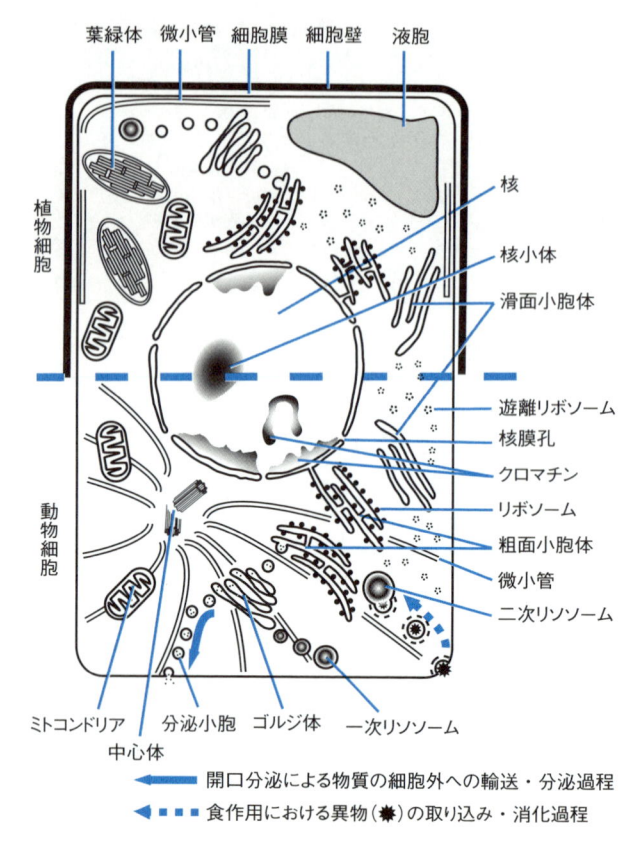

図 3-1 細胞の模式図

できず，食べても栄養素として利用できない。それに対して，草食動物の消化管にはセルロース分解酵素のセルラーゼをもつ細菌が存在（共生）しているので，細胞壁を分解して栄養素として利用できる。植物細胞の細胞壁に含まれるセルロースを有効利用しようとして，バイオエタノール産生技術の開発が進んでいる。これは，細胞壁をセルラーゼによって糖に分解した後，アルコール発酵によってエタノールを得るバイオ技術である（17-5-1 参照）。

　細胞膜は，脂質2重層とよばれる構造を形成している（図2-14，図2-15，図3-3）。主にリン脂質とコレステロールを主体とする2層の脂質が疎水性の部分を向い合わせた形で存在する。さらに，その脂質の膜のところどころには，膜タンパク質とよばれるタンパク質が存在する。膜タンパク質には，細胞膜を貫通し糖鎖を細胞外に突き出した形や，複数のタンパク質の複合体による孔を形成した形，細胞膜表面に接着する形など，多くの種類が存在する。これら膜タンパク質は，細胞内外の物質輸送や，種々の物質や他細胞との接着やコミュニケーションをつかさどるなど，その細胞を特徴づける働きを行っている。

　細胞の中にはその細胞の働きを行うための種々のオルガネラ（細胞内小器官）が存在する。細胞内小器官には，細胞膜と同じ脂質2重層の膜構造で覆われているものや，膜構造

3-3 細胞のしくみ　31

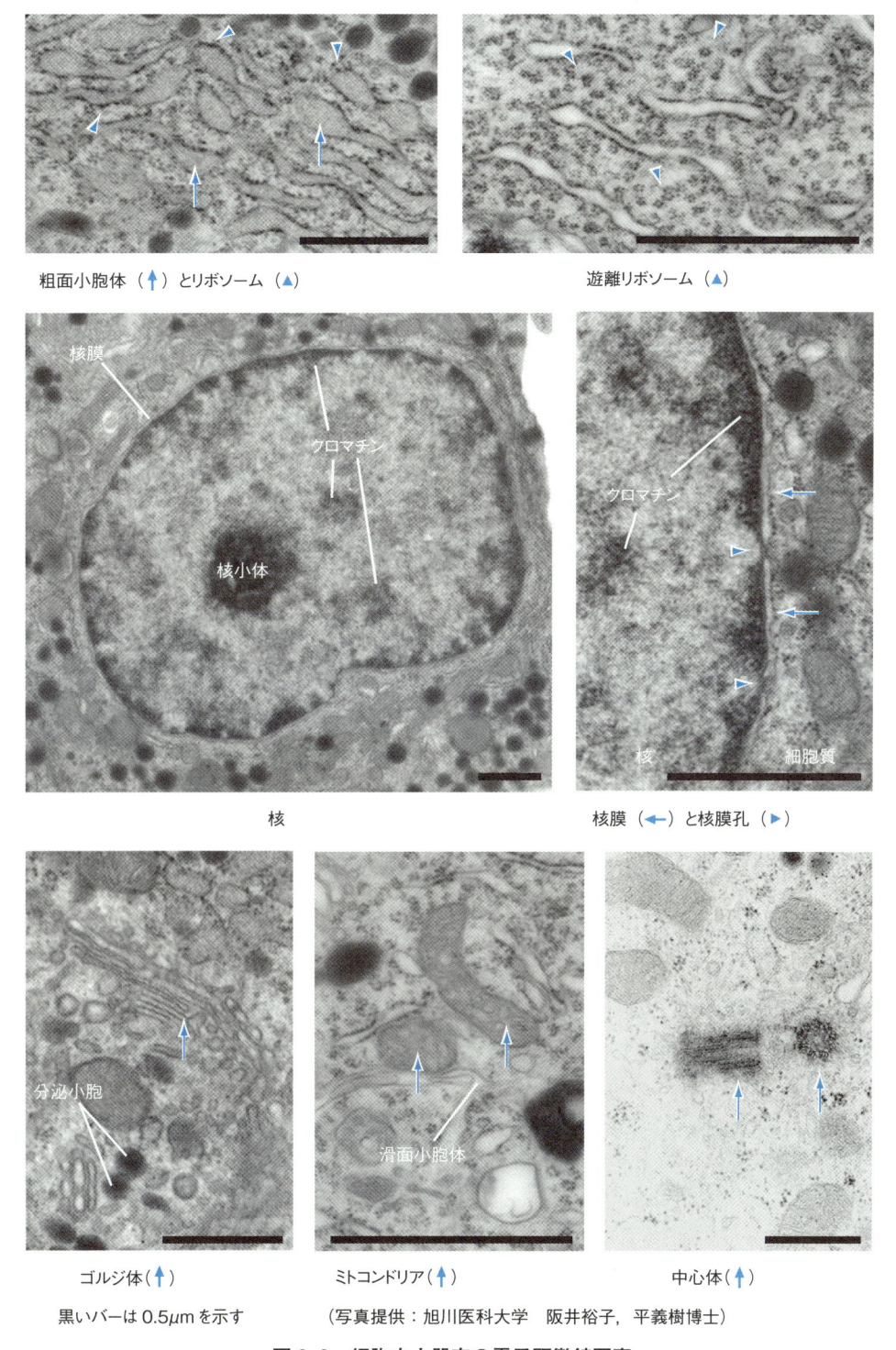

粗面小胞体（↑）とリボソーム（▲）　　　　　　　遊離リボソーム（▲）

核

核膜（←）と核膜孔（▶）

ゴルジ体（↑）　　　　　ミトコンドリア（↑）　　　　中心体（↑）

黒いバーは 0.5μm を示す　　（写真提供：旭川医科大学　阪井裕子，平義樹博士）

図 3-2　細胞内小器官の電子顕微鏡写真

をもたずに働くものがある。真核細胞の特徴の一つは，細胞膜と同じ脂質2重層の膜構造をもった細胞内小器官が存在することである。細胞膜と同じ膜構造をもつ細胞内小器官の利点は，これらの膜同士が容易に融合したり，遊離したりすることである。その結果，細胞内のある物質を細胞内の別の場所に移動させたり，細胞外に分泌させたりすることができる。実際，細胞は膜構造をもった小胞（**輸送小胞**）をスーツケースのように用い，細胞内小器官の間の物質輸送や細胞外への分泌を効率よく行っている。このような小胞を用いた運搬ができない原核細胞では，細胞内の物質輸送は拡散か，あるいは特異的な運搬体を用意しなければならず，非効率的である。この膜構造をもつ細胞内小器官を次に説明する。

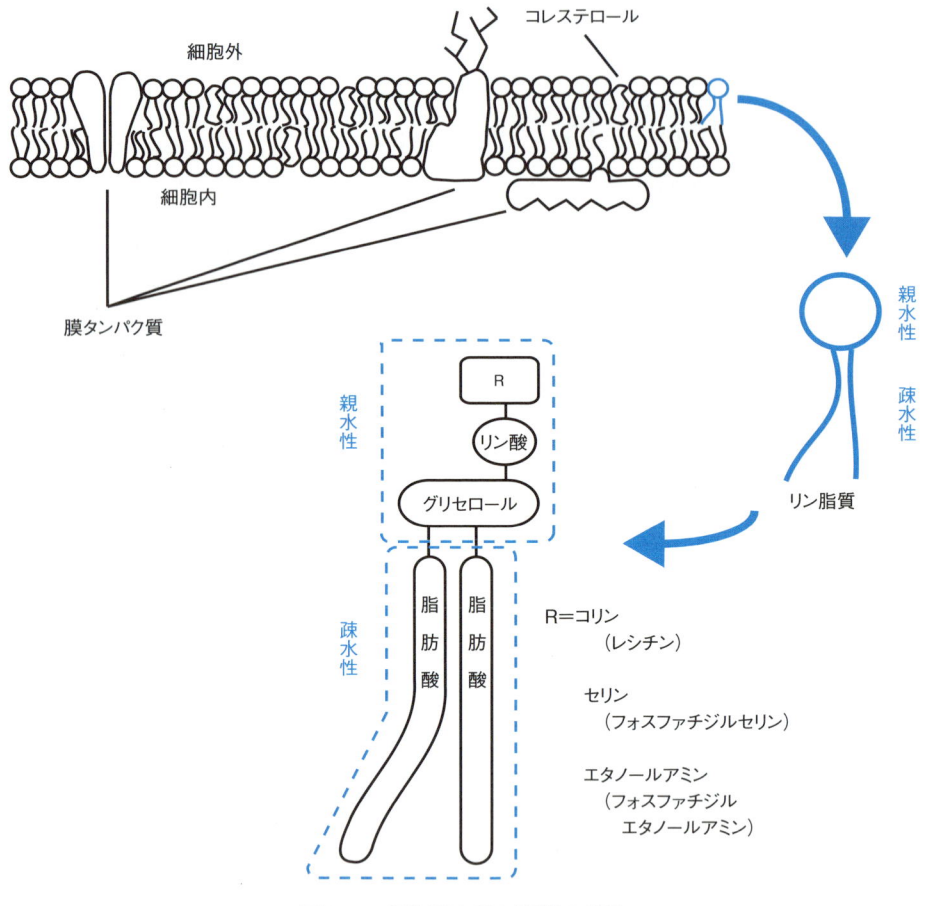

図3-3　細胞膜とリン脂質の構造

3-3-2　膜構造をもつ細胞内小器官

　核は遺伝子DNAを含み，真核細胞あたり通常1個存在する。細胞内では巨大な小器官である。大腸菌などの原核細胞では核をもたず，遺伝子DNAは細胞質内に区切られた構

造なしに存在する。真核細胞では、核の周囲は核膜で覆われている。核膜は内膜と外膜2層の膜構造からなり、その間の空間を核膜槽とよぶ。核膜は小胞体とも連絡している。核膜にはところどころに内膜と外膜が融合する場所がある。ここには核内と細胞質との連絡路である<u>核膜孔</u>とよばれる穴が開いている。核膜孔を通して、核内から細胞質へは各種RNAが、細胞質から核内へは核タンパク質やステロイドホルモンなどが通過する。核内には黒く見える球状の塊が観察される。これは<u>核小体</u>とよばれる部位であるが、膜で囲われていない。核小体はリボソームRNA（rRNA）を合成し、リボソームのサブユニットを構築する場である。さらに、核内には不定形で黒く見える個所がある。ここには、遺伝子の本体であるDNAとそれを保持するタンパク質の複合体（<u>クロマチン</u>、染色質）が存在する。ふだんDNAはクロマチンの形で核内に存在するが、細胞が分裂する際、クロマチンは組織的に折りたたまれ、生物種特異的な形態を示す染色体となる。ヒトの場合は46本の染色体になる。

　細胞の中には、哺乳類の赤血球のように核をなくしたものがある。赤血球は骨髄で形成されるとき核をもっているが、成熟し、骨髄から出て血管内に入って循環するときには、核やほかの細胞内小器官を細胞外に放出してしまう。鳥類までの脊椎動物の赤血球には核が存在する（有核赤血球）ことから、赤血球は哺乳類への進化の過程で無核となり、酸素運搬のみに特化してきたと考えられる。一方、細胞が分裂するとき、核分裂が起こっても細胞質分裂が進行しないため、一つの細胞内に核が複数個存在する多核細胞も生物には存在する。たとえば、脊椎動物の全身にある骨格筋細胞や、酸を出して骨の分解（骨吸収）を行う破骨細胞、また、食作用で細菌等を貪食するマクロファージなどは多核細胞であり、いずれも単核の細胞よりも大型である。マクロファージの貪食作用は細菌感染の防御に働く。

　<u>ミトコンドリア</u>は直径1ミクロン以下の糸状の小器官で、内外2つの膜構造からなり、ATP（アデノシン三リン酸）を産生する場である。電子顕微鏡写真では、内側の膜が複雑に入り組んだクリステとよばれるひだ状の構造がわかる。近年、蛍光色素を用いて細胞内のミトコンドリアを生きたまま染色して特殊な顕微鏡で観察した結果から、ミトコンドリアは細胞内に網目状になっており、時間を追うごとに融合したり、分裂したりしながら絶え間なく細胞内で変化していることがわかってきた。

　生物のすべての生命活動には、高エネルギーリン酸結合を持つ、生体にとって欠かすことのできないATPの分解エネルギーが利用されている。ATPの産生は細胞質でも生じる。たとえば、細胞質ではグルコース1分子から2分子のピルビン酸に分解される過程で、2分子のATPが産生される。ところが、このピルビン酸がミトコンドリア内に入り、トリカルボン酸回路（TCAサイクル）や電子伝達系といった呼吸鎖が作動する。その結果、ピルビン酸2分子（元のグルコース1分子）あたり36分子のATPが合成される。ミトコンドリアによって、細胞は効率よくATPを産生できるのである。ミトコンドリアは核とは別にミトコンドリア独自のDNAをもっている。ミトコンドリアDNAの特徴と

して，ヒトの場合を例にすると

1) 16,569 塩基対の小さな環状であること（核内 DNA は約 32 億塩基対）
2) 独自に分裂して増えること
3) すべて母親由来であること（卵と精子の受精時，卵に入った精子のミトコンドリアはすべて分解される）
4) 13 種類のタンパク質とリボソーム RNA やトランスファー RNA の遺伝子があり，非遺伝子領域は 7% と低い（核内 DNA の非遺伝子領域は約 70%）
5) 通常 1 個の細胞には数百個のミトコンドリアが存在し，1 個のミトコンドリアの中にミトコンドリア DNA は複数個存在する

などがあげられる。ミトコンドリアが独自の DNA を持ち独自の増殖をすることから，ミトコンドリアは元々独立した好気性細菌であり，進化の過程で真核生物細胞に取り込まれたと考えられている（共生説）。

哺乳類の新生児や増殖中の細胞のミトコンドリア DNA は同一であるが，成長するに従って変異が生じることが明らかにされており，これが老化の原因の一つと考えられている。また，ミトコンドリア DNA の変異によって引き起こされる遺伝子疾患も存在し，ミトコンドリア DNA が生物にとって重要であることを示している。ミトコンドリアに関してはさらに，第 4 章で詳しく述べる

小胞体は細胞膜や核膜などと同じ脂質 2 重層でできた膜状構造体で，細胞質内を網目状に走っている。一部は核膜とも連続している。表面に**リボソーム**が付着している小胞体は粗面小胞体，リボソームがない小胞体は滑面小胞体とよばれる。粗面小胞体では，表面に存在するリボソームでタンパク質の合成が行われ，小胞体内に蓄積される。蓄積されたタンパク質は小胞体の膜から出芽する輸送小胞に組み入れられ，細胞質内を移動する。一部はタンパク質の修飾を行うゴルジ体のような細胞内小器官に向う。

滑面小胞体は，膜表面にリボソームをもたないため，電子顕微鏡での観察ではその表面が滑らかに見える小胞体である。滑面小胞体は，粗面小胞体上のリボソームで作られたタンパク質の移動路であったり，脂質代謝や解毒が行われたりする場である。細胞がもつ性質によって，その発達の程度が異なる。筋細胞の収縮や神経の興奮に先だち，細胞内 Ca^{2+} 濃度の上昇する細胞活性化現象が知られており，これは滑面小胞体に貯えられていた Ca^{2+} が細胞質へ放出されることによって起こる。

ゴルジ体は，脂質 2 重層の膜でできた扁平な袋状構造（槽）が層状に重なった形態をなす。この形態が網目状や袋状をなす細胞もある。ゴルジ体は，小胞体から送られてきた輸送小胞内のタンパク質に種々の糖付加反応などタンパク質の修飾を行う場所である。輸送小胞が小胞体に最も近いゴルジ体の袋（シス側）に結合した後，輸送小胞中のタンパク質は層状のゴルジ体を移動しながら種々の糖付加反応などの修飾をうける。修飾されたタンパク質（成熟タンパク質）は小胞体からもっとも遠い側（トランス側）の袋で再び膜性の小胞に組み込まれ，この輸送小胞が細胞質内を移動していく。成熟タンパク質が細胞外へ

分泌される場合には，その輸送小胞は特に**分泌小胞**とよばれる。分泌小胞は細胞質内を移動し細胞膜と融合する。その結果，分泌小胞内のタンパク質は細胞外に放出される（図3-1 青矢印）。この分泌は**開口分泌**（エキソサイトーシス）とよばれ，消化酵素の分泌や内分泌腺からのホルモン分泌などがこれにあたる。また，ゴルジ体から派生する輸送小胞の一部はリソソームになる。

ゴルジ体の層状構造のシス側からトランス側に，どのようにタンパク質が移動するのだろうか。現在，二つのモデルが提唱されている（図3-4）。一つは各層を構成する袋は一定であり，タンパク質は各袋の間を小胞に取り込まれた形で次の層の袋に運ばれる。これは小胞輸送モデルとよばれる。もう一つは，まず，小胞体から運ばれてきた輸送小胞がシス側で集団化して槽を形成する。この槽に，トランス側の槽から糖付加などを行う酵素を含む小胞が移動してきて，タンパク質を修飾する。修飾酵素をシス側の槽に送ったトランス側の槽は，さらに下流の槽から別な酵素を小胞を介して受け取る。このように，タンパク質を修飾する酵素が小胞を形成してトランス側からシス側へと連鎖的に移動する一方で，タンパク質自身を含む槽が，シス側からトランス側に移動するにつれて一つの槽に含まれるタンパク質全体が成熟していくと考えられる。この説は槽成熟モデルとよばれている。現在，わが国の研究者によって槽成熟モデルを支持するデータが集まりつつあるが，どちらの説が正しいか，あるいは両方の型式が存在するのか，まだ結論はでていない。

リソソーム（ライソゾーム，水解小体）は脂質2重層の膜でできた小胞の中に脂質や糖を分解する種々の加水分解酵素を含んでいる。細胞内で不要になった有機物を分解する役割を担う。また，感染防御などを行うマクロファージでは，食作用（ファゴサイトーシス）によって細胞内に小胞として取り込んだ細菌やウィルスを，リソソーム小胞と融合させることにより，小胞内の細菌やウィルスを分解する（図3-1 青破線矢印）。リソソームはゴルジ体から派生して生成され，まだ分解消化物に出会っていない不活性型を一次リソソームとよび，分解消化作用が始まった後のものを二次リソソームとよぶ。

膜性細胞内小器官には以上のほか，植物細胞に存在し光合成を行う**葉緑体**や，脂肪酸やアルコールやアミノ酸などの代謝酵素群をもつ**ペルオキシソーム**などがある。

3-3-3 膜構造をもたない細胞内小器官

膜構造をもたない細胞内小器官には**中心体**や**リボソーム**などがある。中心体は動物細胞に通常1個存在し，細胞分裂に重要な働きを持つ器官である。3連の微小管が9本並んだ構造（中心小体）が二つL字型に直角に対向する特徴的な構造をしている（図3-1，図3-2）。細胞分裂時，二つの中心小体は別れて細胞の両極に移動しそれぞれの極で再び2個の中心小体からなる中心体を形成する。細胞の両端にあるそれぞれの中心体から細胞表層と，中央部に並んだ染色体に向って微小管が放射状に伸び，星状体と紡錘体を形成する。これらは染色体を両極に移動させる働きがある。中心体はタンパク質からなる微小管の形成中心として働く。分裂期以外においても微小管は中心体より放射状に細胞内に伸張し，

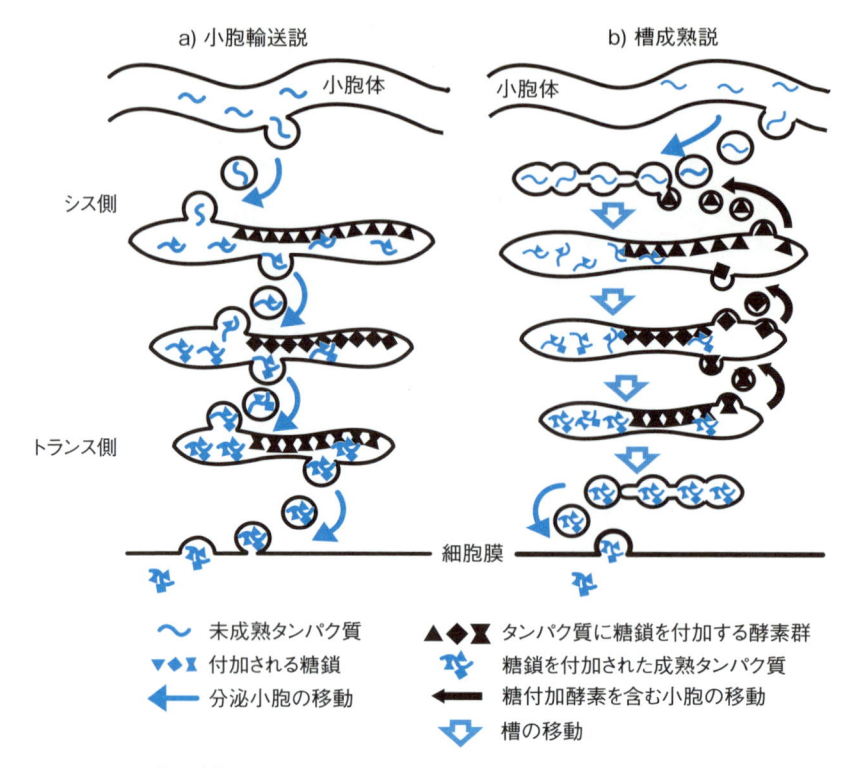

図 3-4 ゴルジ体における分泌タンパク質の成熟・輸送過程の二つのモデル

細胞骨格とよばれる構造を作る。植物細胞には中心体が存在せず，微小管は細胞膜の内側に沿って存在する。細胞骨格には微小管も含め，そのタンパク繊維の太さから分類された3種類が存在する。細い順にマイクロフィラメント（アクチンフィラメント），中間径フィラメント，そして微小管である。いずれの細胞骨格も，ビルディングの鉄筋のように常に動かずに細胞の屋台骨を作っているわけではなく，分解と重合（伸長）を繰り返すことにより，細胞運動，細胞内小器官の配置や分布，輸送小胞や分泌小胞の移動，さらには細胞分裂など，細胞が生きていく上で必要な動的な形態変化に深く関わっている。

リボソームはタンパク質合成の場であり，小胞体の膜上に存在して粗面小胞体を形成するものと，細胞質中に散在して存在する遊離リボソームがある。その構造は核小体で作られるリボソーム RNA とタンパク質からできている。リボソームでは，核から DNA の遺伝情報を写し取ってきたメッセンジャー RNA（mRNA）の塩基配列を基にトランスファー RNA（tRNA）が運んできた各種アミノ酸を次々とつなぎ合わせてアミノ酸の鎖を作る。アミノ酸が多数結合したものがタンパク質である。粗面小胞体に存在するリボソームで生成されたタンパク質は小胞体の中に入り，その後，輸送小胞や分泌小胞などの膜状構造物として運ばれる。そして，膜タンパク質となったり，細胞外に分泌される。一方，遊離リボソームは細胞質に散在しており，細胞質や核，あるいはミトコンドリアで働くタンパク質を合成する場である。

3-3 細胞のしくみ 37

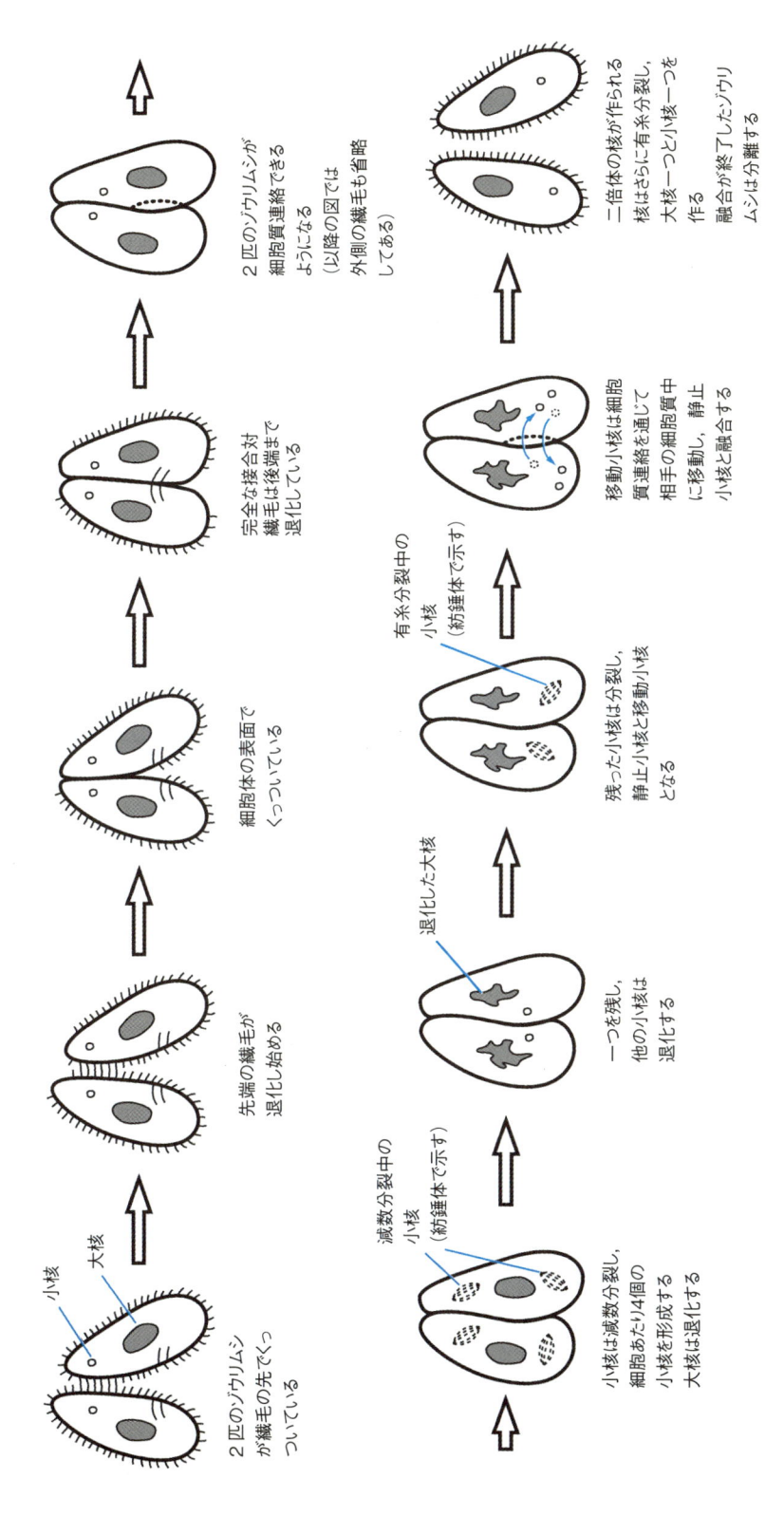

2匹のゾウリムシが繊毛の先でくっついている

小核
大核

先端の繊毛が退化し始める

細胞体の表面でくっついている

完全な接合対になる
繊毛は後端まで退化している

2匹のゾウリムシが細胞質連絡できるようになる
（以降の図では外側の繊毛も省略してある）

小核は減数分裂し、細胞あたり4個の小核を形成する
大核は退化する

減数分裂中の小核（紡錘体で示す）

一つを残し、他の小核は退化する

退化した大核

残った小核は分裂し、静止小核と移動小核となる

有糸分裂中の小核（紡錘体で示す）

移動小核は細胞質連絡を通じて相手の細胞質中に移動し、静止小核と融合する

二倍体の核が作られる
核はさらに有糸分裂し、大核一つと小核一つを作る
融合が終了したゾウリムシは分離する

図 3-5 ゾウリムシにおける接合

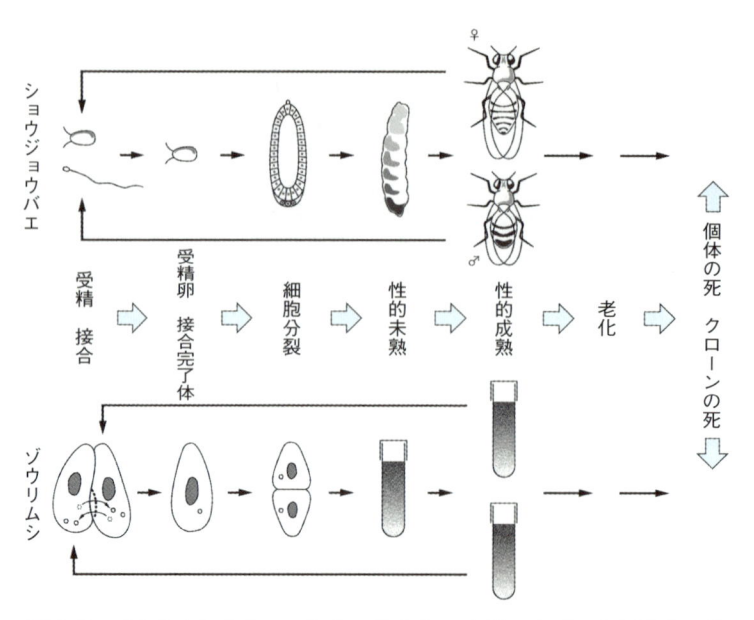

図3-6　ゾウリムシのクローンの一生とショウジョウバエの個体の一生

3-4　単細胞生物と多細胞生物

　生物が「生きている」ということは，前の項で解説した細胞内小器官を含む細胞が機械として働くだけでは成り立たない。「生命」をもった機械を維持するため，その基本単位である細胞の特徴として，以下のものがあげられる。

- （A）　物質代謝をする
- （B）　外部環境，または内部環境からの刺激や変化に対応する被刺激性をもつ
- （C）　運動性（細胞内部の動きと，細胞外形の変化や細胞の位置を変える動きなど）
- （D）　成長と増殖の能力

　単細胞生物であるゾウリムシは原生動物に属する。ゾウリムシは多細胞生物がさまざまな細胞に分担させている多くの機能をたった1個の細胞でこなしている。したがって，上記の細胞の特徴のすべてを次のように明確にとらえることができる。

- （a）　外部から酸素や水，栄養物（バクテリア）を取り込み，代謝を行い，そして排泄する
- （b）　光に対する反応や，物理的刺激・化学物質に対する応答性をもっている
- （c）　繊毛をもっていて，水の中を泳ぐようにして移動する
- （d）　分裂による増殖だけでなく，有性生殖行動である接合も行う

　通常，ゾウリムシは分裂によって個体数を増やしていく。これらの個体は無性生殖で生じた遺伝的に同一な個体集団であり，そのような個体集団を指す**クローン**（clone）という名でよぶことができる。多細胞生物は，1個の受精卵から細胞分裂を繰り返して個体が

作られるので，個体は細胞クローンから構成されるといってもよい。しかし，多細胞生物の個体の細胞は，さまざまに特殊化した組織や器官を作っている。一方，ゾウリムシのクローンにおける個々の細胞は独立しているものの，遺伝的にかつ機能的に均質である。

ゾウリムシのクローンはいつまでも生き続けるのではなく，老化の過程があり，やがて死が訪れる。しかし，いくつかの条件がそろうと，2匹のゾウリムシが接合を行い，そこから新たなクローンの一生が始まる（図3-5）。接合の過程で，2匹のゾウリムシはお互いの核の一部，すなわち遺伝子を交換する。そして，新しい遺伝子をもった子の世代が始まる。つまり，ゾウリムシの接合は多細胞生物の受精にあたる。ゾウリムシの接合も，多細胞生物の受精も，共通する定義は「細胞が特定の相手を識別してこれと接着し，その細胞接着を介して遺伝的組換えを行う」ということである。ゾウリムシは分裂だけでは，その寿命は数百回の分裂で終わる。接合を行うことにより，世代が変わり，寿命はリセットされる。一方，多細胞生物では，個体が老化して死んでいく前に，卵や精子を個体から放出し，受精を行って次世代を作る。図3-6に多細胞動物の一生とゾウリムシのクローンの一生を対比させている。

多細胞生物における受精のしくみに関しては，第6章で詳述する。

参考文献

1) Bruce Alberts ほか，「Essential 細胞生物学 原書第2版」，中村桂子ほか監訳 南江堂（1999）
2) Bruce Alberts ほか，「細胞の分子生物学 原書第4版」，中村桂子ほか監訳（2004）
3) 樋渡宏一，「性の源を探る—ゾウリムシの世界—」，岩波書店（1986）
4) 樋渡宏一，「ゾウリムシは，どのようにして「子孫」を増やすか」，日学選書6，日本学術協力財団（1996）
5) 森谷常生，「生物化学への招待—生物学をはじめて学ぶ人へ—」，培風館（2001）

第 4 章　生体エネルギー

4-1　はじめに

　生命体は外界から物質を取り入れ，代謝によって生命活動に必要な分子（生体分子）を合成し，活動に必要なエネルギーを取り出し主に ATP として蓄える。生命現象は物理や化学法則に従うことが明らかになっている。生体で起こる一連の反応は酵素の働きで速やかに起こるが，その反応の方向と速度は厳密に熱力学の法則に従う。この章では，熱力学の基本法則と自由エネルギー（G：ギブスの自由エネルギー）について理解する。また，生体エネルギーの合成とその利用について述べる。

4-1-1　熱力学第一法則

　まず物質の集まりとしての系を考える。系の内部エネルギー（U）は原子，分子の並進，回転，振動エネルギーと結合エネルギーの和と考えられる。熱力学ではそれらを詳細に知る必要はなく，状態変化の際の変化量に注目する。閉鎖系（物質，熱，仕事の出入りがない）が最初の状態（initial state；1）から終わりの状態（final state；2）に変化するとき，内部エネルギーの変化量（ΔU）は変化の途中の経路によらず，最初と終わりの状態で決まる（(1) 式）。

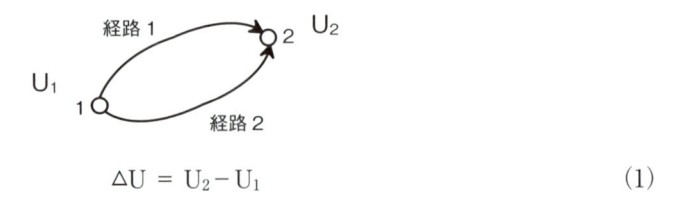

$$\Delta U = U_2 - U_1 \tag{1}$$

　熱力学第一法則は力学におけるエネルギー保存則を熱現象に拡張したものである。系が外界と相互作用して，系へ熱量 q が移動するか仕事 w が加わると，内部エネルギーの変化量は (2) 式で表される。

$$\Delta U = U_2 - U_1 = q + w \tag{2}$$

　q + w の値は道筋で変化するが q + w の加算された和は変化しない。このことは 1 → 2 → 3 → …… → 1 のように，一連の変化の後で最初の状態に戻る循環過程ではエネルギーは消滅も生まれもしないことを示している。つまり，人類の夢である永久機械は存在しない。

4-1-2 エントロピーと熱力学の第二法則

気体の膨張，固体の融解や液体の蒸発などの現象は，自然界で自発的に進行する。これに対して気体の収縮，液体の凝固などの現象は，自発的に起こらない。すなわち，自然現象はいつも整った状態（order）から乱雑な状態（randomness）へ向かって進行する。これを熱力学的に解釈すれば，自然界の現象は系がとりうる場合の数（W）が最大となる方向に自発的に起こることを意味している。現象の進行の可否を判断する物理量として確率の自然対数値を考える（(3) 式）。ここで k は Boltzmann 定数（気体分子1個あたりの気体定数）で，S はエントロピー（entropy）とよばれる。

$$S = k \ln W \tag{3}$$

熱力学の第二法則（second law of thermodynamics）

自然界で起こる自発過程は，不可逆過程である。不可逆過程では，系はより乱雑さの大きい状態に向かって，つまり確率の大きい状態へ向かって変化するため，エントロピーは増大する。ただし理想的な可逆状態は熱平衡状態であり，それは確率が最大となった状態なのでエントロピーは不変である。自然界での自発過程のエントロピー変化は次式となる。

$$\Delta S \geq 0 \tag{4}$$

ここで等号は可逆過程に，不等号は不可逆過程に適用される。

4-1-3 ギブス（Gibbs）の自由エネルギー

系に熱を加える場合（q）を考える。系の体積が一定（定積）の場合と，実験室のように体積変化が可能（定圧）の場合で，内部エネルギー変化量はそれぞれ次のように表される。系の体積が一定の場合，加えられた熱はすべて内部エネルギーの増加となる（(5) 式）。

$$\text{定積} \quad q = \Delta U \tag{5}$$

$$\text{定圧} \quad q = \Delta U + p \Delta V = \Delta H \tag{6}$$

$$p\,（圧力），V\,（体積）$$

一方定圧下では，加えた熱は (6) 式で表され，これをエンタルピーとする。エンタルピーを用いると系の変化で利用できるエネルギー（ギブスの自由エネルギー：G）を次のように定義できる。

$$\begin{aligned}\Delta G &= \Delta H - T\Delta S \\ &= \Delta U + p\Delta V - T\Delta S\end{aligned} \tag{7}$$

生化学反応は体積変化（ΔV）は無視されるほど小さいので (8) 式のように簡略化できる（$T\Delta S$ は系の変化で利用できないエネルギーで束縛エネルギーとよばれる）。

$$\Delta G = \Delta U - T\Delta S \tag{8}$$

自然界で起こる自発的反応はエントロピーの増大を伴うので（$\Delta S \geq 0$；(4) 式），$\Delta G \leq 0$ となる。一方，自発的に起こらない反応では (9) 式となる。

$$\Delta G > 0 \tag{9}$$

$\Delta G = 0$ の場合は反応が終止し，平衡が成立している。ΔG の絶対値は反応の進行度を教えてくれる。仮に ΔG の値が大きい場合は，反応は一方的にのみ進行し事実上不可逆である。

4-1-4 ギブスの標準自由エネルギーと自由エネルギー

ギブスの自由エネルギー変化を次の反応について考える。この反応 (10) の自由エネルギー変化（$\Delta G'$）は (11) 式で表される。

$$A + B \rightleftharpoons C + D \tag{10}$$

$$\Delta G' = \Delta G^{\circ\prime} + RT\ln\frac{[C][D]}{[A][B]} \tag{11}$$

ギブスの標準自由エネルギー変化（$\Delta G^{\circ\prime}$）は標準状態（25℃（298K），1.0 気圧，それぞれの溶質濃度が 1.0 M）での値で，pH のみ 7.0 とする。R は気体定数である。反応物質 A と B で反応を開始し，反応が終了して平衡（equilibrium）が成立する。平衡時の反応物と生成物の濃度をそれぞれ，$[A]e, [B]e, [C]e, [D]e$ とすると平衡定数（Ke）は (12) 式で表される。平衡が成立すると，$\Delta G' = 0$ より (13) 式が得られる。

$$Ke = \frac{[C]e[D]e}{[A]e[B]e} \tag{12}$$

$$\Delta G^{\circ\prime} = -RT\ln Ke \tag{13}$$

$\Delta G^{\circ\prime}$ の符号と絶対値が反応の方向（(10) 式の矢印）と進行の度合をそれぞれ教えてくれるが，実際の進行を決定するのは反応物質の初期濃度から計算される自由エネルギー変化（$\Delta G'$）である。図 4-1 に (10) 式の反応座標を示した。

4-2 生体エネルギーの合成とその利用

生命が誕生した今から約 35 億年前の地表は，還元性の大気に覆われていた。その後，出現した藍藻は太陽の光エネルギーを利用した光合成を行うため，H_2O が酸化され徐々に大気中に酸素が増加していった。光エネルギーを利用した藍藻の ATP 合成は，祖先の細胞に共生した光合成細菌によるものと考えられている。私たちの細胞に存在するミトコンドリアも，光合成細菌が起源と考えられている。ミトコンドリアによる酸素を最終的な電子受容体とした効率のよいエネルギー産生（ATP 産生）の仕組みは，私達の活発な運動や神経活動を可能にした（図 4-2 は，ミトコンドリアでは NADH（ニコチンアミドアデニンジヌクレオチド（還元型））の酸化による電子の流れを利用して ATP が産生されることを，光合成では太陽光のエネルギーが電子の流れを生み出し光合成に利用されることをそれぞれ示している）。

ヒトは食物を代謝してエネルギーとするが，その 40〜60％を炭水化物から摂取する。

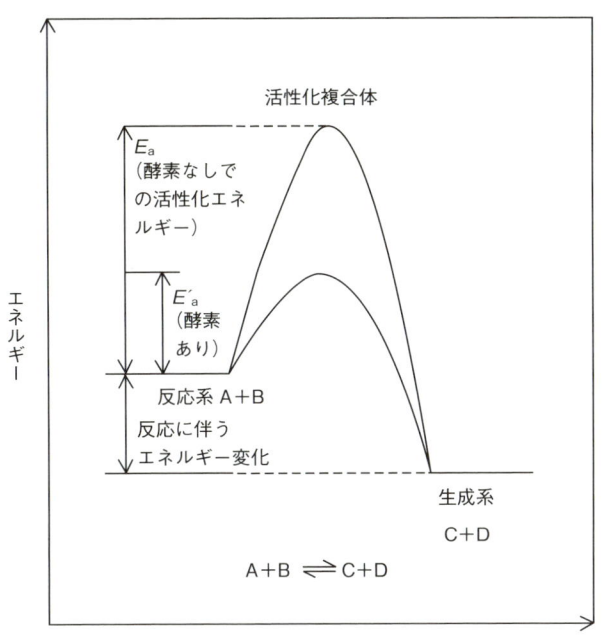

図 4-1 反応に伴うエネルギーの収支と酵素の働き
酵素は反応の活性化エネルギーを低下させ，正逆方向の速度を共に促進するが平衡は変えない。反応から利用できるエネルギーは，酵素の存在で変化しないことを示している。

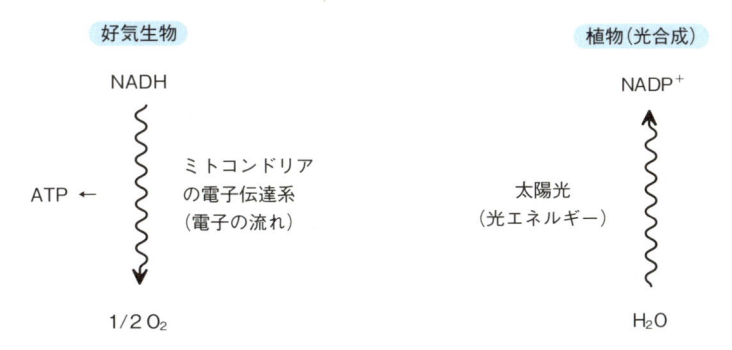

図 4-2 好気生物と植物のエネルギー獲得の仕組み

そこで，酸化に伴い遊離した自由エネルギーを利用してどのように ATP を産生するかを述べる。

4-2-1 好気性生物によるエネルギー獲得

図 4-3 は好気生物が炭水化物，脂肪，タンパク質を<u>異化経路</u>（catabolic pathway）によって代謝し，ATP を産生する模式図を示している。分子量の大きい栄養素は低分子化

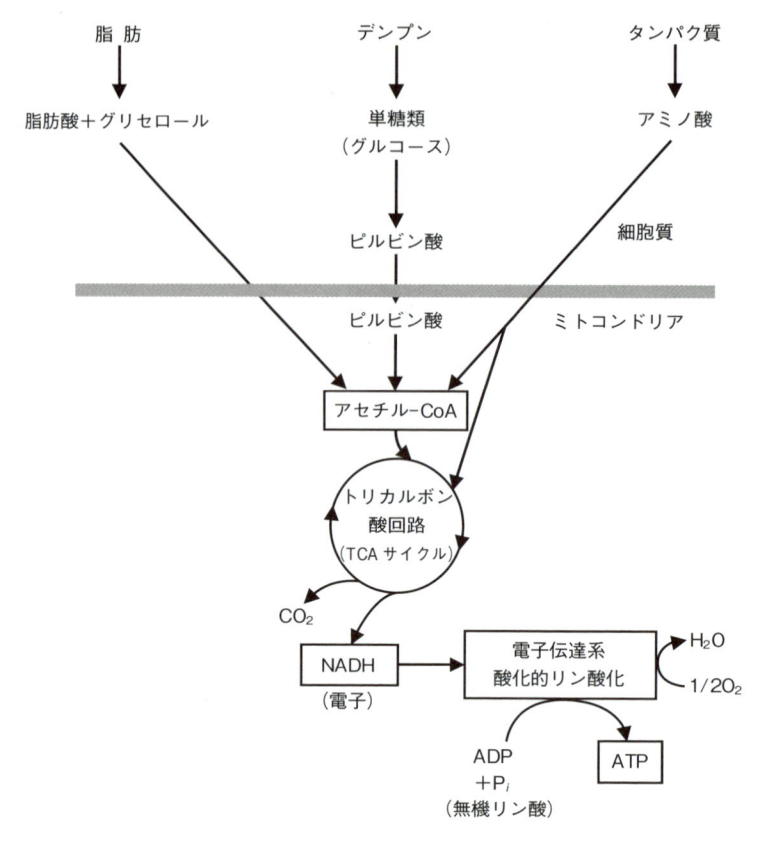

図4-3 好気生物によるエネルギーの獲得

され，**アセチル-CoA**（acetyl CoA）として **TCA サイクル**に供給される。TCA サイクルは電子供与体の NADH を産生し，NADH はミトコンドリアの電子伝達系に電子を与える。ミトコンドリアの最終的電子受容体である酸素分子と食物があれば，この異化経路により ATP を産生し続けることを示している。

4-2-2 好気・嫌気条件でのエネルギーの獲得

4-1 でギブス自由エネルギー（G）を理解したが，炭水化物（糖）の異化過程を例にとり，好気・嫌気条件での **ATP 生成**を比較してみる。

嫌気条件

$$C_6H_{12}O_6 \longrightarrow 2C_3H_6O_3 \tag{1}$$
グルコース　　　乳酸
$$\Delta G°' = -196 \text{ kJ/mol}$$

好気条件

$$C_6H_{12}O_6 + 6O_2 \longrightarrow 6CO_2 + 6H_2O \tag{2}$$
$$\Delta G°' = -2870 \text{ kJ/mol}$$

嫌気的解糖（1）は細胞質中で起こり，グルコースから2分子の乳酸と2分子のATPが生じる。ΔGの変化量は−196 kJ/molである。（1）の利点は激しい運動時といった，一時的な嫌気条件でも筋収縮のためのATPを供給できる点にある。好気条件ではグルコースの分解は細胞質でピルビン酸まで進み（図4-4），ミトコンドリアでアセチルCoAに変換される。アセチルCoAはTCAサイクルにエネルギーを供給し酸化される。TCAサイクルで生成したNADHは電子伝達系で酸化される。好気条件では嫌気条件よりもグルコースはより酸化が進み，自由エネルギーの放出量もはるかに大きい（$\Delta G°' = -2{,}870$ kJ/mol）。好気条件でのATPの生成量は，嫌気条件よりも20倍近く多い。

4-3　自由エネルギーを利用したATP生成の仕組み

4-3-1　基質準位のATP生成

解糖によるグルコースからピルビン酸の生成は次のように進行する（図4-4）。①，③の段階でATPが利用され，⑧と⑩の段階でそれぞれ2分子のATPが生成する。⑧，⑩では$\Delta G°'$は負で反応が進行しやすいことを示している。これらの反応はホスホグリセリン酸キナーゼ（⑧），ピルビン酸キナーゼ（⑩）というそれぞれの酵素によって触媒されるので，基質準位のリン酸化反応とよばれる。

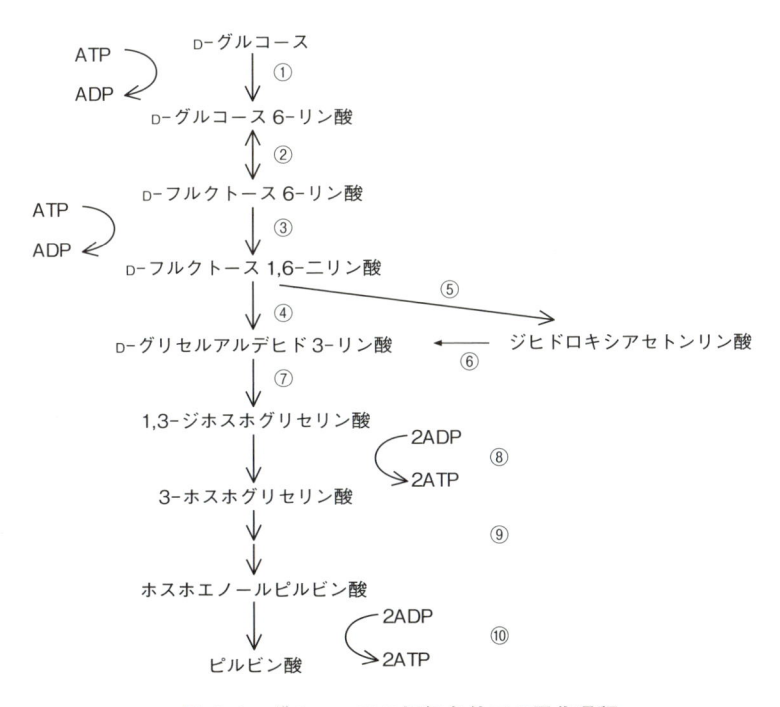

図4-4　グルコースの好気条件での異化過程

$$1,3\text{-ジホスホグリセリン酸} + ADP \xrightleftharpoons{酵素} 3\text{-ホスホグリセリン酸} + ATP \quad \text{⑧}$$
$$\Delta G°' = -18.8 \text{ kJ/mol}$$

$$\text{ホスホエノールピルビン酸} + ADP \xrightleftharpoons{酵素} \text{ピルビン酸} + ATP \quad \text{⑩}$$
$$\Delta G°' = -31.4 \text{ kJ/mol}$$

4-4　ミトコンドリアによるATPの産生

　好気性生物の大部分のATPはTCAサイクルと酸化的リン酸化が直結して産生される。TCAサイクルで生成したNADHがミトコンドリアの電子伝達系に電子を与え，還元された電子伝達系は酸素を水に還元する。この時遊離した自由エネルギーからATPが生成される。したがって，ミトコンドリアの酸化的リン酸化反応にはNADHとミトコンドリアの電子伝達系と分子状酸素が必要である。基質準位のリン酸化では酵素の働きが必要であることを述べた（4-3）。ミトコンドリアの酸化的リン酸化でも同様の反応機構が推定され，リン酸化反応の機構解明が試みられた。現在ではミッチェルの提唱した化学浸透説が受け入れられている。化学浸透説では，NADHから電子伝達系に電子が流れるとミトコンドリアの膜間腔とマトリックスの間にH$^+$（プロトン）の濃度差が生じると説明されている（図4-5）。このプロトン勾配のポテンシャル（エネルギー）を用いて，ミトコンドリアは（ADP＋P$_i$）からATPを生成する。

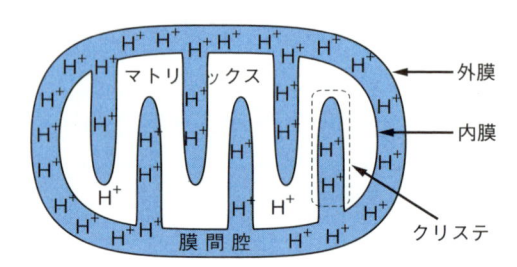

図4-5　ミトコンドリアのNADH酸化によるH$^+$勾配の発生

4-4-1　ミトコンドリアの電子伝達系とATP生成

　(3) 式は標準還元電位差（$\Delta E°'$）とギブスの標準自由エネルギー差（$\Delta G°'$）の関係を示している（ここでnは移動する電子数，Fはファラデー定数96.48 kJ V^{-1}）。表4-1は生体の酸化還元反応に関与した物質とその反応および標準還元電位（$E°'$）を示している。

$$\Delta G°' = -nF\Delta E°' \tag{3}$$

反応を構成する物質濃度（反応物，生成物）を標準（1.0 M）にとると，電子は標準還元電位の低い値の反応系から高い値の反応系へ流れる可能性を示している。NADHによる

表 4-1 生化学に関連した標準還元電位

酸 化 剤	還 元 剤	n	$E°'$ (V)
酢酸 + CO_2 + $2H^+$	ピルビン酸 + H_2O	2	-0.70
コハク酸 + CO_2 + $2H^+$	α-ケトグルタル酸 + H_2O	2	-0.67
酢酸 + $3H^+$	アセトアルデヒド + H_2O	2	-0.60
O_2	O_2^-	1	-0.45
フェレドキシン（酸化型）	フェレドキシン（還元型）	1	-0.43
$2H^+$	H_2	2	-0.42
ピルビン酸 + CO_2 + H^+	リンゴ酸	2	-0.33
NAD^+ + H^+	NADH	2	-0.32
$NADP^+$ + H^+	NADPH	2	-0.32
FMN（酵素結合型） + $2H^+$	$FMNH_2$（酵素結合型）	2	-0.30
リポ酸（酸化型） + $2H^+$	リポ酸（還元型）	2	-0.29
1,3-ビスホスホグリセリン酸 + $2H^+$	グリセルアルデヒド 3-リン酸 + P_i	2	-0.29
グルタチオン（酸化型） + $2H^+$	2 グルタチオン（還元型）	2	-0.23
FAD + $2H^+$	$FADH_2$	2	-0.22
アセトアルデヒド + $2H^+$	エタノール	2	-0.20
ピルビン酸 + $2H^+$	乳酸	2	-0.19
オキサロ酢酸 + $2H^+$	リンゴ酸	2	-0.17
α-ケトグルタル酸 + N^+ + H_4 + $2H^+$	グルタミン酸 + H_2O	2	-0.14
フマル酸 + $2H^+$	コハク酸	2	0.03
CoQ + $2H^+$	$CoQH_2$	2	0.04
シトクロム b (+3)	シトクロム b (+2)	1	0.07
デヒドロアスコルビン酸 + $2H^+$	アスコルビン酸	2	0.08
シトクロム C_1 (+3)	シトクロム C_1 (+2)	1	0.23
シトクロム C (+3)	シトクロム C (+2)	1	0.25
シトクロム a (+3)	シトクロム a (+2)	1	0.29
$1/2\ O_2$ + H_2O	H_2O_2	2	0.30
シトクロム a_3 (+3)	シトクロム a_3 (+2)	1	0.55
$1/2\ O_2$ + $2H^+$	H_2O	2	0.82

注意　$E°'$ は pH 7, 25℃ での標準還元電位である。n は移動する電子の数である。またそれぞれの電位は次のように書かれた部分反応のものである：酸化剤 + ne^- → 還元剤。

ピルビン酸の還元を例にとってみる（(4) 式）。

$$\text{ピルビン酸 + NADH} \underset{乳酸デヒドロゲナーゼ}{\rightleftharpoons} \text{乳酸 + } NAD^+ \qquad (4)$$

この反応は次の二つの反応に分けて考える。

$$\text{ピルビン酸 + } 2H^+ + 2e \rightleftharpoons \text{乳酸} \qquad (5)$$
$$E°' = -0.19 \text{ V}$$

$$NAD^+ + H^+ + 2e \rightleftharpoons NADH \qquad (6)$$
$$E°' = -0.32 \text{ V}$$

(6) 式を (4) 式に合わせ符号を逆にすると，(4) 式の反応に伴う利用可能な自由エネルギーの値は -25.1 kJ/mol となる。

$$\Delta E°' = -0.19 \text{ V} - (-0.32 \text{ V}) = 0.13 \text{ V} \qquad (7)$$
$$\Delta G°' = -nF \Delta E°' = -2 \times 96.48 \times 0.13$$
$$= -25.1 \text{ kJ/mol}$$

表から，ミトコンドリアの電子伝達系による NADH の酸化反応は次式で表される。

$$\text{NADH} + 1/2\,O_2 + H^+ \xrightleftharpoons{\text{ミトコンドリア}} NAD^+ + H_2O \tag{8}$$

(8) 式は，(9) 式と (10) 式の二つの反応で構成される。

$$1/2\,O_2 + 2H^+ + 2e \longrightarrow H_2O \tag{9}$$
$$E°' = 0.82\,V$$

$$\text{NADH} \longrightarrow NAD^+ + H^+ + 2e \tag{10}$$
$$E°' = +0.32\,V$$

（符号を逆にとってある）

したがって NADH の O_2 による酸化反応で遊離するエネルギーは (11) 式のように $-220\,kJ/mol$ である。

$$\Delta G°' = -nF\,\Delta E°' = -2 \times 96.48 \times 1.14$$
$$= -220\,kJ/mol \tag{11}$$

ATP の加水分解に伴う自由エネルギーは $-30.4\,kJ/mol$（(12) 式）より，ミトコンドリアによる NADH の酸化によって標準状態では，最大 7 個の ATP が産生可能である。

$$\text{ATP} \rightleftharpoons ADP + P_i \tag{12}$$
$$\Delta G°' = -30.4\,kJ/mol$$

実際 NADH からミトコンドリアの電子伝達系により 1 対の電子が最終的に酸素にわたされると，大量のエネルギーが放出される。このエネルギーで H^+ がミトコンドリアの膜間腔（図 4-5）にくみ出される。この H^+ の濃度差（pH 差）を解消する形で酵素複合体が働き ATP が合成される。

$$3^*\text{ATP}/1\,\text{NADH} = -3 \times 30.4\,kJ/mol\,/\,-220\,kJ/mol \times 100\,(\%)$$
$$\fallingdotseq 41\% \tag{13}$$

この時，NADH 1 分子あたり 3 分子の ATP が生成することからミトコンドリアの呼吸鎖では効率のよいエネルギー変換が起こっている。

　全体の収支であるグルコース 1 分子あたりの好気呼吸による ATP 産生の効率を考えると，やはり 40％程度の高い値が得られる。

$$38\text{ATP}/1\,\text{グルコース} = -38 \times 30.4\,kJ/mol\,/\,-2{,}870\,kJ/mol$$
$$\fallingdotseq 40\% \tag{14}$$

*詳細な研究から 1 モルの NADH から生成する ATP 量は整数比にならず 2.5 といった値が得られている。

4-5　光エネルギーによる ATP の合成

　地球上の生物は太陽光，特に可視光のエネルギーを利用して生命活動を行っている。4-2 の最初に，植物ではまず光エネルギー（太陽光）によって水の分解が起こることを示した（図 4-2）。可視光は葉緑体の**集光性複合体**（クロロフィル a とタンパク質の結合体）

に吸収される。

$$H_2O \xrightarrow{\text{可視光}} 2H^+ + 1/2\ O_2 + 2e^- \tag{15}$$

　水の光分解は葉緑体にあるチラコイド膜中で起こる。この反応で H^+ と酸素が生み出され電子が放出される（(15) 式）。チラコイド膜の内側にたまった H^+ は，膜の内側との間に濃度差をもつことになる。このポテンシャル差を利用して，膜に存在する酵素複合体は ADP をリン酸化し，ATP を生成する反応を触媒する。この過程はミトコンドリアで起こる電子伝達系と共役して起こる ATP 合成とよく似ているが，区別のため光リン酸化反応と名付けられている。一方，放出された電子はチラコイド膜のストロマ側に結合した鉄イオウタンパク質フェレドキシン(Fe^{3+})を還元する。還元されたフェレドキシン（Fe^{2+}）は NADPH－フェレドキシン還元酵素により $NADP^+$ を還元する。

$$NADP^+ + 2\text{フェレドキシン}(Fe^{2+}) + H^+ \rightleftharpoons NADPH + 2\text{フェレドキシン}(Fe^{3+}) \tag{16}$$

このようにして生成した ATP と NADPH（ニコチンアミドアデニンジヌクレオチドリン酸（還元剤））は，カルビン回路（ペントースリン酸サイクル）で CO_2 を 5 炭糖であるリブロース 1,5-ビスリン酸に付加して 6 炭糖を生成するためのエネルギーと還元剤として働く。光リン酸化反応（明反応）は次式でまとめられる。

$$H_2O + NADP^+ + P_i + ADP \longrightarrow 1/2\ O_2 + NADPH + H^+ + ATP \tag{17}$$

参 考 文 献

1) Lubert Stryer, 入江達郎ほか訳,「ストライヤー生化学，第 6 版」, トッパン（2008）

第5章 代　　謝

5-1　栄養素の代謝

　食物として取り込んだ栄養素（炭水化物，脂肪，タンパク質）を私達はいったん消化し，主な構成成分に分解する。炭水化物であるデンプンは糖へ，脂肪は脂肪酸とグリセリンへ，タンパク質はアミノ酸へと変換される。これら低分子化された化合物がアセチルCoAを経て完全に分解される過程が**異化**（catabolism）とよばれる（図4-3）。大切なことは三つの栄養素は，いずれもアセチルCoAを経てエネルギーの産生に利用できることである。この異化作用のほか，生物はその活動のために低分子物質から複雑な生体分子を合成する必要がある（**同化**）。本章では，糖質，脂質，アミノ酸についての代謝とこれらの調節機構について述べる。また，代表的な環境汚染物質の代謝についてふれる。

5-1-1　糖　代　謝

　第4章では，炭水化物（デンプン）が低分子化され（**解糖**），アセチルCoAを経てTCAサイクルに入り，いったん電子供与体であるNADHの生成を経て，ミトコンドリアでATPが生成されることを述べた。

　図4-4でグルコースからピルビン酸への解糖過程を示したが，ピルビン酸からの**グルコースの新生**は単純な逆の経路ではない。ピルビン酸はピルビン酸カルボキシラーゼによって，一度**オキザロ酢酸**に変化する（段階⑪）。ついでオキザロ酢酸はホスホエノールピルビン酸カルボキシキナーゼの作用でホスホエノールピルビン酸になる（段階⑫）。

$$\begin{array}{c}CH_3\\|\\C=O\\|\\COOH\end{array} + ATP + CO_2 + \xrightarrow{酵素} \begin{array}{c}COOH\\|\\CH_2\\|\\C=O\\|\\COOH\end{array} + ADP + P_i \qquad ⑪$$

ピルビン酸　　　　　　　　　　　　　　　　　　　オキザロ酢酸

ホスホエノールピルビン酸からグルコースの生成は図5-1を逆にたどればよい。ただし，①と③の段階はそれぞれ**脱リン酸化酵素**（ホスファターゼ）に触媒される。

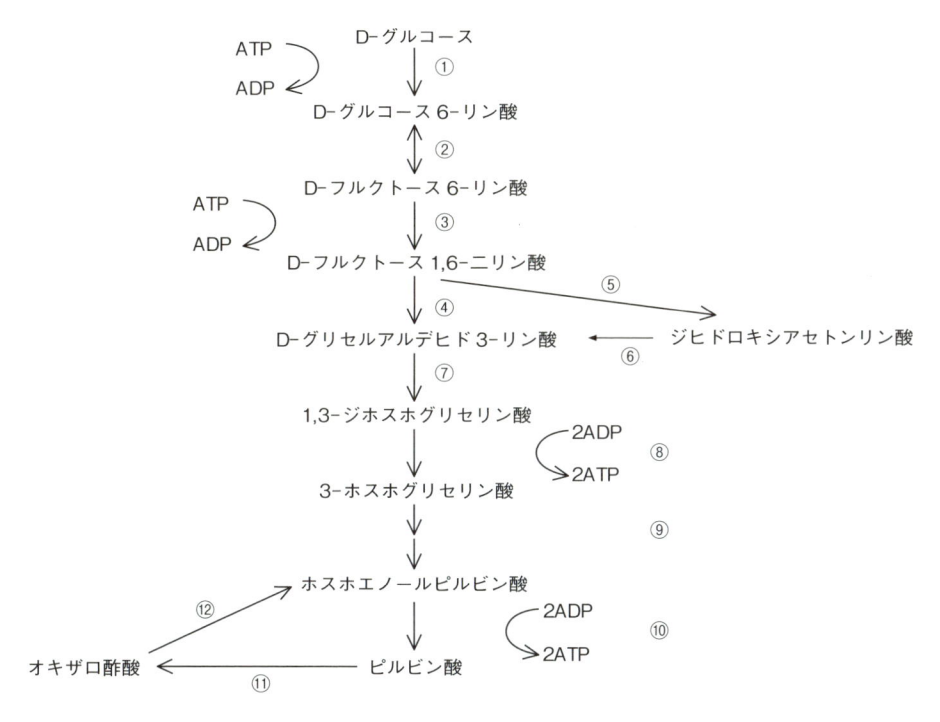

```
  COOH                              CH₂
   |                                 ‖
  CH₂              酵 素            C-O-PO₃²⁻  +  GDP  +  CO₂      ⑫
   |     + GTP    ───→               |
  C=O    グアノシン                   COOH         グアノシン
   |      三リン酸                                  二リン酸
  COOH
 オキザロ酢酸                       ホスホエノールピルビン酸
```

```
              ATP ╲  D-グルコース
              ADP ╱    │①
                     D-グルコース 6-リン酸
                        ↕②
                     D-フルクトース 6-リン酸
              ATP ╲     │③
              ADP ╱     ↓
                     D-フルクトース 1,6-二リン酸
                        │④          ╲⑤
                        ↓             ↘
                     D-グリセルアルデヒド 3-リン酸  ←⑥  ジヒドロキシアセトンリン酸
                        │⑦
                        ↓
                     1,3-ジホスホグリセリン酸
                                    2ADP╲
                                    2ATP╱  ⑧
                     3-ホスホグリセリン酸
                                          ⑨
                     ホスホエノールピルビン酸
         ⑫ ↗                    2ADP╲
   オキザロ酢酸 ←──── ピルビン酸   2ATP╱  ⑩
                    ⑪
```

図 5-1 ピルビン酸からグルコースの新生

糖代謝の調節：糖（グルコース）は筋肉や肝臓に<u>グリコーゲン</u>として蓄えられている。したがって，糖代謝は次の三つの段階に大別できる。

(1) 筋肉と肝臓におけるグリコーゲンの新生と分解
(2) グルコースの解糖と生じたピルビン酸のアセチル CoA を経た完全酸化
(3) ピルビン酸や乳酸などからのグルコースの新生

動物の脳や赤血球ではエネルギー源をほとんどグルコースに頼っている。したがって必要時にこれらの組織はグリコーゲンからグルコースを動員しなくてはならない。肝臓に備蓄されているグリコーゲンの量は脳に<u>グルコース</u>を半日ほど供給できる程度である。そこで食事を摂れない場合は，アミノ酸などから糖新生を行う。(1) のグリコーゲンの新生と分解は，ホルモン作用による見事な調節として明らかである（図 5-2）。<u>グルカゴン</u>（低血糖に応答して放出されるホルモン）または<u>アドレナリン</u>が細胞表面にある受容体と結合すると，酵素が活性化され細胞内の <u>cAMP</u> 濃度が上昇する。これによって，グリコーゲンからグルコース 1-リン酸への分解は促進されるが，グリコーゲン合成はグリコーゲ

```
                アドレナリン，グルカゴン
                        ↓
                受容体（肝細胞膜）
                        ↓ 酵素
                サイクリック AMP（cAMP）
                        ↓
                cAMP 依存プロテインキナーゼ
                        ↓
   ┌────────────────────┼────────────────────┐
   ↓                    ↓                    ↓                    ↓
ホスホリラーゼ  →  ホスホリラーゼ      *グリコーゲン   →   グリコーゲン
キナーゼ b    Ca²⁺  キナーゼ a        シンターゼ         シンターゼ
（不活性型）         （活性型）         （活性型）        （不活性型）
       ↑                ↓                      ↑
  ホスホプロテイン                        ホスホプロテイン
  ホスファターゼ                          ホスファターゼ
   グリコーゲン    →   グリコーゲン              ↑
   ホスホリラーゼ      ホスホリラーゼ         インスリン
   （不活性型）        （活性型）
                        ↓
                    グリコーゲン    →    グルコース 1-リン酸
                        ↑
       *グリコーゲン
        シンターゼ
       （活性型）
                    UDP グルコース
```

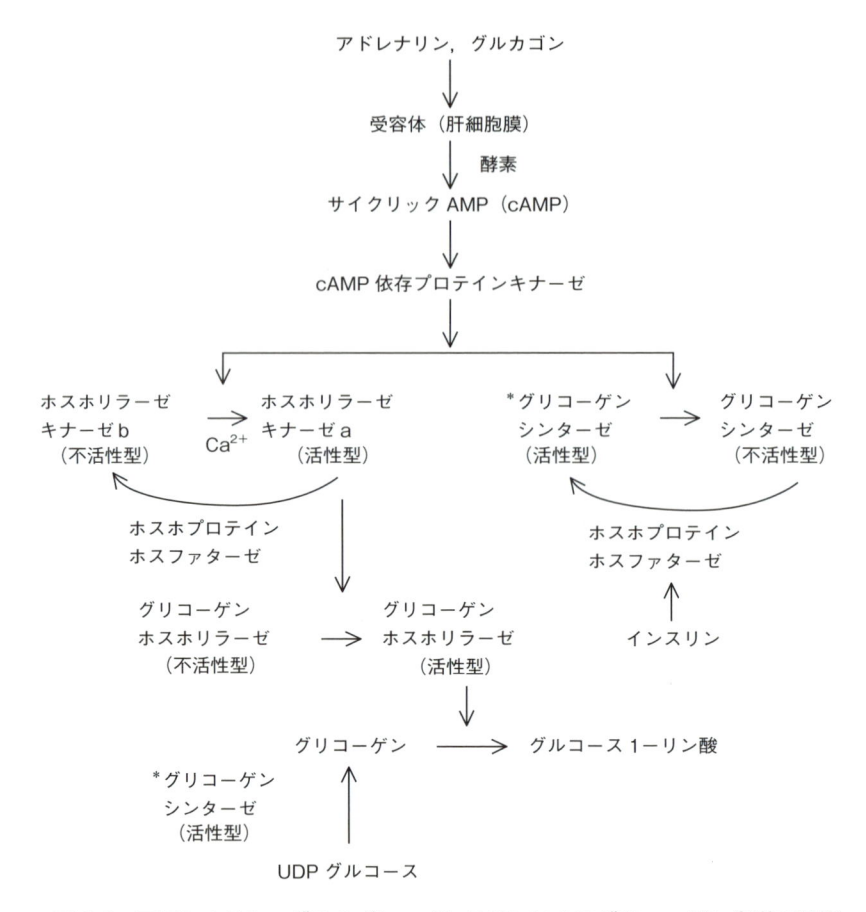

図 5-2　アドレナリン，グルカゴン，インスリンによるグリコーゲン代謝の調節

シンターゼの不活性型への変換により抑制される。**インスリン**は cAMP 濃度を低下させることでホスホプロテインホスファターゼを活性化させ UDP-グルコースからグリコーゲンの合成を促進させる。

5-1-2　脂 質 代 謝

　脂質は水に溶けにくいことから，私達の身体は脂質の扱いのために複雑な吸収および輸送機構を用いている。生体での脂質の働きは，生体膜の構成成分や，**化学的メッセンジャー**など多岐にわたる。脂質を**トリグリセリド**（TG）として摂取した場合，小腸で**膵臓リパーゼ**の作用で，**モノグリセリド**（MG）と 2 個の**遊離脂肪酸**に分解される。

$$R_2-\overset{O}{\underset{\|}{C}}-O-\overset{CH_2-O-\overset{O}{\underset{\|}{C}}-R_1}{\underset{CH_2-O-\overset{O}{\underset{\|}{C}}-R_3}{CH}} \xrightarrow{\text{膵臓リパーゼ}} R_2-\overset{O}{\underset{\|}{C}}-O-\overset{CH_2-OH}{\underset{CH_2-OH}{CH}} + 2R-COO^- \quad (1)$$

トリグリセリド（TG）　　　　　　　　　　　　　　モノグリセリド（MG）　　遊離脂肪酸
（R＝炭化水素鎖）

腸粘膜細胞で脂肪酸とモノグリセリドはトリグリセリドに再構成される。トリグリセリドはリン脂質，コレステロールおよび特異的タンパク質と集合してキロミクロン（リポタンパク質ともよばれる）を形成する。キロミクロンは，(a) エネルギー生産のために末梢組織へ，(b) リポタンパク質合成のために肝臓へ運ばれ利用される。

脂質の異化作用：脂質は脂肪組織に蓄えられている。脂質を分解しエネルギーを産生するためには，脂肪組織でホルモン感受性リパーゼによりトリグリセリドは遊離脂肪酸とグリセロールに分解する必要がある。遊離脂肪酸は血清アルブミンに結合し，末梢組織に輸送される。遊離脂肪酸の細胞質への移行は CoA と ATP によって活性化されることが必要である（(2) 式）。

$$\text{遊離脂肪酸}(R-COO^-) + ATP \xrightarrow[\text{CoASH}]{\text{アシル}-\text{CoA シンターゼ}} R-\overset{O}{\underset{\|}{C}}-S-CoA + AMP + PP_i \quad (2)$$

　　　　　　　　　　　　　　　　　　　　　　　　　　　　　　アシル－CoA

生成したアシル－CoA は $R-CH_2-\overset{\beta}{CH_2}-\overset{\alpha}{CH_2}-\overset{O}{\underset{\|}{C}}-S-CoA$ と書き直すと，四つの段階を経て（β酸化）二つ炭素数の少ないアシル－CoA とアセチル－CoA に変化する。こうして長い炭化水素鎖は β酸化によって逐次短くなる。1度の β酸化によってアセチル－CoA，$FADH_2$，NADH がそれぞれ 1 分子生成する。トリグリセリドは 3 分子の脂肪酸を持つから，1 分子のトリグリセリドは大きなエネルギーを生み出すことがわかる。

脂質の同化：糖の異化と同化は三つの段階を除くと，他は共通の酵素反応によって進行する。脂質の同化（脂肪酸合成）は，多くの点で異化（β酸化）と異なっている。パルミチン酸の合成を例にとると，マロニル ACP（アシルキャリアータンパク）とアセチル ACP の縮合で反応が進行する。この反応は CO_2 の生成を伴い，反応が進行しやすいことを示す。マロニル CoA はアセチル CoA から合成される。全体の収支は (3) 式で示される。マロニル CoA が消費されるごとに，2 炭素鎖の伸展が起こる。

8 アセチル CoA ＋ 14NADPH ＋ 7ATP ＋ $6H^+$

$\longrightarrow$ パルミチン酸 ＋ $14NADP^+$ ＋ 8CoA ＋ $6H_2O$ ＋ 7ADP ＋ $7P_i$ (3)

このほか，コレステロールやリン脂質などの代謝も重要である。ぜひ，章末にあげたテキストを参考にしていただきたい。

5-1-3 アミノ酸の代謝

タンパク質は，摂取された後複数のタンパク分解酵素によって構成単位のアミノ酸に分解される。アミノ酸は20種類もあるが，ヒトではこのうち10種が必須アミノ酸であり，必須アミノ酸は生合成できない。アミノ酸はα－アミノ基が除かれた後，炭素最終部分は酵素反応によってアセチルCoA，ピルビン酸，オキザロ酢酸などに変換される。これらのアミノ酸分解産物は糖や脂質代謝に加わり，エネルギー産生と生体分子の合成に利用される。

アミノ酸の異化：アミノ酸の分解は，α－アミノ基（および側鎖のアミノ基）のアミノ酸からの脱離でスタートする。(4) 式ではアミノ酸オキシダーゼによって，アミノ酸からα－ケト酸とアンモニアが生じる。

$$\underset{\alpha-\text{アミノ酸}}{R-\underset{\underset{COOH}{|}}{\overset{\overset{NH_3^+}{|}}{CH}}} + O_2 \xrightarrow{\text{アミノ酸オキシダーゼ}} \underset{\alpha-\text{ケト酸}}{R-\underset{\underset{COOH}{|}}{\overset{\overset{O}{\|}}{C}}} + NH_3 + H_2O_2 \quad (4)$$

脱アミノ反応で最も重要なのは，トランスアミラーゼで触媒される反応である（(5) 式）。

$$\underset{\alpha-\text{アミノ酸}}{R_1-\overset{\overset{NH_3^+}{|}}{CH}-COO^-} + \underset{\alpha-\text{ケト酸}}{R_2-\overset{\overset{O}{\|}}{C}-COO^-} \xrightleftharpoons{\text{トランスアミラーゼ}} R_1-\overset{\overset{O}{\|}}{C}-COO^- + R_2-\overset{\overset{NH_3^+}{|}}{CH}-COO^- \quad (5)$$

この反応では，アミノ酸の脱アミノ反応とα－ケト酸へのアミノ化反応が同時に起こる。この反応は可逆的に起こる。種々の組織に各種のトランスアミラーゼが存在する。このうちアスパラギン酸アミノトランスフェラーゼ（AST）とアラニンアミノトランスフェラーゼ（ALT）はとくに重要である。ASTは，アスパラギン酸のα－アミノ基をα－ケトグルタル酸（TCA回路の中間体）へ移す。

$$\begin{array}{c}\underset{\text{アスパラギン酸}}{^-OOC-CH_2-\overset{\overset{NH_3^+}{|}}{CH}-COOH} \\ + \\ \underset{\alpha-\text{ケトグルタル酸}}{^-OOC-(CH)_2-\overset{\overset{O}{\|}}{C}-COOH}\end{array} \xrightleftharpoons{\text{AST}} \begin{array}{c}\underset{\text{オキザロ酢酸}}{^-OOC-CH_2-\overset{\overset{O}{\|}}{C}-COO^-} \\ + \\ \underset{\text{グルタミン酸}}{^-OOC-(CH)_2-\overset{\overset{NH_3^+}{|}}{CH}-COO^-}\end{array} \quad (6)$$

α－ケトグルタル酸はグルタミン酸となる。アスパラギン酸は脱アミノ化され，これもTCAサイクルの中間体であるオキザロ酢酸となる。芳香族アミノ酸の分解には特異的な酸素添加酵素を必要とするが，最終的にアセチルCoAとなりTCA回路へ入る。アミノ酸異化の最終産物として尿素が生成するが，尿素分子の二つの窒素原子はアンモニアとアスパラギン酸に由来する。

アミノ酸の生合成：20種のアミノ酸は少数の前駆物質から合成される。つまり，二つのTCAサイクルの中間体（α-ケトグルタル酸とオキザロ酢酸）および炭水化物の代謝産物からである。これは生命のもつ単純性と効率性を示しているといえるだろう。すべての生物が20種類のアミノ酸を合成できるわけではない。ヒトではこのうち9種を生合成できない（必須アミノ酸）。一般に非必須アミノ酸は必須アミノ酸よりも簡単に合成される。

5-2 環境汚染物質の代謝（解毒または活性化）

ヒトには，本来異物とされる薬物や有機化合物の汚染物質を代謝し体外へ排出する仕組みがある。一方，重金属はメタロチオネインといった低分子性のタンパクと結合し無毒化される。ここでは酵素であるシトクロムP450系による有機化合物の代謝と活性化について述べる。

5-2-1 第一段階代謝反応

シトクロムP450（P450）は，NADPHを電子供与体としてNADPH－P450還元酵素の働きで活性化され，有機化合物の水酸化反応を触媒する酵素である。P450は主に肝臓の滑面小胞体に存在し，基質特異性が低い。有機化合物（薬物や芳香族化合物）はP450系で水酸化され，その結果水に溶けやすくなり体外に排出されやすくなる（(7)式）。

$$RH + O_2 + 2e^- + 2H^+ \xrightarrow{P450系} ROH + H_2O \quad (7)$$

有機化合物　　　　　　　　　　　　　水酸化された有機化合物

5-2-2 第二段階代謝反応

水酸化された有機化合物（ROH）はさらに抱合反応を受け，より排出されやすくなる。抱合反応は水酸化化合物との①親電子反応によるグルクロン酸および硫酸抱合と，②親核反応によるグルタチオン抱合が代表的である。

5-2-3 発ガン前駆物質の活性化

ベンゾピレン（BaP）は，煤煙，タバコの煙，タール中に含まれる発ガン性芳香族炭化水素である。BaP自身の毒性は低いがP450により水酸化されると毒性が増強する。BaPはP450系によって水酸化されるが，この反応では，最初に7,8-エポキシドが生成し，エポキシドヒドラーゼの触媒作用で二重水酸化体が生成する。この二つの水酸化体が再びP450の作用によりエポキシド型となる。このうち反応性の高い生成物がDNAと反応して発ガン性を示す（図5-3）。発ガン性を示すカビ毒として知られるアフラトキシンもP450系によりエポキシ型に代謝活性化される。

P450により活性化される発ガン前駆物質として<u>ニトロソアミン</u>があげられる。ニトロソアミンは二級アミンや三級アミンと亜硝酸イオンとの反応で生成する（(8) 式）。

$$\begin{array}{c} H_3C \\ H_3C \end{array}\!\!N\text{-}H + NO_2^- + H^+ \longrightarrow \begin{array}{c} H_3C \\ H_3C \end{array}\!\!N\text{-}N=O + H_2O \quad (8)$$

ジメチルアミン　　　亜硝酸イオン　　　　　　　ニトロソアミン

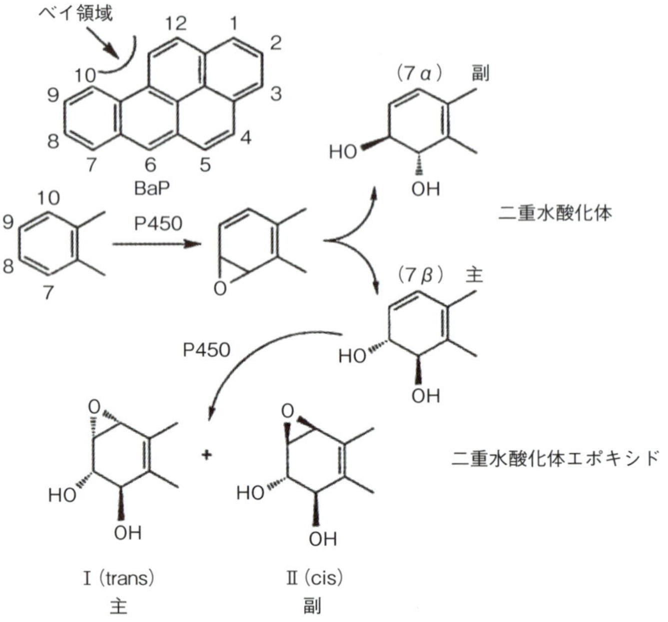

図 5-3　ベンゾピレンの P450 系による活性化機構

ジメチルアミンは身近な革製品やゴム製品に含まれ，亜硝酸イオンは野菜や肉製品に由来する。P450 系で水酸化された生成物は不安定でアルキル化剤に変換し，生体分子がアルキル化されて発ガン性を示す（(9) 式）。

$$\begin{array}{c} H_3C \\ H_3C \end{array}\!\!N\text{-}N=O \xrightarrow{P450\text{系}} \begin{array}{c} HO\text{-}H_2C \\ H_3C \end{array}\!\!N\text{-}N=O \rightarrow \begin{array}{c} H \\ H_3C \end{array}\!\!N\text{-}N=O + CH_2O \quad (9)$$

$$\rightarrow\rightarrow\rightarrow\; \overset{+}{CH_3} + N_2$$

アルキル化剤

P450 で活性化された BaP の二重水酸化体はグルタチオンと抱合体を形成し，排出される。環境汚染物質である PCB 異性体のうち，塩素数の少ないものは P450 によって水酸化され，グルタチオン抱合体を経て排出される。しかし，塩素数が増加すると代謝されにくくなり，脂肪組織や肝臓などに蓄積することが知られている。(8) 式で示したニトロソアミンの生成はアスコルビン酸の還元作用で抑えられる。このように<u>抗酸化ビタミン</u>（ア

スコルビン酸，トコフェロール）や抗酸化物の存在は，ヒトの身体で起こる発ガン前駆体の活性化に伴うガン化を抑制してくれる。

5-2-4 ガンを遠ざける食品

活性酸素種といった酸化的分子種の生成（酸化的ストレス）が，さまざまな病気やガン化の過程に関与すると考えられている。最近，ブロッコリースプラウト，キャベツ，ニンニク，タマネギ類に含まれる親電子化合物にガン化過程の抑制効果があると報告されている。ブロッコリースプラウトに含まれる代表的な親電子化合物スルフォラファン（CH_3-S-$(CH_2)_4$-NCS）は，第二段階代謝反応に関与する酵素を誘導し，発ガン性物質を抱合体とし体外へ排出する。一方，第一段階代謝反応に関与する P450 系の酵素類は誘導しない。したがってスルフォラファンによる生体の抗酸化能力の獲得が期待できる。さらにスルフォラファンがもたらす効果は持続することから，これらの野菜と抗酸化ビタミン（アスコルビン酸，トコフェロール）を含む果物や食品を日常的に摂取することが，ガンを遠ざける食事として強く勧められている。

参考文献

1) Donald Vogt, Judith Vogt, 田村信雄ほか訳,「ヴォート生化学 上，下，第 3 版」, 東京化学同人 (2004)
2) Robert K. Murray ほか, 上代淑人監訳,「イラストレイテッドハーパー・生化学 原著 27 版」, 丸善 (2007)

第6章　受精と発生

6-1　はじめに

　生命体が地球上にはじめて現れたのは約40億年前だといわれている。それ以来，生命体は一度も絶えることなく伝えられ，進化し，今も地球上に多様な生物として存在している。第3章で述べたように，あらゆる生物の基本単位は細胞である。多細胞生物ではその生物を構成するそれぞれの細胞に専門性をもたせている。とくに，卵と精子は，次世代を残すために特殊化した細胞といえる。本章では，受精という卵と精子の出会いと，その後に続く発生のしくみについて学んでいこう。

6-2　受　　精

　卵や精子は有性生殖のために専門化した生殖細胞である。卵は，親から子へ伝達するゲノムのほか，発生に必要な細胞質因子や豊富な栄養を持って大型化している。一方，精子はゲノムをおさめた核のほかはほとんど細胞質を持たずに小型化し，卵にたどりつくための運動能力を有するように特殊化している。受精は卵と精子が合体することであるが，そこではまず精子と卵の接触と認識からはじまり，精子が同種の卵を確認して卵内に入り，次に卵核と精子核が合体する過程がつづく。さらに，発生を開始するための卵の活性化がおこり，ついには新たな個体の創造が始まる。以下の項では，受精のために精子と卵がどのように準備をしているかということからはじめ，次に受精のしくみについて記していく。

6-2-1　卵の受精に向けての準備

　卵と精子は，どちらも親のゲノムを子に伝える機能を担っているが，個体の発生に関する能力には大きな差がある。卵がいったん活性化されると，数日のうちに発生が進み，新しい個体が生じる。卵の活性化は，通常は精子との融合によって引き起こされる。しかし，精子を必ずしも必要としない動物もある。アリマキやハチのような昆虫類や，さらにはハシリトカゲなどの脊椎動物でも，精子なしに活性化された卵から新しい個体を生じる単為生殖を行うことがある。ウニ類や両生類，魚類などの卵も，化学的，機械的，あるいは電気的な刺激で活性化され，個体にこそならないが，初期発生が進む。また，クローン羊ドリーのようなクローン動物を作り出す場合も，核を除去した未受精卵に成体の体細胞

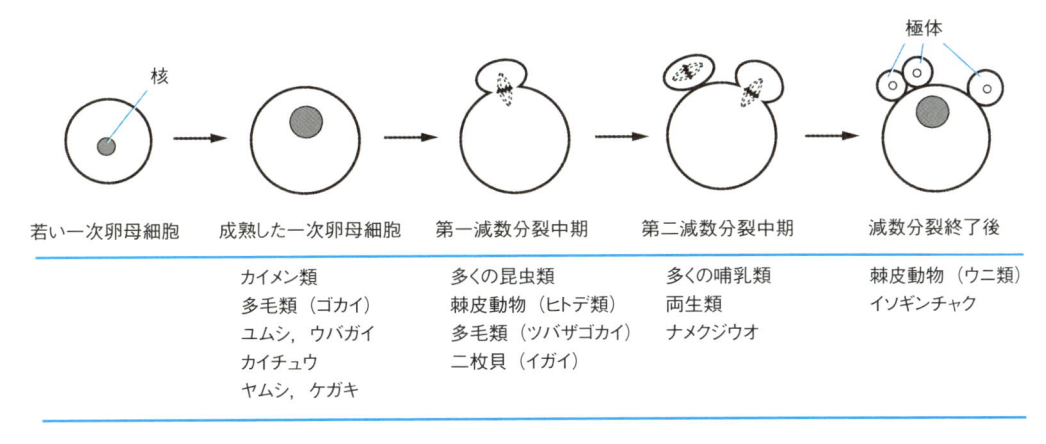

若い一次卵母細胞	成熟した一次卵母細胞	第一減数分裂中期	第二減数分裂中期	減数分裂終了後
	カイメン類 多毛類（ゴカイ） ユムシ，ウバガイ カイチュウ ヤムシ，ケガキ	多くの昆虫類 棘皮動物（ヒトデ類） 多毛類（ツバザゴカイ） 二枚貝（イガイ）	多くの哺乳類 両生類 ナメクジウオ	棘皮動物（ウニ類） イソギンチャク

図 6-1 種々の動物における精子侵入時の卵子形成段階

の核を移植して電気ショックで卵を活性化するという方法が用いられるため，精子を必要としない。

卵巣では母方のゲノムの生き残りを目的として卵が形成される。まず，発生に必要な原材料を大量に蓄積し，表層粒を作り出し，さらには保護用の覆い（卵膜）をまとうようになる。これらによって卵は運動性を失うことになるが，精子の運動性によって補われる。逆に，精子は細胞質の大部分を捨て，父方のゲノムを伝えるだけの役割に特化している。

卵形成は，卵巣の中の卵原細胞から始まる。通常の細胞分裂によって増殖した後，卵原細胞は分化して一次卵母細胞になり，減数分裂を開始する。減数分裂は段階を追って進行し，第一減数分裂の前期や中期，または第二減数分裂の中期で長い間停止することもある。精子侵入時の卵の発生段階は種によって決まっている（図6-1）。ウニ類のように受精時までに卵が減数分裂を完了して一倍体になっているものもあれば，減数分裂完了以前の卵に精子が侵入するものもある。ヒトを含む哺乳類では，卵母細胞は第二減数分裂中期まで進んだところで停止し，卵巣から卵管に排卵され，精子を待つ。そして，精子が侵入したことが刺激となって，初めて卵は減数分裂を完了する。

卵膜は，卵の周囲にある構造体の総称であり，卵を機械的な損傷から保護する。また，同種の精子しか通さないという種特異的な障壁として働く。哺乳類の卵は，外側を厚いタンパク質性の透明帯とよばれる卵膜で包まれ，さらに放線冠とよばれる1層の細胞層に囲まれている。透明帯は，卵巣内で卵に栄養を供給していた濾胞細胞の分泌物で形成されており，放線冠は卵とともに卵巣から放出された濾胞細胞の層である。ウニ類では，卵のすぐ外側を糖タンパク質の卵黄膜が取り囲んでおり，さらにその外側には，主にシアル酸やフコースを含む糖タンパク質複合体からなる透明な厚いゼリー層がある。ウニ類と哺乳類におけるこれらの卵膜と精子との相互作用については6-2-3および6-2-4で具体的に記す。

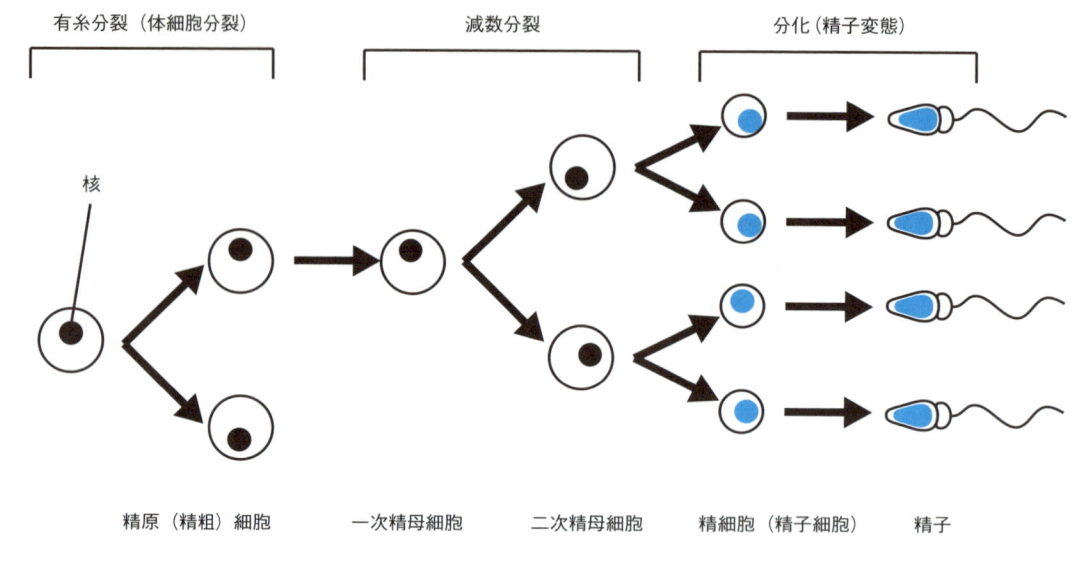

図 6-2 雄性配偶子（精子）形成
黒い核は 2n を，青い核は n を表す。

6-2-2 精子の受精に向けての準備

哺乳類における精子形成は精巣内の精細管とよばれる細い管の中で行われる。精細管壁の精原細胞が有糸分裂で増殖し，一次精母細胞に分化する。その後，減数分裂を開始し，二次精母細胞を経て一倍体の精細胞になる。球形の精細胞が分化していく中で，尾部などの運動器が形成され，余分な細胞質が取り去られる。その結果，運動性に適した形態の精子が作られ，精細管内腔に溜まる（図 6-2）。精巣内の精子はまだ運動性や受精能力がなく，精巣に続いて通る精巣上体で運動性を獲得する。さらに，雌の生殖器官内で受精能獲得とよばれる生理的な変化を受けてはじめて卵と受精することが可能になる。

多くの動物の精子は，精子核を含む頭部，長い鞭毛によって運動をつかさどる尾部，そして，頭部と尾部の間にあってミトコンドリアが存在する中片からなる。核の前方には，先体胞とよばれるゴルジ装置に由来する袋が存在する。その中には，卵膜を通過する際に必要な分解酵素が含まれている。精子が卵膜に接すると，先体胞が破れる反応（先体反応）が生じ，内部の分解酵素が放出される。精子は先体反応を起こして卵膜を通過する。

6-2-3 ウニ類における卵と精子の接触から核融合まで

ウニ類の卵が海水中に放出されると，卵の外側をおおっているゼリー層が少しずつ溶け出す。一方，海水中に放出された精子は活発に泳ぎ始める。溶け出たゼリー層の成分は同種の精子を活性化したり，誘引したりするだけでなく，先体反応を誘起する作用ももつ。ウニ類やヒトデ類以外の海産動物（ホヤ，魚類）でも，卵膜に存在する精子活性化や先体反応誘起に関わる物質が発見されている。精子が先体反応を開始してから卵内に侵入するまでには1分もかからない。卵内に入った精子核が卵核と融合するまでには，種類と水温

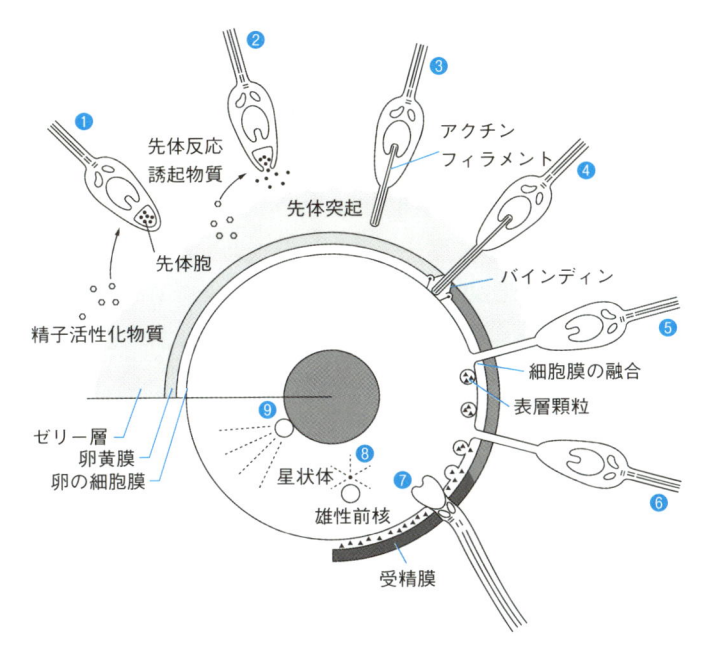

図 6-3 ウニ類における精子と卵の相互作用を表す模式図

ゼリー層から一種の走化性因子が放出され，それに反応した同種の精子が誘引される。
❶ ゼリー層から精子の運動性を高める働きをもつ精子活性物質が放出される。
❷ ゼリー層に達した精子は，ゼリー層にある先体反応誘起物質に反応して先体反応を開始する。
❸ 先体反応では，先体胞内容物の放出と同時にアクチンが重合し，アクチンフィラメントによって先体膜が外に押し上げられ，先体突起が形成される。
❹ 先体突起が卵黄膜に接触すると，種特異的な認識が行われる。この認識を仲介する先体タンパク質はバインディンとよばれ，先体胞中に存在していたものが先体突起形成後に表面に露出するようになる。卵黄膜にはバインディン受容体である糖タンパク質があり，バインディンは特定の糖タンパク質の糖鎖を認識してそれに結合する。
❺ バインディンとその受容体の結合がおこった後，ライシン（酵素）が精子細胞外に放出され，卵黄膜を溶解する。卵細胞膜に達した精子の膜と卵細胞膜との融合がおこり，精子核の通路をつくる。
❻❼ 卵内の表層顆粒が細胞膜に接し，その接点で表層顆粒の膜と細胞膜がつながり，顆粒内の物質が囲卵腔に向って放出されて卵黄膜の内側に付着することにより受精膜が形成される。精子核は卵内に入る。
❽ 精子核は大きく膨潤した雄性前核となり，精子頸部にあった中心体から微小管が放射状にひろがり星状体を形成する。
❾ 雄性前核と卵核（雌性前核）が互いに近づき，両核が融合する。

にもよるが，だいたい1時間前後を要する。図6-3は，精子がゼリー層に接してから卵内に入り，さらに，精子核が卵核に融合するまでの経時的変化を示している。

ウニ類では精子の先体反応で生じた先体突起の部分に**バインディン**とよばれるタンパク質があり，卵黄膜にあるバインディン受容体との間で特異的な結合が起こる。この結合によって，同種の精子のみが卵黄膜を通過し，卵の細胞膜に達する。異種の精子にとって，卵黄膜が障壁となり，それを通過することができない。卵黄膜を通過した精子と卵の細胞膜の融合は非特異的な反応であるため，異種間の卵と精子の間でも融合が生じる。細胞膜の融合後，精子核は卵内に入る。

精子核が卵内に入ると，表層粒がエキソサイトーシスをおこし，その内容物を卵の細胞膜と卵黄膜の間に放出する。その結果，急速に水分が移動して卵黄膜は卵細胞膜から離れ

て硬くなる。これを受精膜とよぶ。受精膜の形成によって，他の精子が卵に侵入する多精が妨げられる。また，最初の精子が侵入した時点で卵細胞膜の膜電位が変化するため，これも多精を防ぐことに役立っている。

6-2-4　哺乳類における卵と精子の接触と結合

交尾の際に射出される精子の数は，ラット，マウス，ウサギなどの小動物では5,000万～6,000万程度で，ブタやウシなどの大動物では数十億，ヒトでは1億～3億といわれている。しかし，どの動物でも受精が行われる卵管膨大部まで達する精子の数は200～500個にすぎない。ヒトの精子は，射精された膣から卵管膨大部に達するのに30分～1時間を要する。その間に精子は受精能を獲得する。その後，精子は卵周囲の濾胞細胞層を突破し，卵透明帯に達する。哺乳類の精子は透明帯に達したときに先体反応を開始し，透明帯に結合する。透明帯には，精子先体反応を誘起する糖タンパク質や精子が種特異的に結合できる糖タンパク質が存在する。精子にはこれらの糖タンパク質に対する種特異的な受容体があると考えられている。先体反応が生じた精子先体からは分解酵素が放出されて，精子の透明帯通過を助ける。透明帯を通り抜けた精子は卵の細胞膜と融合して卵内に入る。

哺乳類の受精において，ウニ類で述べたバインディンのような卵と精子の融合に関わる分子はあるのだろうか。長年にわたり，この分子が探索されてきた。膜融合に関わる分子の必要十分条件としては，1) 卵，あるいは精子（およびその頭部）に特異的に発現する，2) その分子がないと受精しない，3) その分子，あるいはその分子に対する抗体を加えると受精を阻害する，4) その分子に対する受容体が相手側の細胞膜にある，などがあげられる。近年，卵や精子に特異的に発現するタンパク質を同定したり，また欠損させる遺伝子工学的手法が発達してきた。その結果，現在まで，卵の細胞膜側にCD9が，精子の頭部にIZUMOという膜タンパク質が存在することが明らかとなった。この2種類のどちらの分子を欠損させても受精が起こらないこと，また，どちらの分子に対する抗体も受精を阻害することなどから，卵と精子の膜融合に必要な分子と考えられる。精子に存在するIZUMOは，縁結びの神社，出雲大社から名づけられた。その名前が示すとおり，わが国の研究者によって発見された分子である。しかしながら，CD9とIZUMOのいずれの分子に対してもその受容体が見つかっておらず，また，CD9とIZUMOがお互いに結合する証拠もない。したがって，卵と精子の膜融合には，さらに他の分子群が必要なのであろう。

最初の精子と卵との間の膜融合が始まると，ウニ卵と同じく，卵の表層粒の崩壊が始まる。この崩壊によって卵外に放出された物質が透明帯を硬化させ，他の精子の侵入を拒否する。卵内に入った精子核と卵核との融合には約12時間かかる。

6-2-5 性の決定

　ヒトを含め動物には雄（男）と雌（女）が存在し，その体や行動には大きな違いが認められる。形態の雌雄差の典型は生殖器である。第8章で詳しく述べられるように，動物の染色体には雌雄で相同な常染色体と，雌雄で異なる性染色体が存在する。哺乳類の性染色体の場合，雌には2本のX染色体が存在し，雄にはX染色体とY染色体という異なった染色体が存在する。この性染色体上に存在する遺伝子が働くことによって生殖器の雌雄分化の方向が決定する。たとえば，Y染色体上のSry遺伝子は精巣の発生・分化に関わる遺伝子として発見され，雄の性を決めるのに決定的な役割を果たす。また，常染色体上にも雌雄差が存在し，性染色体の働きと協調して雄らしい，あるいは雌らしい体（たとえば骨格など）を作り出している。

　一方，行動の雌雄差は脳の雌雄差に由来する。脳は発生初期には雌雄差のない未分化の状態である。哺乳類では，出生前後の時期に精巣から分泌される雄性ホルモン（アンドロジェン）の暴露を受けると脳は雄型に，受けないと雌型にそれぞれ分化する。その結果，成体になったときの性行動（生殖行動）がそれぞれ雄的あるいは雌的になる。実験的に出生前後の時期にアンドロジェンを投与された雌は，成体になると生殖器は雌なのに，雄のような性行動をとるようになる。逆に，出生直後の雄から精巣を除去すると，成長後には雌のような行動をとるようになる。このように，哺乳類の性行動や脳の雌雄差は，雄性ホルモンの働きによって決定される。しかしながら，雄性ホルモンの分泌の制御は精巣の発達と関わっており，また，雄性ホルモンの受容体も遺伝子の発現による。したがって，性行動や脳の雌雄差も間接的に遺伝子によって制御されているといえる。

　上述したように，哺乳類の性の決定には性染色体が強く影響している。しかし，鳥類以下の下等な脊椎動物では，性染色体以外の要因が影響する場合がある。性ホルモンや薬物の個体や環境水への投与など，種々の環境・実験条件によって，雄なのに卵巣が作られたり，雌なのに精巣が発生したりする。あるいは，両方の生殖器を保持したりすることもあり，哺乳類とは異なった生殖器を発達させる場合がある。さらに，環境要因により性が決定する動物も存在する。たとえば，は虫類の多くでは，卵の孵卵期の温度が雌雄を決定する（図6-4）。さらに，第12章で概説するように，魚類の中には，社会生活の変化だけで性転換が起こる種もある。

　これらの動物では，遺伝的な要因よりも環境要因が性の決定や転換に強く作用する。これは，生息環境の中で種を保存させるための適応戦略として独自に進化させてきた一例といえる。しかしながら，地球温暖化や内分泌かく乱物質による汚染など，人間の活動が原因で生じている地球環境の急激な変化は，これまでゆっくりとした地球の変化に対応してきた動物達の性の決定にも大きな影響を与える可能性があり，非常に懸念されるところである。

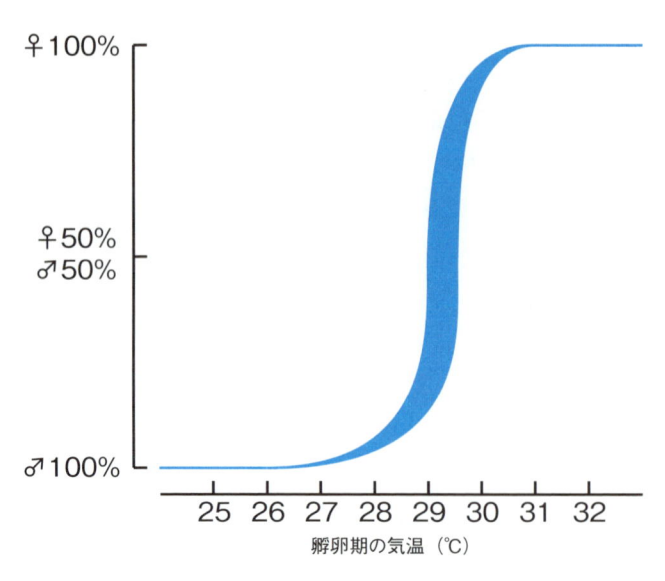

図 6-4 ミシシッピーアカミミガメ（ミドリガメ）の孵卵期の温度による性の決定
卵を29℃〜29.5℃で維持すると雌雄1：1の割合で発生し，それより高い温度では雌に，低い温度では雄になる。

6-3 発　　生

　前項で概説したように，受精によって生じた受精卵は，その後卵割を繰り返しながら，さまざまな細胞に分化して，生物の体を作り上げていく。発生初期の各細胞が，細胞分裂するにしたがって将来どのような細胞になっていく運命なのか，その運命の決定時期から動物種は，大きく3種類の発生様式に分けられる。本項では，まずその仕組みを解説し，ヒトの発生を例として，どのように受精卵が発生，分化していくかを概説する。

6-3-1　初期発生のしくみ

　受精卵が最初に卵割して二つの割球（細胞）になったときから，それぞれの割球に将来形成される組織や器官が決まっている発生様式を**モザイク卵**とよぶ。ほとんどの無脊椎動物はこの様式で発生する。この様式の2細胞期の割球をバラバラにして発生させると，左右半身づつの不完全な個体が生じる。この発生様式で卵割して順次生じる割球を個別に標識することにより，各割球が将来どのような組織や器官になるかを調べることができる。線虫や軟体動物，そして脊椎動物の祖先である脊索動物のホヤなどで，受精卵の卵割に伴う各割球の運命（細胞系譜とよばれる）が明らかにされている（図6-5）。

　一方，卵割によって生じる割球の運命がすぐには決まっておらず，発生が進むにつれて，その運命が次第に決まっていく発生様式を**調節卵**とよび，脊椎動物や一部の無脊椎動物（ウニ類などの棘皮動物）で見られる。調節卵の2細胞期や4細胞期の割球をバラバラ

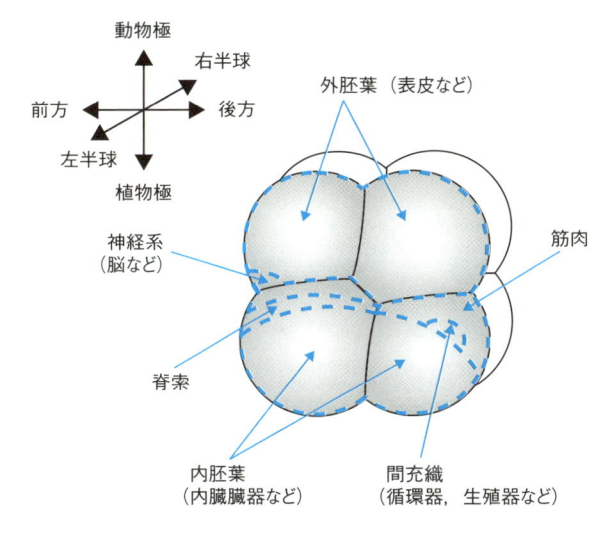

図6-5 モザイク卵における割球の運命
（ホヤ8細胞期胚左半球）

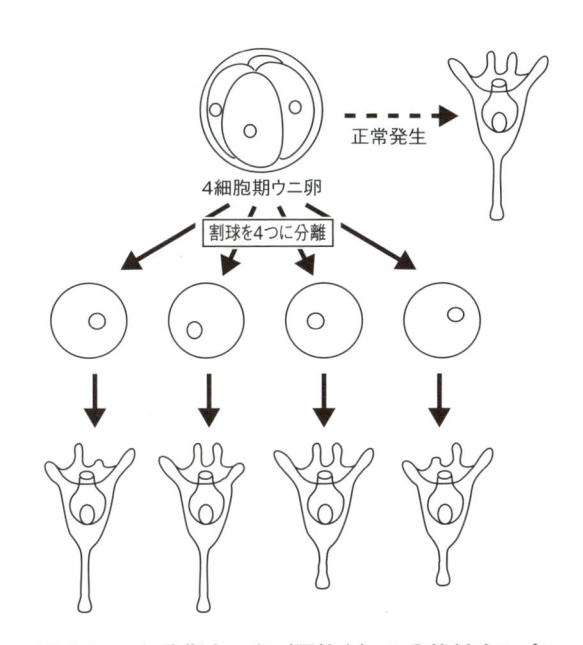

図6-6 4細胞期ウニ卵（調節卵）の分離割球のプルテウス幼生への発生

にして発生させると，2個や4個のほぼ完全な個体ができる（図6-6）。アルマジロは4細胞期以降の割球が独立に発生するため，自然に一卵性多胎が生じる。ヒトの一卵性双生児も卵割途上の卵の分割によって生じる。調節卵であっても卵割がさらに進むと各割球の運命が決定してくる。そのため，モザイク卵と調節卵の違いは，各割球の運命が決まる時期が早いか遅いかだけともいえる。

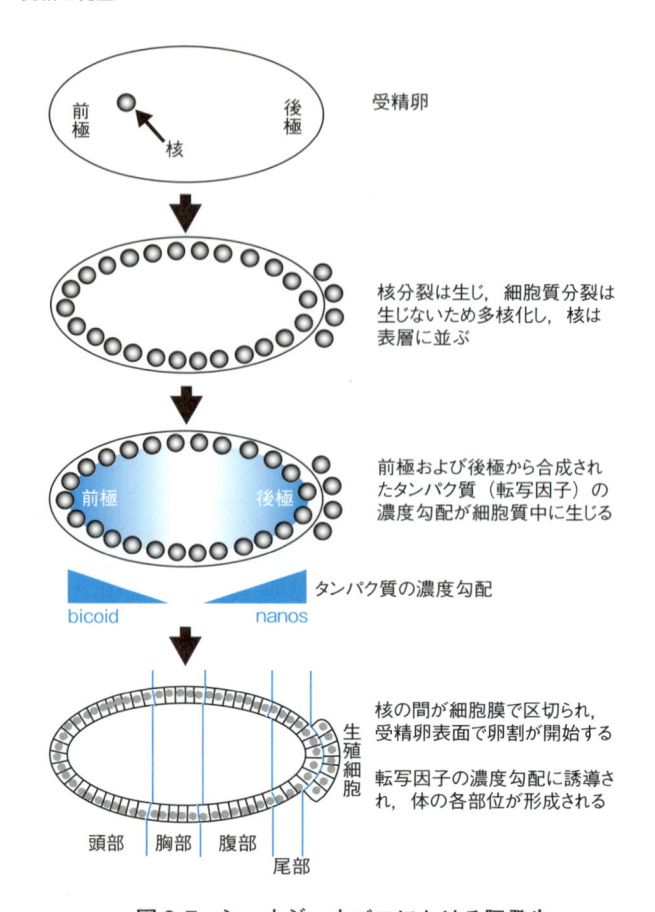

図6-7 ショウジョウバエにおける胚発生

　一方，多くの昆虫では，モザイク卵とも調節卵とも異なる発生様式をとる（図6-7）。受精卵は発生初期には核分裂はするが細胞質分裂はしない。その結果，大きな細胞質内に多数の核が並んで存在する状態になる。これを**多核性胞胚**（合胞体：シンシチウム）とよぶ。多核性胞胚の前極と後極には，それぞれbicoidとnanosに代表される一群のタンパク質が合成され，それぞれの端から濃度勾配が形成される。そして，核の周囲に細胞膜が形成され，細胞が分化していく際，これらのタンパク質の濃度勾配に従って，前部に頭部が，中央部には胸部が，そして，後部には腹部と尾部がそれぞれ形成されていく。

6-3-2　ヒトの発生1

　ヒトを含めた哺乳類の初期発生は調節卵の特徴をもっている。「発生初期の割球（細胞）の運命が決まっていない」という調節卵の特徴は，逆にいえば，「何にでも成りうる」ということでもある。哺乳動物の発生において，この特徴をもった細胞群が後述する内部細胞塊（ICM）である。この**内部細胞塊（ICM）**の存在こそが，自然界ではヒトにおける一卵生双生児を生じさせ，また，第12章で解説されるES細胞を用いたクローン技術の発

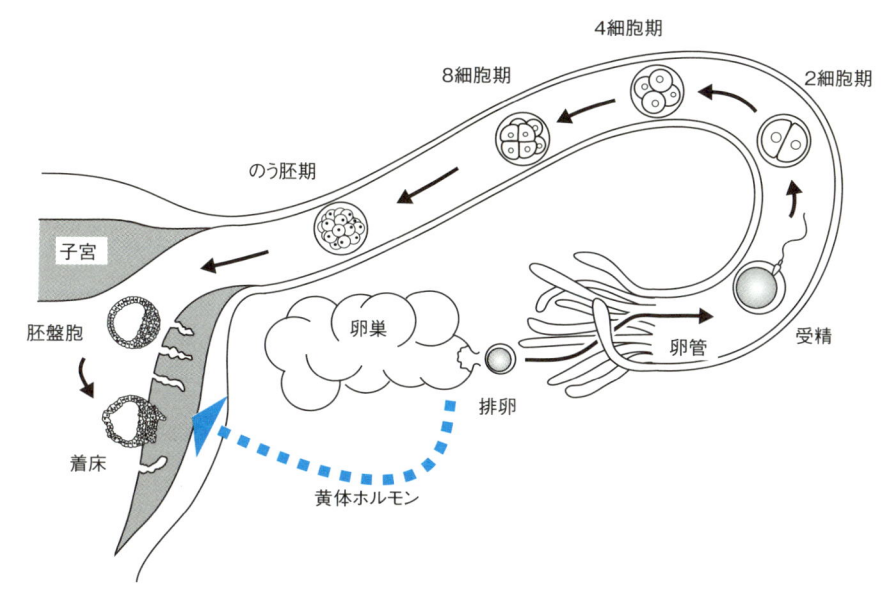

図6-8 ヒトの排卵から着床までの経路

達を招いた，といえる。では，ヒトがどのように発生してくるのか見てみよう。

6-3-3 ヒトの発生2

ヒトの卵は，およそ28日周期で卵巣から卵管内に通常1個排卵される。排卵後の12～24時間の間に，もし，精子が腟内から子宮を通って卵管内に入ってきていれば，受精することができる。受精した卵は細胞分裂（卵割）を繰り返しながら，卵管を下り，子宮に向っていく（図6-8）。通常，受精後3～5日で卵は子宮に到達する。この時の卵は胚盤胞とよばれる時期で，球形をなす単層の細胞層（栄養芽層；栄養外胚葉）と，その中で一極に偏在している内部細胞塊（ICM）とよばれる細胞集団からできている（図6-9（①））。将来，ICMが胎児とその周囲の組織に分化していく（後述）。同じ頃，母体の子宮では，排卵後の卵巣から分泌された黄体ホルモンの作用によって子宮内膜が肥厚化する。それは，ちょうど胚盤胞を受け入れる柔らかいベッドのようになる。胚盤胞はこの子宮内膜に付着し，埋没していく。これが着床である。着床した胚盤胞は，子宮内膜の柔らかいベッドの中で，外側の栄養芽層も内部のICMも細胞分裂を続けていく。その結果，栄養芽層は，母体と胎児との境界で物質交換を行う胎盤の絨毛（じゅうもう）へと分化する。一方，ICMは細胞分裂を続けるにつれ，胎児の各組織（外胚葉，中胚葉，内胚葉）に分化するとともに，胎児を取り巻く羊膜や，胎児と胎盤をつなぐ「へその緒」の中心をなす臍帯（さいたい）血管へと分化する。

胎盤は胎児と母体との物質交換の場である（図6-10）。胚盤胞の外層の栄養芽層から分化した絨毛の中には，胎児から臍帯血管を通して血液が運ばれてくる。絨毛の外側は絨毛

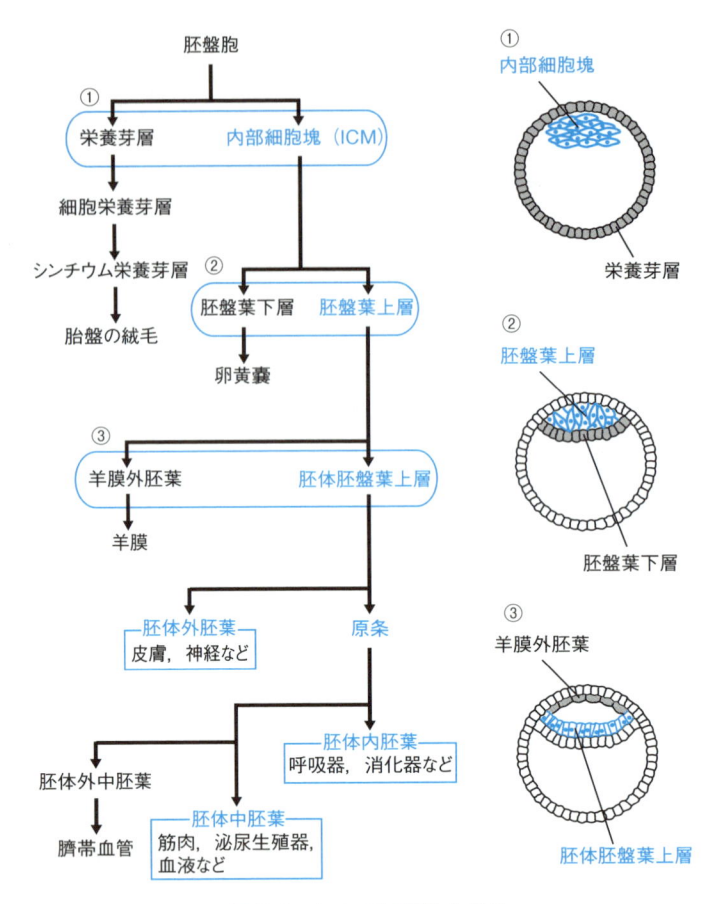

図6-9 ヒトの胚発生と分化

　間腔とよばれ，ここには母体側の血液が満ちている。したがって，胎児血と母体血は混じりあうことはない。酸素や栄養分は絨毛の膜を通して母体血側から胎児血側に移動し，尿素やアンモニアなどの老廃物や二酸化炭素などは胎児血から母体血に移動する。つまり，胎盤は，胎児にとって肺であり，消化管であり，腎臓なのである。出生時，胎児が母体から出るとき，胎盤も母体側の脱落膜とともにはがれ，子宮外に出て行く（後産）。

　ICM は，栄養芽層由来の胎盤絨毛以外のすべての体細胞に分化し得るという「分化全能性」を持っている。ICM の分化全能性の性質を利用し，ICM から目的とする組織や器官に人工的に分化させ，再生医療に応用しようとする研究が1980年代から開始されてきた。ICM の細胞を胚盤胞から取り出し，人工的に培養および分化できる状態にしたのが胚性幹細胞（ES 細胞）であり，第12章で詳述する。

　ICM から人工的に目的とする組織や器官へ分化・誘導させようとする研究は盛んに行われているが，現在のところ，自然な発生過程で，ICM の全能性をもった個々の細胞がどのような仕組みで私たちの体を作り出すように分化していくのかはいまだ明らかにされていない。次の項で述べるように，発生過程で同一の受精卵から細胞分離がおこると，一

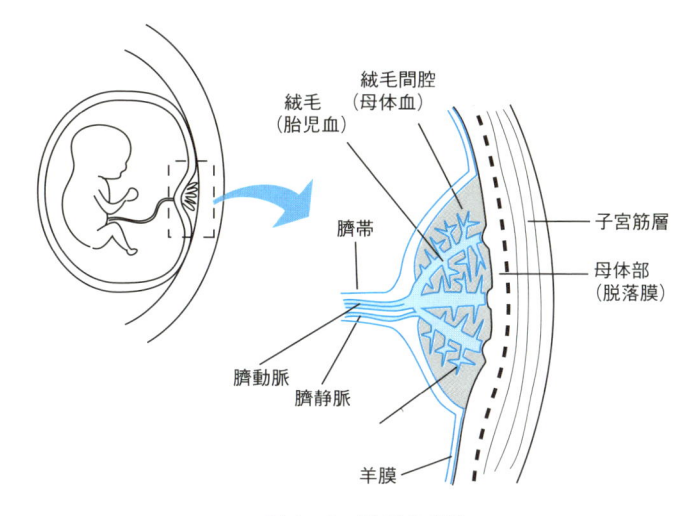

図 6-10 胎盤の構造
(青い部分が胚盤胞（胎児）由来)

卵性の多胎児（双生児がほとんどである）が生じる。また，胚盤胞における ICM の分離によっても一卵性双生児が生じる。

6-3-4 多　　　胎

「ねずみ算」という言葉があるように，ラットやマウスは多産である。それは，これらの動物では，一回の排卵数が多いため，受精した多くの卵が着床するためである。それに対して，ヒトは基本的に1回の排卵数が1個のため，生まれてくる子は1人であることが多い。まれに，卵が2個以上排卵され，その全てが受精し着床すると多胎児となる（図6-11（A））。このとき，受精する卵も精子も別々なため，出生してくる子供たちは異なった遺伝情報をもっている。したがって，このような多胎児では，通常の年齢の異った兄弟姉妹ほどの違いをもった子供たちが生まれることが多い。

一方，その原因はまだわかっていないが，1個の受精卵が分裂過程で分離し，それぞれが正常に発生すると一卵性の多胎児が生ずる。この現象はヒトだけでなく，アルマジロでも知られており，この動物では1回に4～6匹の一卵性の子供が生まれる。ヒトの場合，細胞の分離が胚盤胞より前の時期で起こると，2個の胚盤胞が形成される。前述したように，胚盤胞には，将来胎盤絨毛に分化する栄養芽層が外側に存在するので，この場合，子宮内に二つの胎盤が生じる（図6-11（B））。また，胚盤胞が形成された後でICMが二つに分離することもある。この場合，分離したそれぞれのICMが同一の栄養芽細胞層内で発生を続ける。その結果，生じた胎児は一つの胎盤を共有することになる（図6-11（C））。いずれの場合も，ヒトでは一卵性双生児となるが，もともとは同一の受精卵から生じているため，同じ遺伝情報をもっている。したがって，この子供たちは，前述したクローンの一種であると考えられる。では，一卵性双生児が全く同一かというと必ずしもそうではな

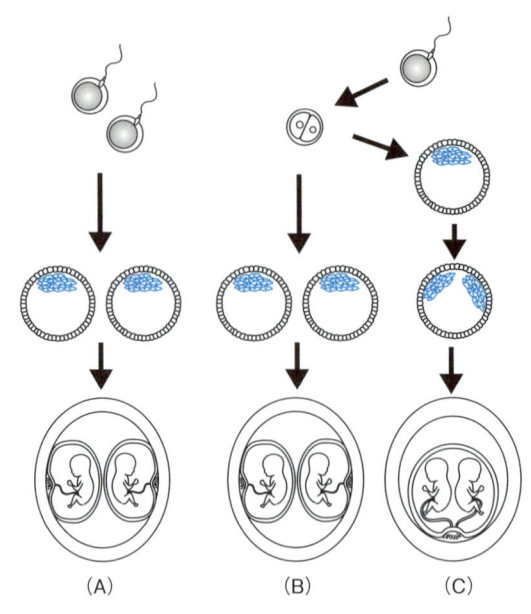

図 6-11　双生児の形成
(A) 2卵性双生児，(B) 1卵性双生児（胚盤胞以前に分割），
(C) 1卵性双生児（胚盤胞以後に内部細胞塊が分割）

い。ヒトは44本の常染色体と2本の性染色体（女性はXX，男性はXY）を持っている。2本ともX染色体である女性では，1本を父親から，もう1本を母親から受け継ぐ。発生のある時期で，2本のX染色体のうちどちらか一方が個々の細胞でアトランダムに不活化（X染色体上の大部分の遺伝子が一生働かなくなること）する。この場合，父親由来のX染色体と母親由来のX染色体の不活化の割合は1対1である（体細胞の50％では父親由来のX染色体が発現し，残りの50％では母親由来のX染色体が発現する）。ところが，一卵性双生児の姉妹間では，この割合が必ずしも同じ（1対1）でないことが起こりうる。たとえば，もし姉の割合が1対0.9となれば，妹では1対1.1となる。したがって，この姉妹の場合，2本のX染色体上の遺伝子発現パターンが姉妹の間で異なってくる。対照的に，男性の一卵性双生児の場合は，1本のX染色体を母親からだけ受け継ぐため，必然的に，そのX染色体上の遺伝子発現パターンは兄弟の間で同じとなる。男性より女性の一卵双生児の方で二人の間に違いが多いのは，その一部は，X染色体の不活化の不均一性が関わると考えられている。

参考文献

1) Scott F. Gilbert，塩川 光一郎ほか訳，「発生生物学 上，中，下」，トッパン（1991）
2) 石原勝敏，「図解　発生生物学」，裳華房（1998）

第7章 脳と進化

7-1 はじめに

　脊椎動物の特徴の一つは固い骨格の殻の中に中枢神経系が存在することである。脳や脊髄を含むこの中枢神経系は進化の過程でどのようにして発達してきたのだろうか。脳の形態と機能は単に脊椎動物の進化と完全に一致して発達してきたものではない。現存する脊椎動物は，何万年もの前からその生息環境に合わせて脳を進化させてきた。本章では比較解剖学の立場から各動物門の脳の形態を比較し，生息環境や生態との関連を述べる。

7-2 脳の発生

　脊椎動物の中枢神経系の特徴は，初期の発生においては高等下等に関わりなく驚くほど同じ過程を経ることである。分化し成熟した各動物の脳は機能や形態に著しい違いを見せるが，発生初期の脳では，その形態から動物の名前をあてることはほぼ不可能である。
　脳の発生は神経管の形成から始まる（図7-1）。発生初期（神経胚期）に胚の背側正中部の外胚葉の厚みが増し，前後に細長い神経板が形成される。神経板の左右両側の縁が盛り上がり，最後にはその両端が癒合し，神経管が完成する。神経管を横から見ると，前方は将来脳になる場所で，その後方は将来脊髄になる場所である。将来脳になる前方部分は，前から前脳胞，中脳胞，および後脳胞とよばれる三つのふくらみを生じる（図7-2(a)）。前端にある前脳胞の前部は左右に大きく膨らみ，終脳（大脳半球）となる。前脳胞

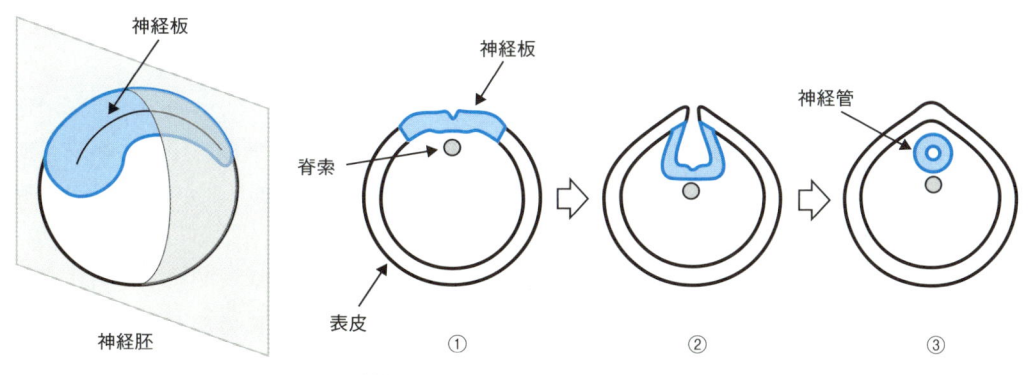

図 7-1　神経胚における神経板から神経管の形成
①〜③　神経胚の灰色面での横断面。

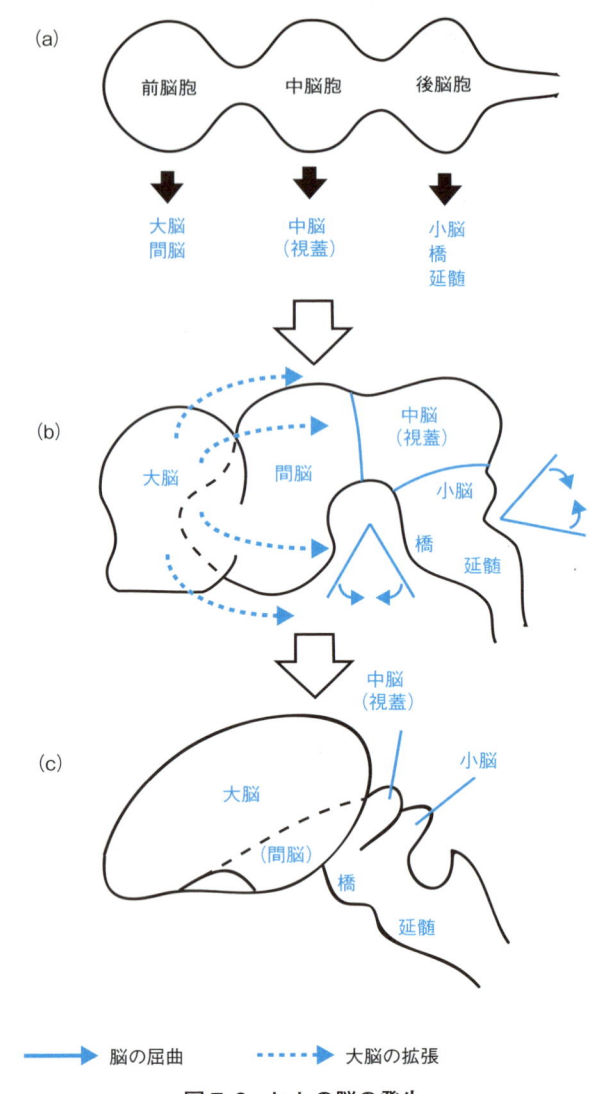

図 7-2 ヒトの脳の発生
(a) 発生後第 3 週 (b) 第 4〜5 週 (c) 第 11 週

の後部は間脳になる。中脳胞はすべて中脳に移行する。後脳胞は前部が小脳に，後部が延髄になる。この三つの脳胞（前，中，後）から五つの脳（大脳，間脳，中脳，小脳，延髄）に発生していく段階で，最初に前脳胞と中脳胞の間で大きく折れ曲がり（頭屈），続いて中脳胞と後脳胞の間で逆方向に折れ曲がる（背屈）（図 7-2 (b)）。同時に大脳，中脳，小脳は，いずれも背側に大きく灰白質領域がふくらむように形成されていく。さらに，ヒトなどの高等な哺乳類では，大脳は間脳のまわりを取り囲むように外側と後方に広がる（図 7-2 (b)）。その結果，ヒトの間脳は大脳の中央底部に位置し，外部から見ることはほとんどできない（図 7-2 (c)）。一方，神経管の内部構造も複雑に変化するが，一続きの

(a) 魚類（コイ）

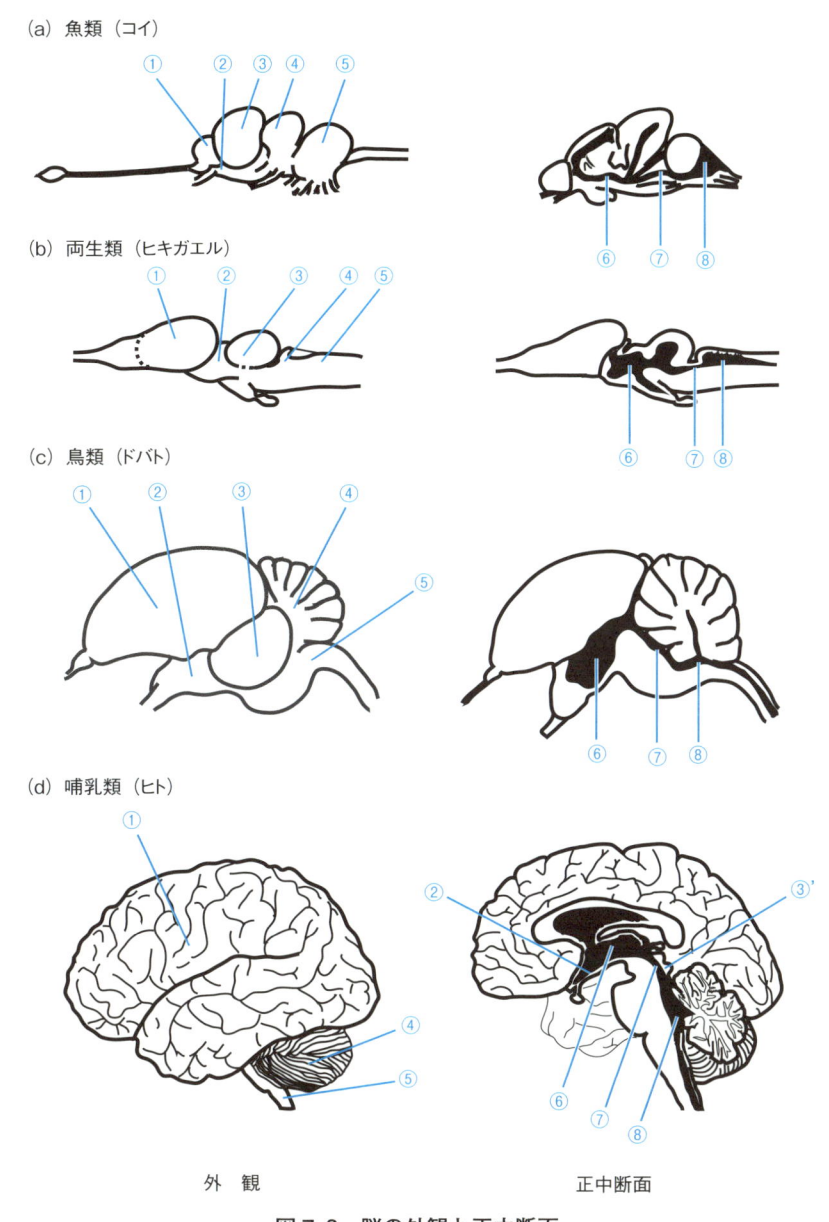

(b) 両生類（ヒキガエル）

(c) 鳥類（ドバト）

(d) 哺乳類（ヒト）

外　観　　　　　　　　　　　正中断面

図 7-3　脳の外観と正中断面
① 大脳　② 間脳　③ 中脳（視蓋）　③' 四丘体　④ 小脳　⑤ 延髄　⑥ 第3脳室
⑦ 中脳水道　⑧ 第4脳室

空間を維持しながら拡張していく。その結果，前方から，左右の大脳半球の中では一対の**側脳室**（魚類にはない）が，間脳の中央部では**第3脳室**が，中脳の中では細い**中脳水道**（下等脊椎動物の場合は空間が広がり中脳脳室）が，そして，小脳と延髄（哺乳類では橋も）に囲まれた中では**第4脳室**がそれぞれ形成される。さらに，その後端は脊髄の中心管へと続いていく。これらの脳室の内部は，第3脳室（哺乳類では側脳室も）と第4脳室

の脈絡叢から分泌される脳脊髄液で満たされる。

　脳の発生において神経管から三つの脳胞に分化していくことは，感覚情報の入力経路と関わっている。すなわち，前脳胞には嗅覚情報が，中脳胞には視覚情報が，後脳胞には聴覚と平衡覚情報が末梢神経（感覚神経）を通じて入ってくる。いずれの動物においても，これら感覚神経の中枢部位として，大脳，中脳，小脳が最初に発達してきたと考えてよいだろう。間脳や延髄を含めた五つの脳が形成された後では，個々の脳の発達や形態，そして機能や役割も動物種によって大きく異なってくる（図 7-3）。

7-3　延髄・小脳

　小脳と延髄（哺乳類ではさらに橋）はともに後脳胞から発生する。延髄の後部は脊髄に続き，背側は小脳に囲まれ，前部は中脳（哺乳類では橋）に続いている。延髄は小脳や大脳のような大きなふくらみもなく，外見からは単純に見える。しかし，その表面から多数の脳神経の神経線維の束が出入りし，その内部には灰白質の神経核（神経細胞の集団）が多数存在している。延髄は感覚神経や運動神経が出入りするもっとも原始的な場所である。とくに魚類の延髄は大きく，内部には聴－側線領域が存在し，聴覚と魚類独特の体表感覚器官である側線からの感覚情報を受け取る一次中枢として働いている（図 7-3 (a)）。両生類より進化した動物種では，聴－側線領域は前庭神経核と蝸牛神経核という延髄内部の神経核に変わる。それらの神経核には，内耳からの平衡覚および聴覚の感覚情報が入り，続いて小脳や視蓋（哺乳類では中脳下丘）に情報を伝える。

　魚類の小脳は原(始)小脳とよばれ，前述の延髄の聴－側線領域に連なる構造として背側の後部に発達する。両生類，爬虫類，および鳥類では，さらに古小脳が加わる。ここには，運動器（筋・腱・関節）からの深部感覚が脊髄を経て入ってくる。その結果，全身の各筋の緊張状態や関節の曲がり具合などが常に小脳に伝えられ，姿勢や四肢の位置情報が常に認知されるようになる。ただ，小脳の大きさや形および発達程度は進化の程度ではなく，その動物の生活環境や身体運動の複雑さと関係している。魚類や鳥類は非常に大きく精巧な小脳をもつが，両生類や爬虫類の小脳は非常に小さい。これらの違いは，たとえば運動を行うとき，前者の動物群は水中あるいは空中で素早く精巧な三次元の運動や姿勢制御を求められるのに対して，後者の動物群は地表や浅瀬をはう二次元的な行動特性を反映していると考えられる。しかし，両生類や爬虫類に見られる小さな小脳でも，前述の深部感覚や内耳から伝わる平衡覚，さらには視蓋から入る視覚情報は統合され，後述する中脳被蓋に伝えられる。そのため，これらの動物でも，小脳で制御された適切な姿勢で行動する。たとえばカエルを板の上に乗せてその板を傾けると，カエルは下がった側の四肢を突っ張り体の平衡を保とうとする。この行動は大脳を除去しても生じることから，姿勢制御には大脳でなく小脳と中脳が働いていることを示している。

　哺乳類になると，大脳皮質と神経線維で連絡する新小脳が現れる。とくにヒトでは新小

脳（皮質小脳）が大きく発達するため，下等動物では中心的であった原小脳（前庭小脳）や古小脳（脊髄小脳）を上端と下端に押しやった構造になっている。ヒトの小脳の各部位における機能は，前庭小脳＝体のバランスや眼球運動，脊髄小脳＝深部感覚や視覚・聴覚情報を基にした運動制御，皮質小脳＝正確な調和の取れた運動制御などと，部位ごとに役割分担している。哺乳類の小脳，とくに皮質小脳は大脳皮質との神経連絡を密にするため，小脳の前部（延髄と中脳の間）に橋（きょう）とよばれる大きな膨らみを作り出した。その結果，皮質（大脳皮質）－橋－小脳系という哺乳類特有の遠心性（運動性）神経回路が存在する。特にヒトでは，日常生活の中で，この回路と種々の感覚情報を小脳で統合した結果の行動を常に活用している。たとえばガラスのコップをもつとき，落とさず，しかも割らない握力でもつなどの「適切で調和の取れた動き」はこの回路の働きによるものである。

7-4 中　　脳

　中枢神経系の多くの部位が進化とともに巨大化してきたのに対して，中脳は逆にその役割や地位が進化とともに低下してきた場所である。脊椎動物が進化し，集団生活を営むようになってくると，各個体の活動は外環境に対する単なる反射行動だけではすまなくなり，個体間の意思疎通が必要となったのであろう。たとえば，聴覚や視覚の情報を正確に認知し，それに基づいた適切な反応を行わなければならない。その結果，中脳ではそのための能力が足りなくなり，多様な感覚情報入力，運動情報出力を統合制御する巨大なコンピュータ（大脳）を発達させてきたと考えられる。

　中脳の灰白質部分は中脳水道の背側部分で厚くなっており，中脳蓋とよばれる。哺乳類では中脳蓋は四丘体とよばれる四つの小さなふくらみからなり，上側の二つの膨らみを上丘，下側の二つのふくらみを下丘という。哺乳類の四丘体は発達した大脳と小脳の間に挟まれ埋没しているので，普通は外部から観察することができない（図7-3（c））。一方，前脳（大脳皮質）の発達が悪い鳥類以下の脊椎動物において，中脳蓋は視蓋（視葉）とよばれるよく発達した視覚中枢として存在する（図7-3a, b, c）。とくに，鳥類や硬骨魚類での発達は著しい。下等脊椎動物では視覚情報による餌取りや逃避，攻撃などの行動制御は視蓋で行われる。たとえば，両生類のカエルは飛来する昆虫や，あるいは，目の前で動かされた小さな黒点に対して，餌取りの行動として舌を伸ばす。また，横長の黒柱の絵を目の前で動かすと，天敵の蛇と認識して反射的に逃避行動を起す。これらの活動には視蓋が中枢として働いている。さらに，両生類より高等な動物の視蓋では小脳や延髄の聴覚領域からも神経連絡をうける。その結果，は虫類や鳥類の視蓋は嗅覚以外のすべての感覚情報を統合し，それに応じた運動を指令する神経系の最高中枢として働いている（図7-4（b, c））。とくに鳥類視蓋の皮質の神経細胞層は15層もあり，機能的に相同な哺乳類の大脳皮質の6層より複雑化している。運動を指令する情報は，視蓋から出て同じ中脳の両側にあ

76　第7章　脳と進化

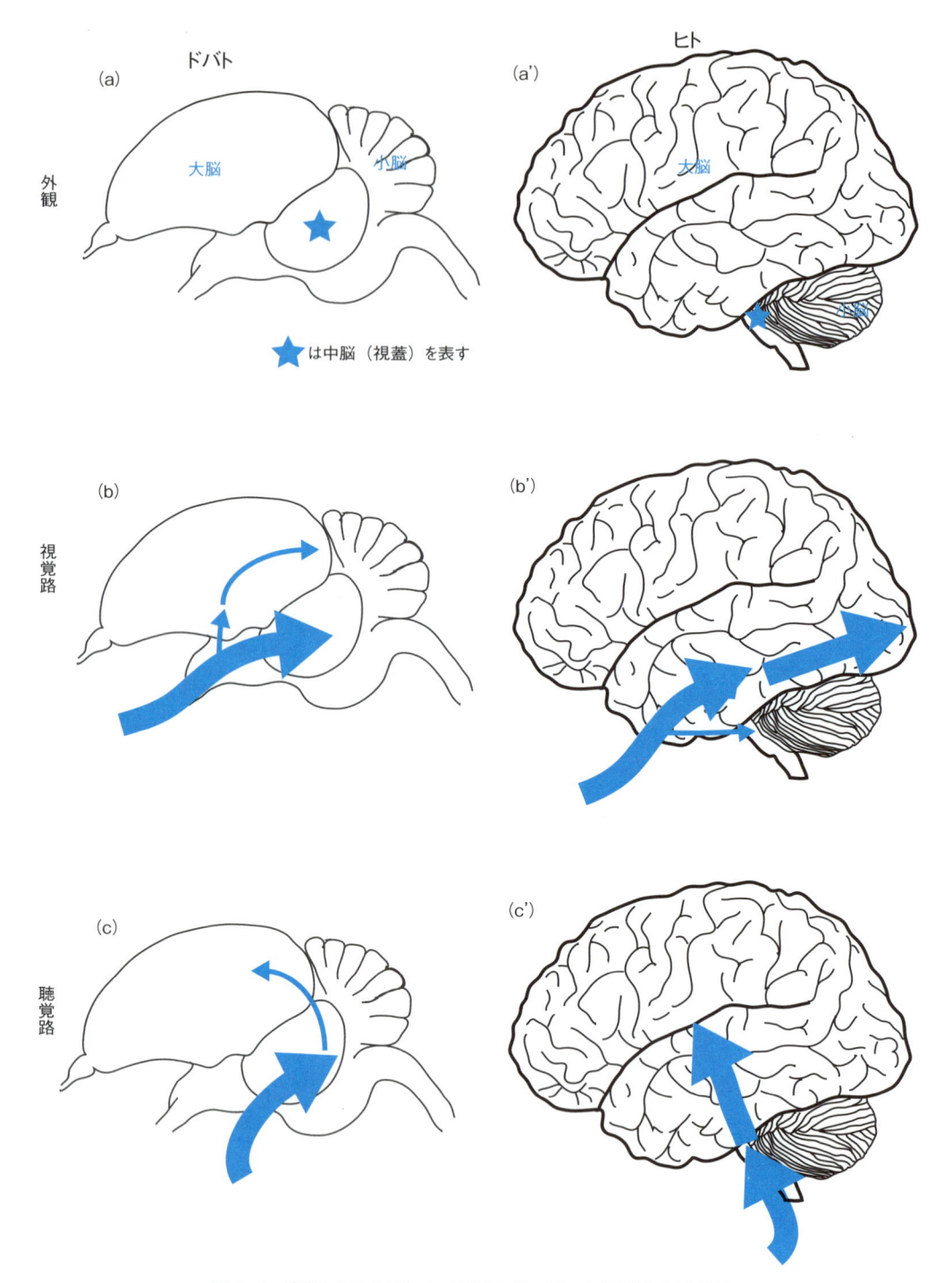

外観　(a) ドバト　　(a') ヒト

★は中脳（視蓋）を表す

視覚路　(b)　　(b')

聴覚路　(c)　　(c')

図7-4　鳥類（ドバト）と哺乳類（ヒト）の視覚路と聴覚路
　　　（線の太さが相対的な情報量を表す）

る被蓋を中継して下行し，脊髄を通り各運動器（筋肉）に伝わる。爬虫類や鳥類では，視蓋のもつ感覚や運動中枢の機能は大脳でも一部を分担している。たとえば，鳥類における一般的な聴覚の認識（音の大きさ，方向など）は一次聴覚中枢である視蓋で行われるが，仲間の鳥の囀(さえず)りの認識は二次聴覚中枢の大脳で行われる（図7-4 (c)）。魚類でも視蓋から大脳へ神経線維がのびているが，その役割はまだ明らかでない。

一方，哺乳類になり大脳皮質がより発達すると，視覚や聴覚の中枢は大脳の大脳皮質に移った。視蓋に相当する場所は前述した上丘とよばれる1対の小さなふくらみとなり，大脳と小脳の間に埋没している。上丘は小さいながらも灰白質層とその間の白質層が重なり合った層状構造をなしており，大脳皮質と似た構造である。網膜からの視覚情報は，ほとんどが間脳の視床を介して大脳の後頭葉にある視覚中枢に向かうが，一部は上丘に向かう（図7-4 (b')）。視覚情報を受けた上丘では，上丘自ら遠心性神経（運動神経）を出力し，眼瞼(がんけん)反射（目の前に突然物が飛来すると眼を閉じる反射）や瞳孔反射（光を受けると瞳孔が閉じる反射）など，種々の視覚関係の反射中枢として働く。一方，上丘の下にある下丘は，内耳の蝸牛神経から延髄の蝸牛神経核を経て入ってきた聴覚情報を大脳の側頭葉の聴覚中枢に中継する場所として働く（図7-4 (c')）。また，下丘と上丘の間には神経連絡があり，たとえば突然大きな音を聞いたときに頭や眼を音源の方に向ける反射などに関わる。

以上のように，中脳は下等な脊椎動物では感覚神経系の最高中枢として機能しているが，哺乳類に進化するとその機能は大脳に移され，中脳の役割も形態も縮小した。その結果，哺乳類中脳の役割は，視覚の反射中枢や聴覚情報の大脳への中継に限られるようになった。これを脳機能の頭端移動という。

7-5 間脳と大脳

間脳と大脳は，神経管前部がふくらんだ前脳胞から発生することは前述した。間脳はすべての脊椎動物において比較的小さな場所で，視床と視床下部に分けられる。

視床は嗅覚以外のすべての感覚の中継地として働いている。まだ，大脳がよく発達していない両生類や魚類でも，視床から大脳に向かう神経線維が観察されているが，その働きはまだ不明である。

視床下部は神経内分泌器官や自律神経中枢としての役割がある。前者は全脊椎動物中に共通な役割で，① 脳下垂体前葉を制御するホルモンを脳下垂体門脈に分泌し，脳下垂体前葉ホルモンの分泌を制御する，② 神経細胞体は視床下部の中にあり，その軸索を脳下垂体後葉に伸ばし，その神経終末からホルモンを分泌する，という2種類の働きがある。この視床下部-脳下垂体系から分泌されるホルモンの種類は魚類から哺乳類までよく似ているが，各動物の生息環境により，いくつかのホルモンの役割は異なっている（たとえばプロラクチンは魚類では浸透圧調節作用だが哺乳類では乳汁射出作用である）。

視床下部のもう一つの働きである自律神経中枢としての役割も脊椎動物全体に広く存在する。後述するように，大脳は元々嗅覚を感受する領域，すなわち嗅脳から始まった。嗅脳は視床下部と神経連絡し，その嗅覚情報を基に本能的行動が起こる。サケの母川回帰やフェロモンによる異性誘引など下等脊椎動物における生殖に関した行動は，嗅脳－視床下部系の神経回路の働きによると考えられる。鳥類や哺乳類になると，嗅覚は感覚系の中でその重要性が減り，嗅脳も小さくなった。これらの動物の視床下部には，今度は恒温動物としての体温維持中枢や，視覚情報や聴覚情報による本能行動の中枢としての役割が加わってきた。

すべての脊椎動物の視床の上部（ヒトでは後部）には，松果体が存在する。鳥類以下の脊椎動物では，松果体は大脳と中脳の間から上方に突き出ている。このような動物の松果体は，メラトニン分泌の内分泌器官としての役割と，頭蓋骨を通して透過してきた光の受容を行う第３の眼としての役割がある。哺乳類のように大脳半球が巨大化すると，松果体はその下方に続く中脳とともに大脳半球と小脳半球の間に埋もれている。そのため視覚機能は失われ，メラトニン分泌の働きだけが残っている。

大脳の発達と機能の分化は脊椎動物の進化とともに生じ，脳の進化過程はその変化がもっとも著しいところである。前脳胞から大脳への発生は嗅覚受容とともに始まる。すべての脊椎動物において，大脳前方には嗅球とよばれる嗅上皮から来る嗅神経の終末膨大部が存在し，そこを中継地として大脳前部の嗅覚領域に嗅覚情報が伝わる。魚類の場合，大脳の嗅覚領域からの神経連絡は視床下部の自律神経中枢へ向かう経路と，視床を経由して中脳視蓋へ向かう経路の二つがあると考えられている。両生類の大脳の特徴はその表面に神経細胞層（外套）が生じたことである。この層は爬虫類や哺乳類の大脳皮質および海馬と相同なものと考えられている。しかし，この両生類の神経細胞層はまだ１層である。両生類の外套は，嗅脳とのつながりにより一部分は嗅覚に関与しているが，その役割は非常に限定的である。そして，両生類にとってまだ重要でないため，中脳（＝視蓋）が全神経系の中枢を担っている。このような特徴をもつ両生類の大脳は原始的なものと考える意見がある一方で，現生の両生類の脳は，かつてはより複雑であった脳が単純化したものではないかという意見もある。

爬虫類になると，大脳皮質の神経細胞層は３層構造となる。視蓋との直接的な神経連絡があり，視蓋に入ってきた視覚や聴覚の情報が大脳に伝わっていることは確かである。しかし，その情報がどのように処理されているのかは明らかでない。爬虫類でも，ほかの下等脊椎動物と同じく，視蓋が神経中枢の上位に位置している。したがって，爬虫類以下の下等脊椎動物では，大脳を除去しても生存は可能である。実験的に大脳を除去された動物の行動を観察すると，一見，正常個体と違いがないように見える。しかし，細かく観察すると，食餌行動も含めて自発的な行動を起さないことや，条件反射による学習が生じないなどの差異が認められる。

哺乳類になると大脳皮質の神経細胞層構造は６層に増加し複雑化する。一方で，大脳の

体積は頭蓋骨の容積に制限されてしまう。その容積制限の中で大脳皮質の表面積を増やすため，高等な哺乳類では大脳表面にたくさんのヒダを生じさせた。これが哺乳類の知能の発達を成し遂げる大きな原動力になったといえる。感覚器からの種々の感覚情報は，直接的であってもあるいは間脳や中脳を経由する間接的であっても，すべて最終的には大脳皮質に集められる。そして，大脳で認知および判断されて，状況に応じた運動を行うように末梢の運動器に情報が伝えられる。

　鳥類の大脳は爬虫類から哺乳類への進化の途上かというとそうではない。むしろ，独自の進化をとげていると考えられる。すなわち，鳥類は，哺乳類のように神経細胞を大脳の皮質表面に層状構造で発達させるのではなく，神経細胞を塊のように集団化させ，たくさんの塊を大脳内部の各所に配置している。各塊は相互に連絡し合い，視覚や聴覚の高次機能，たとえば同種の鳥の囀（さえず）りの認識と応答，視覚による飛翔時の空間認識などに働いている。前述したように，鳥類では一次視覚野や一次聴覚野として中脳（視蓋）を発達させている。したがって，鳥類脳は視覚と聴覚に関して，視蓋と大脳の両方を発達させ，協調させながらきちんと役割分担を行っているといえる。

　爬虫類以下の動物と同じく，鳥類に大脳皮質がほとんどないことは，かつて鳥類の中枢神経の下等さや未発達さの証として長らく考えられてきた。しかし，近年，鳥類脳は哺乳類とは発達の仕方が異なるだけで，実は哺乳類に匹敵する複雑さや非常に優れた機能をもつことが明らかにされてきた。そして，多くの鳥類の行動が単純な本能行動ではなく，大脳の各神経集団の間で認知・統合された結果であることが示された。鳥類脳に対するこのような認識の変化は日本ではあまりニュースになっていないが，米国ではワシントンポストやニューヨークタイムスなどのマスコミが報じ大きな話題になった。鳥類脳の研究者の中には，哺乳類のようにすべての情報を集中させて決定権をもつ大脳皮質という独裁者のいる脳よりも，大脳と中脳（視蓋）が協調し，それぞれがきちんと役割分担をしながら機能している鳥類の脳の方がより進歩的である，と考えている研究者もいるほどである。

参考文献

1) 阿形清和・小泉修共編,「神経系の多様性：その期限と進化」シリーズ21世紀の動物科学7, 培風館（2007）

第8章　遺伝のしくみ

8-1　はじめに

　生物の体は遺伝情報（ゲノム：ヒトでは2.2万種ほどの遺伝子からなる設計図）に基づいて作られている。私たちの目や毛髪の色といったような身体の特徴（形質）も，遺伝子の情報によって決められている。そのような遺伝子は父と母から受け継いだものである。どんな生物も不老不死ではなく，限られた寿命である。そのため，生物は自分の遺伝子を親から子へと受け継ぐしくみを備えているのである。最近の研究により，病気の発症に関わる遺伝子についても次第に明らかになってきた。

　ここでは，遺伝子が子孫に伝わるしくみはどうなっているか，遺伝子の正体はどのようなものか，さらに，遺伝子はどのように複製されたり，発現されたりするのかについて概説する。

8-1-1　メンデルの法則

　メンデルはエンドウを用いた交配実験を繰り返し，形質の遺伝現象に法則性があることを発見した。エンドウの種子には，丸いもの（丸）やしわのあるもの（しわ）がある。このような種子の特徴は一つの形質であり，丸としわのように対になっている形質を対立形質とよぶ。丸としわの純系（自家受精を繰り返しても同じ形質しかあらわれないもの）を交配すると，雑種第1代（F_1）には丸の形質しか現れない。この丸のように，純系を交配したときF_1に現れる形質を優性（顕性）形質，現れない形質を劣性（潜性）形質とよび，F_1に優性形質が現れることを優性（顕性）の法則とよぶ（図8-1(a)）。一方，それぞれの対立形質を決める遺伝子は優性（顕性）遺伝子あるいは劣性（潜性）遺伝子とよばれる。エンドウの精細胞と卵細胞は種子の形に関わる対立遺伝子をそれぞれ1個ずつもっている。それらの受精によってできたエンドウには，必ず2個の対立遺伝子が含まれることになる。ここで，丸をつくる優性遺伝子をA，しわをつくる劣性遺伝子をaとすると，丸の純系はAA，しわの純系はaa，それらの交配によりできたF_1はAaと表すことができる。このように表される対立遺伝子の組合せのことを遺伝子型とよぶ。Aはaに対して優性であるため，F_1の形質（表現型）は優性の法則によって丸になる。

　F_1同士の交配による雑種第2代（F_2）では，優性（丸）と劣性（しわ）の形質は3：1の割合で現れる。このことは，Aとaという対立遺伝子が減数分裂過程で性質を変えずに配偶子に分配されて遺伝するためであり，分離の法則とよばれる（図8-1(b)）。

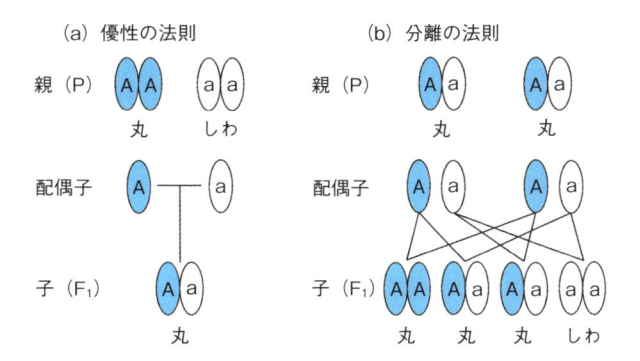

図 8-1 メンデルの優性の法則と分離の法則

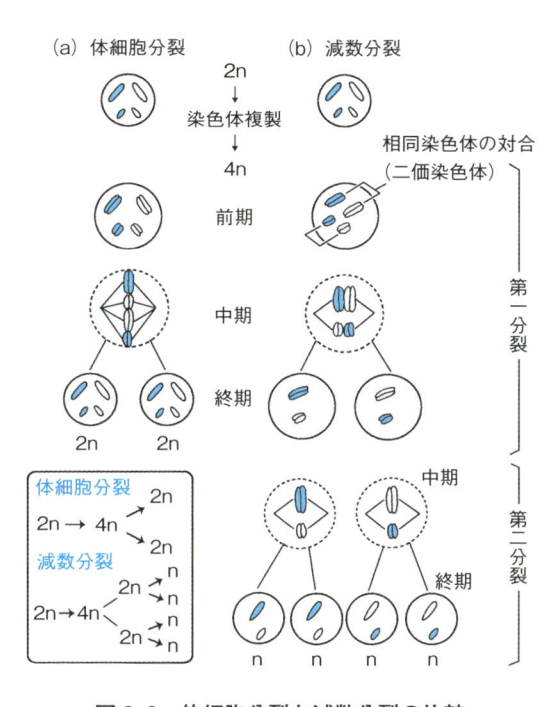

図 8-2 体細胞分裂と減数分裂の比較

　実際，生物がもつ形質は多数あるが，各々の形質を決める対立遺伝子はそれぞれ独立して配偶子に受け継がれる。これを**独立の法則**とよぶ。また，一つの染色体には通常複数の遺伝子が存在している。配偶子が作られる際には，これらの遺伝子は行動を共にして同じ配偶子に受け継がれることになる。このような場合，一つの染色体上に存在している遺伝子同士は「**連鎖する**」といい，その遺伝様式には独立の法則はあてはまらない。

8-1-2 染色体

　私たちの身体を構成する細胞の大半は体細胞とよばれ，**体細胞分裂**によって増殖する（図 8-2(a)）。体細胞分裂が始まると，まず細胞内の核膜が消失し，それと共にカーミン

第 8 章　遺伝のしくみ

表 8-1　さまざまな生物の染色体数

動物		植物	
キイロショウジョウバエ	2n = 8	ムラサキツユクサ	2n = 12, 24
トノサマガエル	26	エンドウ	14, 28
ヒ　ト	46	タマネギ	16, 32
メダカ	48	イネ	24, 48
チンパンジー	48	アサガオ	30
ニワトリ	78	オオカナダモ	48
イ　ヌ	78	ジャガイモ	48
タラバガニ	208	スギナ	216, 432

注）植物には自然界で倍数体が存在する例が多く，表中でも染色体数が複数示されているものがある。

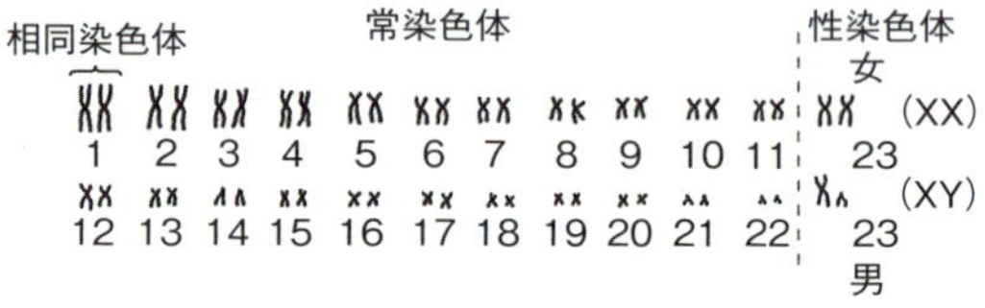

図 8-3　ヒトの染色体

などの塩基性色素でよく染まる棒状（ひも状）構造物が観察される。これが染色体である。染色体は遺伝情報をになう DNA が塩基性タンパク質などにからみついて複雑な高次構造をとったものであり，その数や大きさ，形などは生物ごとに異なっている（表 8-1）。

ヒト体細胞の染色体数は 46 本である。この 46 本をよく観察すると，44 本は男女を問わず同じ大きさ・同じ形の 22 対の**相同染色体（常染色体）**からなるが，残りの 2 本は男女によって組合せが異なる（図 8-3）。すなわち，女性は 1 種類の染色体（X 染色体）1 対からなるが，男性は X 染色体 1 本と X 染色体よりかなり小さい Y 染色体 1 本からなる。X 染色体や Y 染色体は性の決定に関わっているため，**性染色体**とよばれる。

一方，精巣や卵巣には，生殖細胞とよばれる特別な細胞が存在する。これらは**減数分裂**という細胞分裂を経て精子や卵子などの配偶子になる（図 8-2(b)）。減数分裂は第一分裂と第二分裂の 2 段階の分裂からなり，第一分裂の前には DNA 複製が起こるが，第一分裂と第二分裂の間の時期には DNA 複製は起こらない。また，第一分裂では，相同染色体（46 本）同士が対合して，二価染色体が形成される。対合時にしばしば染色体の交差が観察され，遺伝子の**組換え**が起こる。その後，二価染色体は二分されて 46 本の一価染色体となり，二つの娘細胞に均等に分配される。第二分裂では，一価染色体が各々二分して染色分体（46 本）となり，23 本ずつが各配偶子に均等に分配される。第二分裂が終了すると配偶子ができあがるが，それらにはそれぞれ染色分体が 23 本存在することになる。これがヒトの **1 ゲノム**（染色体 23 本，遺伝子 2.2 万種類）に相当する。

8-2 遺伝物質の本体

「遺伝物質は，物質として均一なデオキシリボ核酸（DNA）ではなく，多様性に富んだタンパク質である」という考えがしばらく支配的であった。Sutton は「細胞分裂における染色体の動きから染色体が遺伝物質であろう」と提案していたが（1903 年），タンパク質と DNA の両方を含んでいる染色体の観察や分析からだけでは，さらなる展開に繋がらなかった。

8-2-1 遺伝子の本体-DNA-

遺伝子の本体が DNA であることが明らかになったのは，実は 20 世紀半ば，今から約 70 年ほど前のことである。

1928 年，グリフィスは肺炎双球菌を用いて興味ある実験を行った。病原性のある（S 型）肺炎双球菌を加熱によって殺菌し，病原性のない（R 型）肺炎双球菌と混ぜてネズミに注射した。すると，ネズミは死亡し，ネズミの体内からは生きた S 型菌が見つかった。アベリーら（1944 年）は，R 型菌が S 型菌の性質（形質）をもつように変化するこの現象を形質転換と名付け，形質転換を引き起こす原因物質が DNA であることを明らかにした。一方，1952 年には，ハーシーとチェイスがバクテリオファージを用いた実験により，遺伝子の本体が DNA であることを明らかにした。バクテリオファージは細菌を宿主とするウイルスであり，細菌に感染して増殖する。そこで，放射性同位元素を用いて，バクテリオファージのタンパク質を ^{35}S で，DNA を ^{32}P でそれぞれ標識し，細菌に感染させた。その結果，細菌内に入ったのは ^{32}P だけ（すなわち DNA だけ）であることが明らかとなった（図 8-4）。これらの実験から遺伝子の本体は DNA であると結論され，その後，遺伝子研究は飛躍的な発展をとげた。

DNA は，塩基と糖（デオキシリボース）とリン酸が結合してできたヌクレオチドという単位から構成されている。哺乳類の DNA はヌクレオチドが長く連なった直鎖状の構造（ポリヌクレオチド）であるが，大腸菌などのゲノム DNA は環状構造をとっている。ヌクレオチドを形成する塩基には，アデニン（A），チミン（T），グアニン（G），シトシン（C）という 4 種類（4 文字）があり，それらの塩基をもつヌクレオチド配列が遺伝情報を特徴づけている。日本語では平仮名 50 文字，英語ではアルファベット 26 文字の組合せで文章が作られるが，大腸菌からヒトに至るまで生物の遺伝情報はすべてこの 4 種類の塩基の組合せで書かれている。このことは，地球上の多種多様な生物は共通の祖先から進化したことを示唆している。

DNA のヌクレオチド含量は生物によって異なるが，A：T および G：C の割合はどの生物でも常に 1：1 である。1953 年にワトソンとクリックは，X 線回折像の解析や生化学的な分析データなどを総合的に判断し，DNA の二重らせん構造モデルを提唱した（図 2-19 参照）。DNA 二重らせんを形成する 2 本のポリヌクレオチド鎖にはそれぞれ方向性

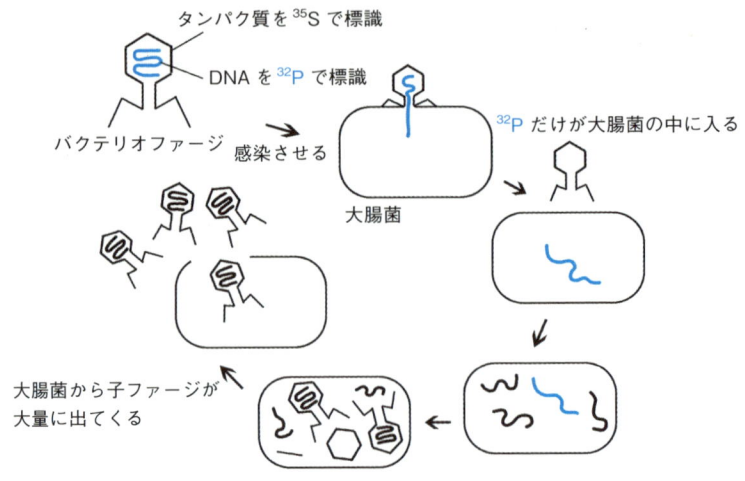

図8-4 ハーシーとチェイスの実験

がある。DNA の両端は，それぞれ 5' 末端と 3' 末端とよばれている。末端にあるデオキシリボースの 5' の炭素が他のヌクレオチドと結合していない場合，そこを DNA の 5' 末端とよび，3' 炭素が他のヌクレオチドと結合していない場合を 3' 末端とよんでいる。DNA の 2 本鎖はともに 5' 末端から 3' 末端に合成されていくが（5'→3' 方向），それらが互いに逆向きの方向になって 2 本鎖からなる二重らせん構造を形成している。このとき，2 本鎖の間で，A と T，G と C がそれぞれ対となり，水素結合を形成する。

8-2-2 DNA と遺伝子

現存するほとんどすべての生物では遺伝子の本体は DNA であるが，エイズウイルスや C 型肝炎ウイルスなど一部のウイルス遺伝子はリボ核酸（RNA）である（表 1-1）。

真核生物では，DNA は細胞内の核におさめられている。ヒトの場合，それぞれの体細胞には 2 ゲノム分の DNA が存在している。前述のように，2 本鎖 DNA は互いに水素結合で結ばれた二重らせん構造をとっている。一体細胞あたりの 2 ゲノム DNA を合計すると，64 億対（32 億対×2 ゲノム）ほどの塩基対（文字）が連なっており，その全長は 1.5～2 m ほどの長さになる。しかし，この DNA 全体が遺伝子というわけではない。遺伝子は DNA の一部分であり，遺伝子ではない DNA（**非遺伝子 DNA**）が DNA の大部分を占める。それゆえ，ヒトゲノムでは，長い非遺伝子 DNA の間に遺伝子が点在している状態といえる（図 9-3 参照）。一方，大腸菌の場合は DNA の大部分が遺伝子であり，非遺伝子 DNA はごくわずかしかない。

遺伝子を構成している DNA からは RNA が読み出されるが，非遺伝子 DNA からはそれが起こらない。遺伝子であるかどうかを決めるのは，特別な塩基配列の有無である。一つの遺伝子に注目すると，エンハンサーサイレンサーが結合する調整配列や，プロモー

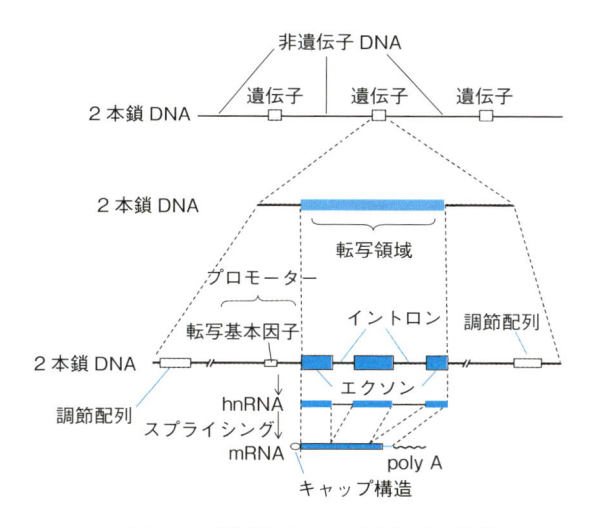

図 8-5 典型的なコード遺伝子の構造

ター領域など，特別な塩基配列が存在しており，これらが遺伝子の働き（転写）を調節している。それら特別な塩基配列に転写因子や RNA ポリメラーゼなどが結合すると，転写領域のどちらか 1 本の DNA 鎖が鋳型となって RNA が合成される。図 8-5 に，典型的な遺伝子の構造を模式的に示した。なお，mRNA の構造は図 2-21 に描かれている。

8-3 DNA の複製

私たちの身体は，たった一つの受精卵が細胞分裂を繰り返すことで形成されたものである。ヒトの場合，成人は 37 兆個ほどの細胞から構成されていると推定されるが，一つ一つの細胞に含まれる DNA の遺伝情報は基本的に全く同じである。これは，細胞分裂の過程で DNA が正確に複製され，娘細胞に均等に受け継がれるからである。ここでは，DNA 複製や複製酵素について述べる。

8-3-1 DNA 複製のしくみ

46 本のヒト DNA にはそれぞれ複製開始点がある。DNA の複製（合成）は，それら開始点から両方向に進んでいく。具体的には，まず DNA ヘリカーゼという酵素が DNA の 2 本鎖を解いていく。1 本鎖になった DNA 鎖に，プライマーとよばれる短い RNA 鎖が結合する。プライマーは新 DNA 鎖を作る土台のような役割をする。編み物をするときの作り目だと考えるとよい。次に，ヌクレオチドを連結して DNA 鎖を伸ばす DNA ポリメラーゼという酵素が結合し，元の DNA 鎖を鋳型としてプライマーから新しい DNA 鎖を伸ばしていく。最後にプライマー部分が外れて DNA 鎖が合成されることで，DNA 複製が完了する（図 8-6）。

2 本鎖 DNA では，5'→3' 方向に伸びた相補的な DNA 鎖 2 本が互いに反対方向で向か

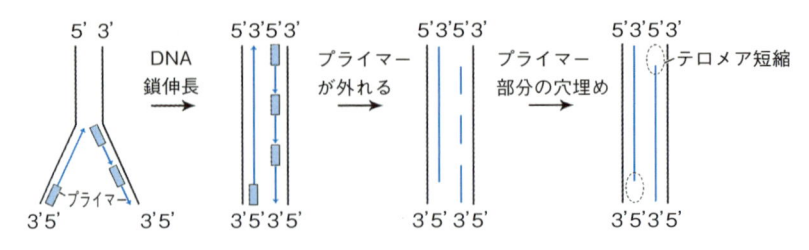

図8-6 DNA複製のしくみ

い合っており，両鎖の間は水素結合で結ばれている。すなわち，DNA複製の際に開いた2本鎖の1本が5'→3'方向であり，もう1本は3'←5'方向の鎖である。DNAポリメラーゼは5'→3'の方向にしか新DNA鎖を合成で伸ばすことができない。しかし，DNA複製の現場では，2本のDNA鎖は共に同じ方向に新鎖を伸ばしていく。つまり，一方の鎖は5'→3'方向へ伸長するが，もう1本は3'→5'方向へ伸長することになる。DNA合成酵素は5'→3'方向しか働かないため，この矛盾をどう考えれば良いのだろうか。

岡崎令治博士は，放射性同位元素を用いた短時間のDNA合成実験から，3'→5'方向にDNA新鎖が作られる際も，基本的には5'→3'方向でDNA合成が行われていることを示した。ただ，このDNA合成における特徴は，鋳型DNA鎖にプライマーが結合したあとDNAポリメラーゼが5'→3'方向に短いDNA断片を合成する点にあった。つまり，この過程が頻繁に繰り返されてできた短いDNA断片どうしがつながれることでDNA合成がすすむのである。つまり，新鎖の合成は5'→3'方向に短いDNA鎖を合成しながら全体としては3'→5'の方向に伸びていくのである。3'→5'方向の伸長で作られる短いDNA鎖を，発見者の名にちなんで岡崎フラグメントとよんでいる。

このように，3'→5'方向の合成は5'→3'方向のものより複雑な過程を経るので，3'→5'方向で合成されるDNA鎖は遅延鎖（ラギング鎖）とよばれる。一方，5'→3'方向の合成鎖は先導鎖（リーディング鎖）とよばれる。実際には，先導鎖と遅延鎖の合成は協調的になされるので，遅延鎖のDNA合成が先導鎖のそれに大きく遅れることはない。

8-3-2　テロメア

先導鎖のDNA合成はそのまま5'→3'の方向になされるので，DNAの末端までスムーズに合成が進む。しかし，遅延鎖の場合，最後のところが問題となる。鋳型DNA鎖の3'末端部分に最後のプライマーが結合すると，そのプライマーから5'→3'方向の遅延鎖は合成されるが，このプライマー部分のDNA合成ができない。なぜなら，それより先に新たなプライマーの結合場所がないからである（図8-6）。遅延鎖のDNA合成は最終プライマー部分を残したまま終了してしまう。そのため，DNA複製のたびに，すなわち，細胞分裂ごとに，遅延鎖DNAの末端が少しずつ短くなるのである。

高等真核生物の染色体では，DNAの末端部分はテロメアとよばれる特殊な塩基配列の繰り返し構造になっている。ヒトDNAのテロメアでは$\genfrac{}{}{0pt}{}{\text{TTAGGG}}{\text{AATCCC}}$という塩基配列が数千

塩基ほど繰り返されている。細胞分裂ごとに短くなるのは，実はこのテロメアの繰り返し部分に相当する。テロメアの長さが一定以上短くなると，細胞は分裂を停止することが知られている。このように，テロメアの短縮が細胞寿命と関わっているため，テロメアは寿命の時計あるいは寿命の回数券といった表現で表されることもある。

一方，生殖細胞やガン細胞では，テロメアの長さを元に戻すテロメラーゼという酵素の活性が高い。この酵素は，鋳型 DNA の最終末端に AAUCCC という短い RNA をいくつか連結させ，鋳型 DNA を伸ばすことができる。そのため，鋳型 DNA 側の伸びた RNA 鎖に新たなプライマーが結合でき，遅延鎖の DNA 合成は最後まで伸長する。生殖細胞では細胞の寿命がリセットされ，ガン細胞が無限に分裂を続けることが可能である。この理由の一つは，テロメラーゼにより遅延鎖 DNA のテロメア部分の長さが保持されているからと考えられている。

8-4 遺伝子の発現

遺伝子が担う遺伝情報は必要に応じて RNA に読み取られ，タンパク質が作られる。ここでは，それらのしくみについて概説する。

8-4-1 転　　写

タンパク質のアミノ酸配列情報をもつ遺伝子はコード遺伝子（タンパク質の情報をコードしている遺伝子）とよばれる。コード遺伝子の遺伝情報が読み出される時には，前項のように遺伝子の発現調節部分の 2 本鎖 DNA がほどけ，そこに転写因子や RNA ポリメラーゼなどが結合する。RNA ポリメラーゼは，どちらか一方の DNA 鎖（2 本鎖のうち鋳型となる DNA 鎖は遺伝子ごとに決まっている）を鋳型にして，相補的な塩基配列をもつ RNA 鎖を合成する。この過程を転写とよぶ。転写によってできた RNA を hnRNA（heteronuclear RNA：一次転写産物あるいは mRNA 前駆体）という。その際，RNA ではアデニン（A）に相補的な塩基として，チミン（T）ではなくウラシル（U）が使われる。合成された hnRNA はいくつかの編集過程（プロセッシング）をうけて mRNA（messenger RNA：伝令 RNA）になる（図 2-17，図 2-21，図 8-5）。

真核生物のコード遺伝子では，一次転写産物である hnRNA のすべての部分がタンパク質合成に使われるわけではない。タンパク質合成に使われない部分を hnRNA から切り離し，実際に使われる部分（エクソンとよばれる）だけをつないでいく反応がおこる。この修飾反応をスプライシングとよび，その結果できた二次産物が mRNA である（図 8-7）。ただ，一つの遺伝子から転写された hnRNA であっても，エクソンのつなぎ方は細胞種によって異なることがあり，それらをあわせると複数通りのパターンが存在する。このようなスプライシングは，選択的スプライシングとよばれる。

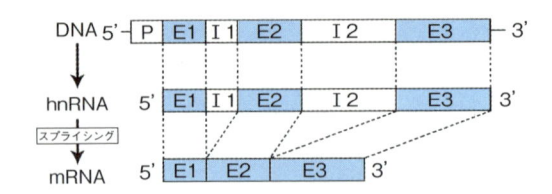

図 8-7 DNA 情報の転写
P：プロモーター，E1～E3：エクソン1～3，I1～I2：イントロン1～2　hnRNA：一次転写産物

8-4-2 翻　訳

　転写により合成された mRNA は核から細胞質に移動し，その情報に基づいてタンパク質が生産される。mRNA は細胞質でリボゾームと結合し，mRNA の塩基配列に従ってアミノ酸に翻訳されていく。その際，塩基配列に対応するアミノ酸は tRNA（運搬 RNA）によって運ばれる。これらの過程は翻訳とよばれる。

　前述のように，遺伝情報は4種類の塩基配列の組み合わせとして暗号化されているが，mRNA の塩基配列から遺伝情報を読み取る際には，3塩基ずつの並び（3塩基配列，トリプレット）を1個のアミノ酸に対応させていく。この3塩基配列はコドンとよばれる（第2章表2-2を参照）。4種類の塩基がつくる3塩基配列の場合の数は4×4×4で64通りとなる。生体内で利用されるアミノ酸は20種類であるため，一種のアミノ酸に対応するコドンが複数存在することがある。

　翻訳はいつもメチオニンを指定するコドン AUG から始まるので，AUG は開始コドンとよばれている。その後は，mRNA の各コドンに対応したアミノ酸がペプチド結合でつながれていく。また，UAA，UAG，および，UGA の各コドンには対応するアミノ酸がないので，これらは終止コドンとよばれている。翻訳作業が mRNA にある終止コドンまで進むと，タンパク質合成は終了する。このような過程を通して，遺伝情報に正確な対応をもつタンパク質（ポリペプチド）が作られるのである。

　もし何らかの理由で，遺伝子のあるコドンから1塩基でもなくなったり，逆に1塩基増えたりすると，本来のコドンがもつ3塩基配列がずれてしまうため，mRNA 上では全く意味のないコドンとして翻訳されてしまう（図9-8）。このようなコドン変化はフレームシフト（読み枠シフト）とよばれる。また，一つのコドンにあるたった1塩基が他の塩基に置き変わってしまうだけでも，重大な影響が出ることがある。例えば，遺伝子上のコドン AAA はリジンのコドンであるが，最初の A が G に変わって GAA になると，グルタミン酸のコドンに変化する。また，最初の A が T に変わって TAA になると，mRNA 上では終止コドン（UAA）となり，その場所でタンパク質合成は終了してしまう。それゆえ，フレームシフトやコドンの塩基置換という突然変異が遺伝子 DNA のエクソン部分でおこると，タンパク質の性質も大きく変化することになりかねない。鎌形赤血球貧血症では，エクソン部分のたった一つの塩基置換によってβグロビンの6番目のアミノ酸である

グルタミン酸がバリンに変化して酸素との結合能が低下してしまった。βグロビンはヘモグロビンの構成分子であるため，酸素を運べなくなったヘモグロビンが作られる遺伝病である（11-5 参照）。

参考文献

1) 赤坂甲治,「ゲノムサイエンスのための遺伝子科学入門」, 裳華房（2002）
2) 田中一朗,「よくわかる遺伝学」サイエンス社（1999）
3) 渡辺雄一郎,「生命と情報　分子遺伝学入門」東京大学出版会（1999）
4) 井出利憲,「分子生物学講義中継 Part 1〜3」羊土社（2001・2002・2003）
5) 和田　勝,「基礎から学ぶ生物学・細胞生物学」羊土社（2006）
6) 東京大学生命科学教科書編集委員会編,「理系総合のための生命科学第 4 版」羊土社（2018）

第9章　ゲノムDNAと遺伝子変異

9-1　はじめに

　1990年に始まったヒトのゲノムプロジェクトは，各国の協力のもと2003年までにほぼ完成し，1ゲノムあたり遺伝子数が明らかになってきた。しかし，新たに発見された遺伝子の多くはどのような機能をもっているかは，いまだ不明のままである。また，遺伝子が存在するDNA領域（遺伝子DNA）をすべて合計すると，ゲノムDNAの1～2割強ほどにしかならない。そのため，大部分のDNAは遺伝子が存在しないDNA（非遺伝子DNA）であると見なされてきた。ポストゲノム時代を迎えた今日，全遺伝子の機能解明，非遺伝子DNAの役割，あるいは，病気の原因遺伝子の解析などが，大きな課題になっている。本章では，遺伝子DNAや非遺伝子DNAの特徴や遺伝子変異，さらには，病気との関わりなどについて述べる。

9-1-1　コード遺伝子と非コード遺伝子

　ゲノムプロジェクトでは，複数の人のDNAをベースにして約32億塩基対をもつヒトゲノムDNAの全塩基配列が決定され，タンパク質の遺伝情報を担う遺伝子は22,287種類であると結論づけられた（表9-1）。遺伝子DNAは全DNAの15～25％ほどであるため，残りの75～85％ほどが非遺伝子DNAである。

　遺伝子DNAのほとんどはタンパク質の遺伝情報をコードしており，転写によってヘテロ核RNA（hnRNA：heterogeneous nuclear RNA）を生産する。hnRNAがプロセッシングをうけてmRNAになると，細胞質に移動してタンパク質合成（翻訳）を行なう。そのため，これらの遺伝子は，コード遺伝子（タンパク質の遺伝情報をコードしている遺伝子）とよばれ，特徴的な塩基配列（エンハンサー，プロモーター，エクソン，イントロンなど）をもっている（図8-5）。

　一方，タンパク質の遺伝情報をコードしていない遺伝子も以前から100個ほど知られており，それらは非コード遺伝子とよばれる。非コード遺伝子から転写された前駆体RNAは切断などのプロセッシングをうけ，RNAのままあるいはタンパク質と結合して機能する。tRNAやrRNAがその代表格である（図9-1）。さらに，細胞質，核，あるいは，核小体には，それぞれscRNA（small cytoplasmic RNA），snRNA（small nuclear RNA），およびsnoRNA（small nucleolar RNA）などの低分子RNAが存在しており，さらに，gRNA（guide RNA），miRNA（microRNA）やsiRNA（short interfering RNA）なども

表 9-1　ヒトの各染色体上の遺伝子数

1番染色体	2番染色体	3番染色体	4番染色体
2億7,900万塩基 2,610個	2億5,100万塩基 1,748個	2億2,100万塩基 1,381個	1億9,700万塩基 1,024個
5番染色体	6番染色体	7番染色体	8番染色体
1億9,800万塩基 1,190個	1億7,600万塩基 1,394個	1億6,300万塩基 1,378個	1億4,800万塩基 927個
9番染色体	10番染色体	11番染色体	12番染色体
1億4,000万塩基 1,076個	1億4,300万塩基 983個	1億4,800万塩基 1,692個	1億4,200万塩基 1,268個
13番染色体	14番染色体	15番染色体	16番染色体
1億1,800万塩基 496個	1億700万塩基 1,173個	1億塩基 906個	1億400万塩基 1,032個
17番染色体	18番染色体	19番染色体	20番染色体
8,800万塩基 1,394個	8,600万塩基 400個	7,200万塩基 1,592個	6,600万塩基 710個
21番染色体	22番染色体	X染色体	Y染色体
4,500万塩基 337個	4,800万塩基 701個	1億6,300万塩基 1,141個	5,100万塩基 255個

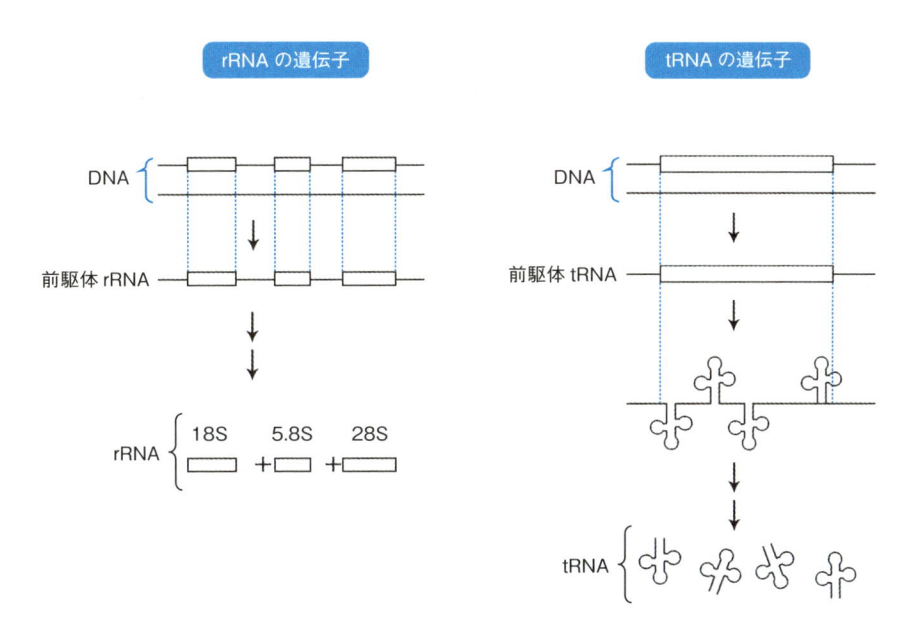

図 9-1　真核生物における非コード遺伝子からの転写とプロセッシング

知られている。これらはすべて非コード遺伝子の遺伝子産物である（図 9-2）。

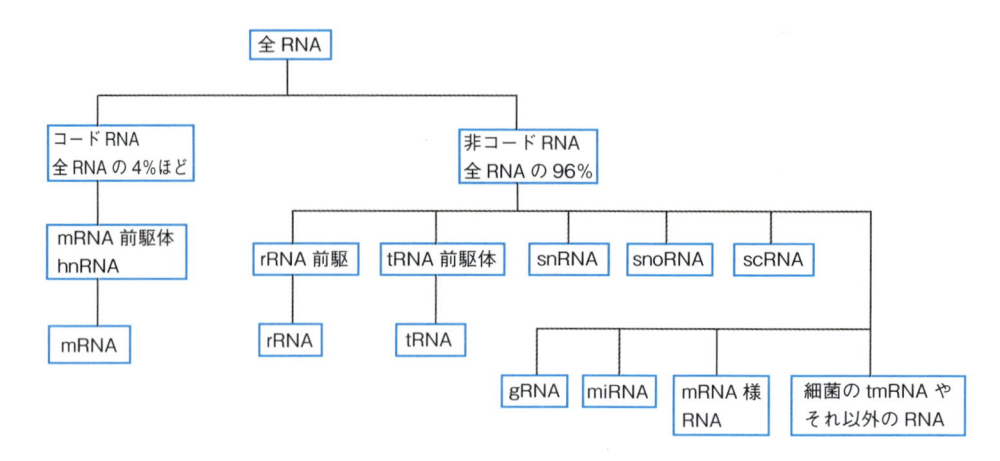

図 9-2　細胞内 RNA の分類

9-1-2　ゲノム DNA における遺伝子分布

　原核生物のゲノム DNA は一般に環状構造をしており，DNA 全体に遺伝子がぎっしりとならんでいる（図 9-3）。大腸菌の場合，4,260 ほどの遺伝子が知られており，互いに関連した働きをもつ遺伝子が数個ずつの機能単位としてまとまっている。そのまとまりを**オペロン**というが，オペロンに含まれる複数の遺伝子は同時に働いたり，休んだりする。大腸菌のゲノム DNA では 700 種ほどのオペロンが見つかっており，非遺伝子 DNA 部分はごくわずかしかない。オペロンは，機能的に関連する遺伝子を短いゲノム DNA にうまく配置させる細菌特有の遺伝子構造といえよう。

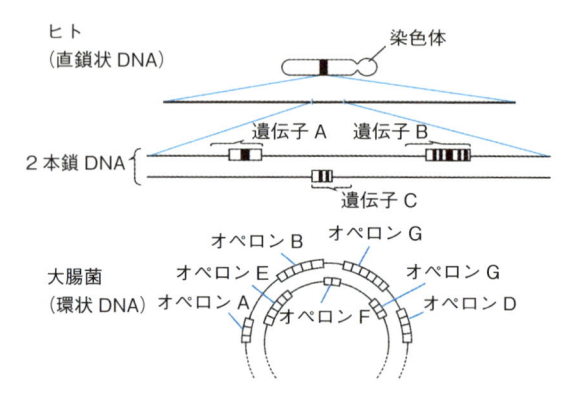

図 9-3　ヒトと大腸菌 DNA における遺伝子の分布

　哺乳類の真核生物では，ゲノムの大部分を非遺伝子 DNA が占めており，その DNA の間に各遺伝子がそれぞれ散在するように配置されている（図 8-5，図 9-3）。各遺伝子には，転写領域のみならずプロモーターやエンハンサーなど各遺伝子の発現を独自に制御する領域（**転写調節領域**）がある。それゆえ，哺乳類の遺伝子発現は大腸菌より遥かに多様な発現パターンをとるだけでなく，遺伝子の発現量についても精密に制御されるシステム

が備わっている。最近，ヒトなどの遺伝子発現の複雑さには，非遺伝子 DNA のなんらかの役割が関わっていると考えられている。

9-1-3 非遺伝子 DNA の特徴

非遺伝子 DNA はさして重要な機能をもたない無駄な DNA（ジャンク DNA）であるとみなされていたが，特徴的な塩基配列がいくつか存在することは知られていた。図 9-4 および図 9-5 に，ヒトゲノムの構成についてまとめた。

非遺伝子 DNA には，ある長さの塩基配列が何度も繰り返された構造である**縦列型反復配列**や，ゲノム DNA のあちらこちらに分散している**分散型反復配列**が存在する。縦列型反復配列は数個から数十個の塩基配列が基本単位となって反復しており，数万から数百万塩基対ほどの長さを構成している。超遠心密度勾配法や電気泳動法による分離操作によ

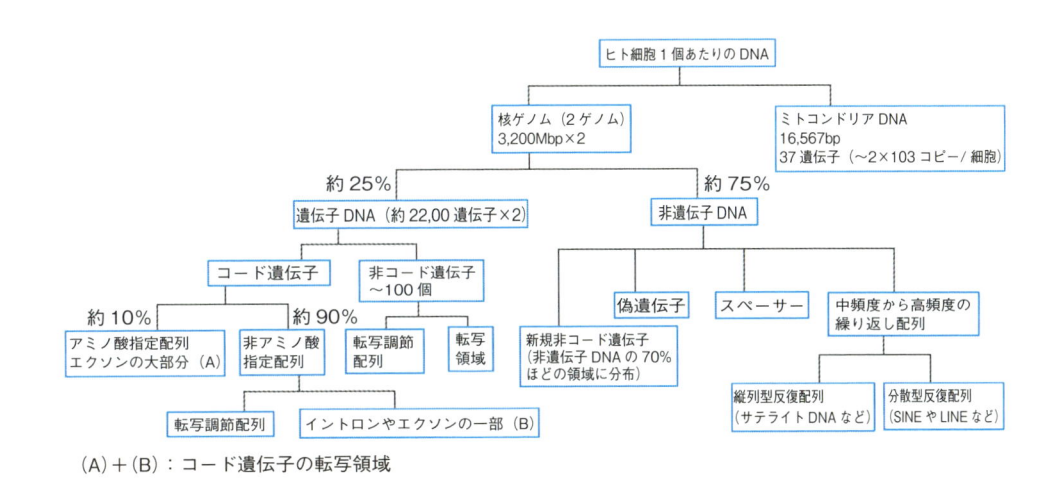

図 9-4 ヒトゲノムの構成

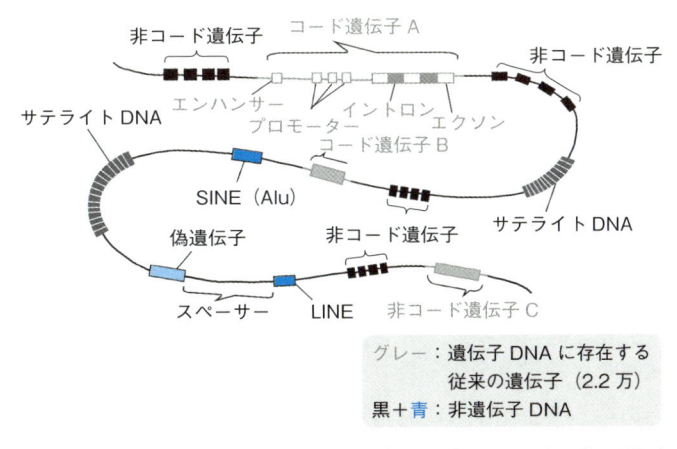

図 9-5 哺乳類のゲノム DNA 上に存在する遺伝子やその他の配列

表 9-2 ヒト DNA にある主な繰り返し配列

種　類	繰り返しの単位	ゲノム内での分布やコピー数など
縦列型反復配列		
1) サテライト DNA（100kbp～数 Mbp）		密度勾配遠心法により，主バンドの DNA より軽い密度の領域に 3 本ほど DNA バンドがみえる。セントロメア結合タンパク質に対する結合部位的な役割をもつものがある。染色体上では，全体的に分布しているが，セントロメアにあるものが多い。
サテライト DNA1	25～48bp	
サテライト DNA2,3	5bp	
アルフォイド DNA	171bp	
Sau3A ファミリー	68bp	
2) ミニサテライト DNA（2kb～30kbp）	6bp	密度勾配遠心法では，サテライトバンドとして現れない。機能不明。染色体全域に分布するが，末端付近にあるものもある。個人の特定など法医学など鑑定に使われる。
テロメアファミリー	9～24bp	
超可変ファミリー	1～4bp	
3) マイクロサテライト DNA（150bp 未満）	10bp 以下	
分散型反復配列		
1) SINE ファミリー	100～300bp（非自律的）	SINE 全体では 155 万コピーが染色体上に分散している。主なものには Alu（120 万コピー），MIR（45 万），MIR（8.5 万）などが知られている。
2) LINE ファミリー	6～8kbp（自律的）	LINE 全体では 86.8 万コピーが分散している。LINE-1（60 万），LINE-2（37 万），LINE-3（4.4 万）などがある。
3) LTR トランスポゾン	6～11kbp（自律的） 1.5～3kbp（非自律的）	LTR トランスポゾン全体では 44.3 万コピーが分散している。主なものには，MaLR（28.5 万）や EVR（24 万）がある。
4) DNA トランスポゾン	2～3kbp（自律的） 80bp～3kbp（非自律的）	DNA トランスポゾン全体では 29.4 万コピーが分散している。MER1（21.3 万）や MER26.8 万）などがある。

SINE : short interspersed nuclear element
LINE : long interspersed nuclear element
LTR : long terminal repeat

り，縦列型反復配列の DNA は主バンド DNA から離れた位置に検出されるため，サテライト DNA とよばれる。反復配列の長さからマイクロサテライト，ミニサテライト，および，サテライトに分類される。一方，分散型反復配列は，レトロウイルスやトランスポゾンのような可動性 DNA と類似した構造もっており，ゲノム DNA のいたるところに存在している。かつて細胞外から侵入してきたこれらレトロウイルスやトランスポゾンは細胞内でコピー数を増やし，そのコピーがゲノム DNA のあちらこちらに組み込まれてできたものと推測される。反復配列が存在する DNA 領域は，個人差のある多様な構造（多型）をとる。これら反復配列が占める割合は，ヒトゲノムの約 50％を超えるほどである。主要な反復配列については，表 9-2 にまとめた。

　また，コード遺伝子としての構造はもっているが，転写がおこらない偽遺伝子もある。これらは，突然変異などで働きを失ったコード遺伝子であると考えられており，現在までのところ，ゲノムあたり 2 万個ほどが見つかっている。その他，ユニークな塩基配列や繰り返し回数が少ない反復配列なども非遺伝子 DNA に存在し，これらの配列を含む DNA

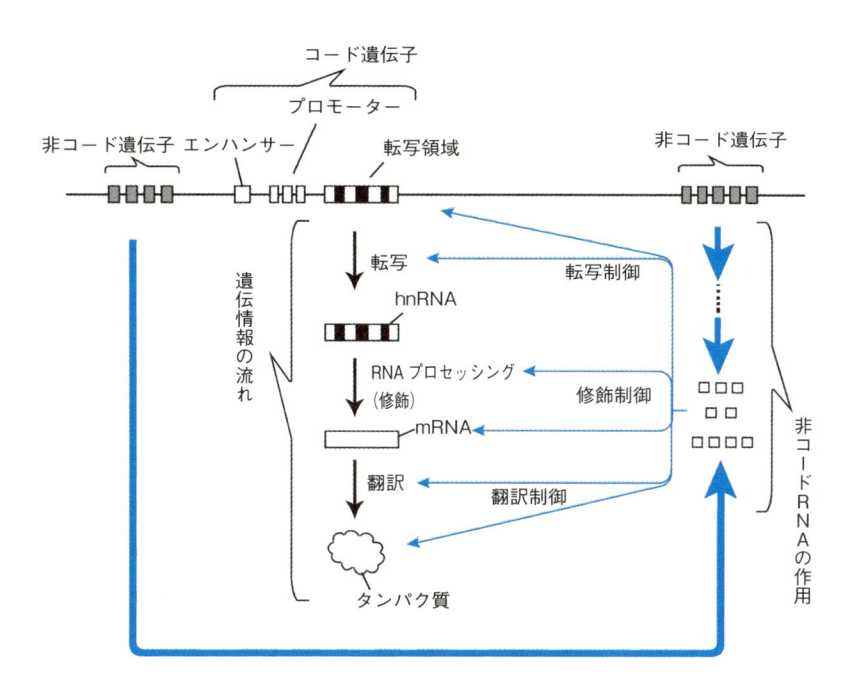

図 9-6 非コード RNA の作用

領域はスペーサーとよばれることもある。

一方，細胞質に散在するミトコンドリアにも独自の DNA が存在する。これは細菌のゲノム DNA のように環状構造をしており，ヒトでは 37 個の遺伝子が知られている。

9-1-4 新規遺伝子の発見

非遺伝子 DNA の機能に関して，ごく最近，驚くべき発見が FANTOM コンソーシアムと理化学研究所のグループによってなされた（2005 年）。マウスのゲノム解析から数千以上の新規遺伝子の存在が明らかになったのである。しかも，これら遺伝子の大部分はタンパク質の情報をコードしない新規非コード遺伝子である。とくに，コード遺伝子の上流（遺伝子の外であるがプロモーター側に近いところ）や下流付近に存在していることが多く（図 9-5），非遺伝子 DNA の 70％ 以上の範囲に分布していることもわかってきた。

これら非コード遺伝子はどのような働きをしているのだろうか。既知の非コード遺伝子産物の scRNA（細胞質 RNA）はタンパク質の分泌に関与しており，snRNA（核内 RNA）の中にはタンパク質と複合体を形成してスプライシングを行うものが知られている。snoRNA（核小体 RNA）などは，rRNA 成熟のためのリボースのメチル化やウリジン修飾部位を決定するガイド役として働いたり，テロメア配列を付加するテロメラーゼ活性を持つものも知られている。gRNA は，RNA 編集において塩基の挿入や削除が起こるときに機能する。miRNA や siRNA は翻訳過程で作用し，コード遺伝子の発現調節を制御することが明らかになっている。

今回の新規非コード遺伝子から合成された非コード低分子RNA（non-codeRNA；ncRNA）は，コード遺伝子の発現調節に関して何らかの重要な機能を担うと考えられている。その意味では，新規非コード遺伝子の大量発見は一挙にncRNAのメンバーが増えたことになり，それらの機能解析からコード遺伝子の転写や翻訳調節など機能制御に関わる新たなメカニズムが明らかになってくるであろう。図9-6に，そのような考え方を模式図としてまとめた。

また，miRNAなどのRNA干渉が明らかとなって以来，人工合成したRNAによる遺伝子の干渉効果が盛んに研究されている。最近，がん遺伝子やガン抑制遺伝子を特異的に制御するmiRNA（OncomiR）が明らかになっており，ncRNAの医療応用が今後ますます注目されるであろう。

9-2 遺伝子変異と疾患

私達は，色素合成ができない白い動物（蛇や魚など）を見たときに，きわめて珍しい突然変異が起こったと考えるが，古くは神の使者であるという迷信もあった。最近，海外からの輸入食物に基準値以上の農薬などが検出されると，食に対する大きな不安を感じてしまう。これは，有機リン系農薬などの急性毒性だけでなく，長期的な作用として免疫機能の低下やガン化などが懸念されるからである。この章の前半で若干述べてきたように，ゲノムプロジェクトの成果は，さまざまな遺伝子の機能や病気との関連性を解明する情報源として有用であるばかりか，さらにその活用は，病気の診断・治療につながると期待されている。ここでは，遺伝子の変異がどのように病気の発症と関わるかについて基本的な考え方を述べてみたい。

9-2-1 DNA複製と修復

遺伝子変異の説明の前に，まずDNAの複製と修復について述べる。核内にあるDNAは細胞分裂に先立つ静止期（間期）で倍加（複製）される。46本のDNAのそれぞれに複製開始点といわれる場所があり，DNA複製時には，真っ先にその部分の2本鎖DNAが開いて，部分的な1本鎖ができる。それぞれ1本鎖DNAが鋳型となって，相補的なDNA鎖の合成を両側に向かってすすませる（図9-7）。鋳型DNAに相補的な新DNA鎖を合成するこのようなDNA複製は半保存的複製とよばれ，DNA合成酵素（DNAポリメラーゼ）を中心とした複製装置（モジュール）が一連の合成反応を進める（8-3-1参照）。

一方，半保存的複製であっても，相補的でない塩基が合成中の新DNA鎖に誤って取り込まれることがある。その場合，DNAポリメラーゼはそのようなエラーを見つけ，正しい塩基に置き換える校正機能を発揮する。このような反応には，DNAポリメラーゼがもつエンドヌクレアーゼやエキソヌクレアーゼ活性が作用する。表9-3にヒトと大腸菌のDNAポリメラーゼの性質を比較した。

表 9-3　細菌と真核生物の DNA ポリメラーゼ

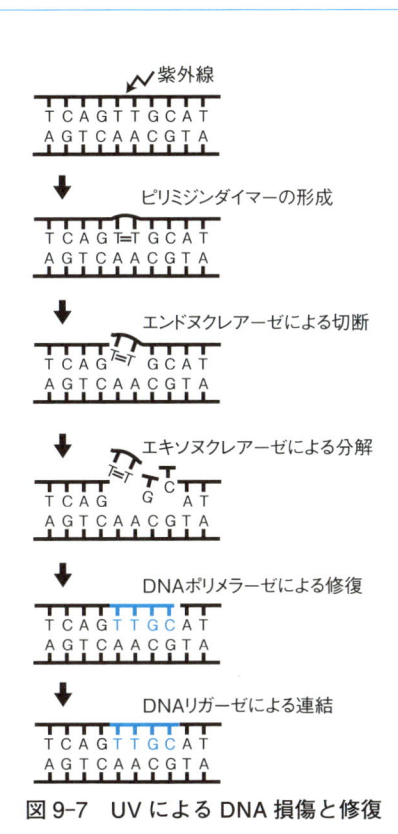

酵　素	サブユニット数	エキソヌクレアーゼ活性		機　能
		3'→5'	5'→3'	
A. 細菌の DNA ポリメラーゼ				
DNA ポリメラーゼ I	1	あり	あり	DNA 修復，複製
DNA ポリメラーゼ II	1	あり	なし	DNA 修復
DNA ポリメラーゼ III	最低 10	あり	なし	主要 DNA 複製酵素
B. 真核生物の DNA ポリメラーゼ				
DNA ポリメラーゼ α	4	なし	なし	複製時のプライミング
DNA ポリメラーゼ β	1	なし	なし	DNA 修復
DNA ポリメラーゼ γ	2	あり	なし	ミトコンドリアの DNA の修復
DNA ポリメラーゼ δ	2 か 3	あり	なし	主要 DNA 複製酵素
DNA ポリメラーゼ ε	最低 1	あり	なし	DNA 複製（機能の詳細は不明）

図 9-7　UV による DNA 損傷と修復

　一方，DNA は色々な化学物質と反応したり，放射線や紫外線などの暴露により損傷を受けることがある。たとえば，短波長の紫外線が DNA に照射されると，ピリミジンという塩基が並んでいるところでは，その隣同士でピリミジン二量体が形成される（図 9-7）。X 線や電離放射線の照射によって DNA 鎖が切断されたり，体内に入り込んだ化学物質が細胞内の DNA に作用し，塩基のアルキル化などの修飾反応を引き起こすことがある。通常の体内環境でも，ある割合で DNA プリン塩基に脱プリン化が起こったり，そのほかの

修飾が起こることもある．いずれにしても，これらの塩基がDNAの損傷部位と認識されれば，そのヌクレオチドが取り外されて，部分的なDNA合成（修復）がなされる．

ところが，DNA修復機能が正常に機能しない病気の一つに**色素性乾皮症**という遺伝病がある．太陽光に含まれる紫外線やそのほかの刺激で皮膚細胞のDNAが損傷をうけても，損傷部位を取り除く酵素（**エンドヌクレアーゼ**）が働かない．そのため，損傷部位がDNAに次第に蓄積し，皮膚ガンなどが好発することになる．

9-2-2 遺伝子の変異

染色体異常症は染色体の形や数の異常であり，これらは，減数分裂や受精前後の細胞分裂過程でその原因となる変化が起こる．これらの詳細については他の成書に譲り，ここでは，染色体レベルでは検出できないDNA上の小さな突然変異について述べる．

DNAの修復機能が正常であっても，もし何らかの理由で大量の**DNA損傷**が一度におこるとどうなるのだろうか．ダメージが大きすぎて修復不能な場合，細胞内では自殺プログラムが作動する．それゆえ，修復可能なダメージに対して細胞はDNAの修復により生存し続けるが，それができない細胞は死滅していく．いずれにしろ，DNA損傷部位は生体から取り除かれる．

問題となるのは，DNA損傷が正しく修復できなくても細胞死が誘導されない微妙な場合である．たとえば，限局したある場所でDNAが両鎖とも損傷をうけると，修復の鋳型となる無傷のDNA鎖がないため，損傷部位の修復作業が正しく完了できないこともある．このような場合，まちがった塩基が修復部位に取り込まれたり，塩基数に過不足があっても応急的な修復をしてしまう．もしDNA修復が完了したと細胞が判断すれば，細胞分裂が再開して，どんどん進行してしまう．こうなると，正しく修復されなかった塩基配列を校正する手だてがないばかりか，それらの部位（変異部位）が正しい塩基配列としてDNA内に定着してしまう．

一般に，このような変異が非遺伝子DNAにできた場合，あまり重大な事態を生じない．しかし，遺伝子DNAに起これば，**遺伝子変異**となってその遺伝子の働きを損なう可能性が出てくる．図9-8に，遺伝子変異の原因となる塩基配列の変化をまとめた．また，遺伝子変異がごく一部の体細胞におきても，ガン化することがなければ，その生物にとっては大抵問題ない．一部の体細胞に起きた変異はその個体一代限りの変異であり，大部分の細胞が正常であるかぎり，何らかの機能不全にもなりにくいからである．

ただ，**生殖細胞**（減数分裂によって精子や卵子などの配偶子をつくる細胞）やその先祖の細胞に遺伝子変異が起こった場合，状況は全く異なる．たとえば，変異した遺伝子が優性遺伝子として働くようになると，その遺伝子を受け継いだ子の体細胞すべてがその変異遺伝子をもち，発生過程や成長過程に何らかの影響をもたらす可能性がでてくる．また，変異遺伝子が劣性遺伝子として働くようなものであっても，子孫にその劣性遺伝子をホモにもつ子ができることもあるだろう．この場合，劣性遺伝病として発症することも考えら

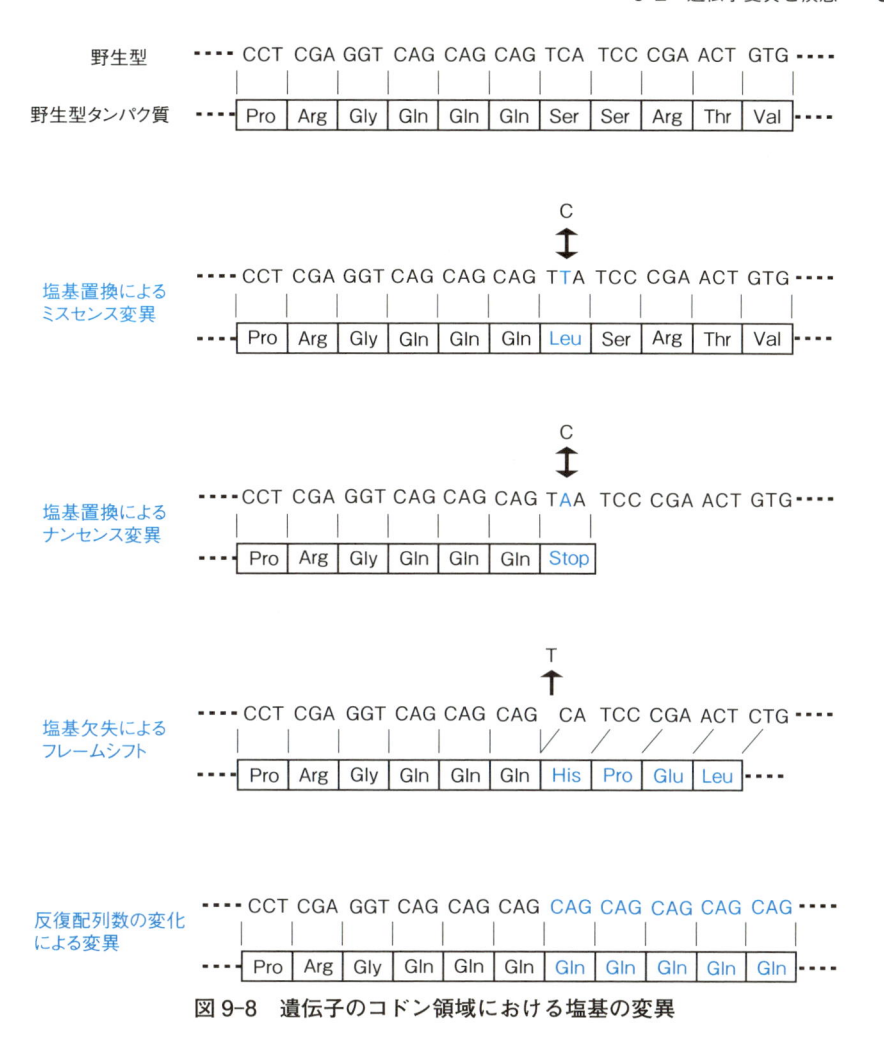

```
野生型        ----CCT CGA GGT CAG CAG CAG TCA TCC CGA ACT GTG----
野生型タンパク質 ----Pro Arg Gly Gln Gln Gln Ser Ser Arg Thr Val----
```

```
                                          C
                                          ↕
塩基置換による   ----CCT CGA GGT CAG CAG CAG TTA TCC CGA ACT GTG----
ミスセンス変異   ----Pro Arg Gly Gln Gln Gln Leu Ser Arg Thr Val----
```

```
                                          C
                                          ↕
塩基置換による   ----CCT CGA GGT CAG CAG CAG TAA TCC CGA ACT GTG----
ナンセンス変異   ----Pro Arg Gly Gln Gln Gln Stop
```

```
                                         T
                                         ↑
塩基欠失による   ----CCT CGA GGT CAG CAG CAG CA TCC CGA ACT CTG----
フレームシフト   ----Pro Arg Gly Gln Gln Gln His Pro Glu Leu----
```

```
反復配列数の変化  ----CCT CGA GGT CAG CAG CAG CAG CAG CAG CAG CAG----
による変異      ----Pro Arg Gly Gln Gln Gln Gln Gln Gln Gln Gln----
```

図9-8 遺伝子のコドン領域における塩基の変異

れる（8-1-1参照）。

9-2-3 変異部位と病気

　コード遺伝子内のどこに変異がおこるとタンパク質の機能が異常になるかは，基本的には個々の遺伝子によって異なる。しかしながら，βグロビン遺伝子における様々な変異データーの集積は1つの興味ある傾向を示している。

　ヘモグロビンはαグロビン（α鎖）とβグロビン（β鎖）という2種類のグロビンタンパク質2本ずつからなる4量体（$\alpha_2\beta_2$）であり，α鎖やβ鎖のいずれか一方に遺伝子変異があると，ヘモグロビンは正常に機能しなくなることがある。貧血や酸素不足で病院にかかる患者からβ鎖の遺伝子変異パターンが数多く調べられたので，変異遺伝子やそれらタンパク質の機能不全に関するデーターが蓄積されている。β鎖の遺伝子は比較的小型の遺伝子であり，その転写領域にはエキソン3つとイントロン2つがある。β鎖のタンパク

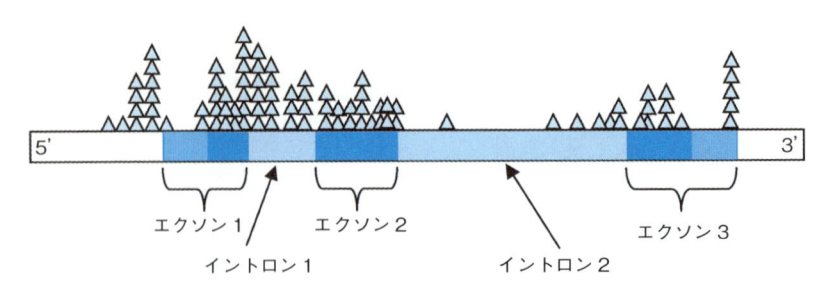

△ : 何らかの変異がみつかったβグロビン遺伝子における位置を示し，それらの個数は各変異の相対数をあらわす。

図 9-9　βサラセミアを発病させた変異の場所

質合成が不十分なためヘモグロビン異常症（βサラセミア）となった遺伝子変異の例を図9-9 にまとめた。図中の記号やその数は，遺伝子内でおこった変異の場所やβサラセミアの患者数（相対数）を示している。

　βサラセミアの遺伝子変異は，遺伝子の転写領域ではエクソン内やエクソンに近いイントロン内に，遺伝子発現調節領域ではプロモーターを含む領域に多く認められる。一方，大きな第2イントロンの中央部付近や第1および第3エクソンの中の非翻訳領域では，ヘモグロビン異常症がほとんど見つかっていない。それゆえ，遺伝子に不具合をもたらす変異は，転写領域のエクソンやその近傍，さらには，プロモーターなど遺伝子の転写調節領域に限局していることがわかる。

　同様に，α鎖の遺伝子変異によっておこるαサラセミアもみつかっている。ただ，α鎖の遺伝子は四つあるため，1個の遺伝子の突然変異でおこるケースはβサラセミアほど多くない。むしろ，四つの遺伝子の数が半減するような変化（たとえば，不等交差などの異常な組換え）が原因のαサラセミアがよく知られている。

　遺伝子内の変異場所と機能不全の関係については，おそらく，ほかの多くの遺伝子にもあてはまるだろうが，遺伝子によっては変異がほとんど検出されないものもある。おそらく，そのような遺伝子では，変異自体が個体死となる大きな影響をもたらすためであろう。そうであれば，この種の遺伝子変異と機能異常の相関は解析しにくい。逆に，塩基配列の個人差が大きい遺伝子 DNA では，変異が必ずしも遺伝子の不具合をもたらさなかったため，子孫に受けつがれてきたとも考えられよう。大量に発見された新規遺伝子（9-1-4 参照）の場合はどうであろうか。残念ながら，ヘモグロビンβ鎖のような解析はなされておらず，今後の研究を待たねばならない。新規遺伝子の多型に何らかの疾患との関連性が認められれば，それが新規遺伝子の機能解明の糸口になるかもしれない。

9-2-4　遺伝子 DNA の後成的修飾

　近年，塩基配列が変化していないにも関わらず，遺伝子の働きが大きくかわる後成的修

飾（エピジェネティクス）に注目が集まっている。具体的には，遺伝子DNAのメチル化反応やヒストンタンパク質のメチル化やアセチル化反応がその主な修飾の内容である。これらの修飾による現象をまとめて**エピゲノム（epi-genome）**という。蜜蜂や蟻など社会集団を形成する昆虫では女王が存在する。特に，蜜蜂では，ロイヤルゼリー（RJ）を与え続けられた雌の幼虫は女王蜂になる。大多数の雌の幼虫は蜜，花粉，昆虫の死骸などが餌となるため，働き蜂になる。Kucharskiらは，siRNAを用いて遺伝子のメチル化を低下させた幼虫には女王蜂となる個体の割合が増えることを報告した（2007年）。また，アルツハイマー病病態モデル動物の病態が飼育環境の違いにより大きく異なったことから（2005年），運動や飼育環境などがエピジェネティクス（ゲノムの修飾状態）に影響を与える可能性が示唆される。今後，食餌や運動などのライフスタイルや生活習慣が人間の身体構造，機能，行動様式のみならず，病気の予防や進行遅延にも大きく関わることが次第に明らかにされるであろう。

参考文献

1) 清水信義監訳，「ヒトゲノムの分子遺伝学」医学書院（2001）
2) 村松正實監訳，「ゲノム2」メデイカル・サイエンス・インターナショナル（2003）
3) FANTOMコンソーシアム及び理化学研究所研究グループ，「The transcriptional landscape of the mammalian genome」*Science*, 309, 1559-1563（2005）
4) Kucharski, R., Maleszka, J., Foret, S., and Maleszka, R.「Nutritional Control of Reproductive Status in Honeybees via DNA Methylation」, *Science*, 319, 1827-1830（2007）
5) Lazarov, et. al.,「Environmental enrichment reduces Aβ levels and amyloid deposition in transgenic mice」*Cell*, 120, 701-713（2005）
6) 「GENOME MAP ヒトゲノムマップ」http://www.lif.kyoto-u.ac.jp/genomemap/
7) Medina, P. P., Nolde, M., and Slack, F. J.（2010）OncomiR addiction in an in vivo model of microRNA-21-induced pre-B-cell lymphoma. *Nature*, 467, 86-91（2010）

第 10 章　生体の防御機構

10-1　はじめに

　すべての生物には，体内に侵入してきた異物を認識し，無毒化して排除する生体防御機構が存在する。この身を守るすべは，生物が生まれながらにして備えている"自然免疫・先天性免疫 innate immunity"と，特異的異物認識とその記憶に特徴がある"獲得免疫・後天性免疫 acquired immunity"とに分けることができる（表10-1）。一般に，免疫とよばれる機構は，「一度伝染病にかかると，その後二度と同じ伝染病にかからないか，かかっても軽くすむ」という現象をさしている場合が多いが，これは厳密にいうと獲得免疫である。免疫の研究は19世紀末から始まり，抗体というタンパク質が免疫反応に関与することは早くから明らかになったことの一つである。現在，抗体を作る獲得免疫のしくみは無顎類魚類以上の脊椎動物だけに存在することがわかっている。無脊椎動物には自然免疫しか存在しないことになるが，生体防御を担当する細胞や多様な液性防御因子によって，さまざまな異物に対する防御を行っている。脊椎動物においては，自然免疫のしくみもあり，獲得免疫のしくみと互いに関連してはたらいている。

　植物も病原体に対して抗菌性を示す物質を生産するなどして生体防御を行っている。しかし，生体防御のための特別な細胞をもつ動物の生体防御機構とはかなり異なったものである。

　本章では，ヒトを含めた哺乳類での生体防御機構，特に獲得免疫に関わる細胞のはたらきを中心として記していく。さまざまな細胞が登場し，それらの細胞が作りだす分子にも多様なものがある。そのことによって内容が複雑になる面もあるが，分子や細胞に焦点をあてると，いろいろな生物間での比較が可能となり，その比較から生体防御機構が進化の過程でどのようにして作りあげられたきたのかを予想することができる。単純なしくみから進化してきたであろう複雑なしくみの意味も理解しやすい。私たちヒトの体内ではたらいている多様な細胞のしくみを理解する一方，あらゆる生物に備わっている生体防御のしくみについても考察していただきたい。

10-2　動物の生体防御の全体像をとらえる

10-2-1　自然免疫

　自然免疫を担っている細胞には，マクロファージ，好中球，ナチュラルキラー（natural

表 10-1　自然免疫と獲得免疫

1. 自然免疫……異物の侵入などに対してインターロイキンを介してインターフェロン，好中球やマクロファージ，NK細胞による標的細胞の破壊，抗菌物質の生産，穂体系の活性化による各種タンパク質の分解の連鎖反応を引き起こす．クラゲ，イソギンチャクといった原子的動物から脊椎動物に至る動物や植物に存在する系
2. 獲得免疫……脊椎動物にのみ存在する免疫防御反応
   ① 細胞性免疫　　T細胞主体の免疫反応
   ② 体液性免疫　　B細胞主体の免疫反応
※　自然免疫および獲得免疫の2種類の免疫反応は相互作用で補いあっている．

killer, NK）細胞がある．マクロファージや顆粒球は，異物を飲み込んで分解するという**貪食能力**をもっている．NK細胞は，ガン細胞やウイルス感染細胞を殺す能力をもっている．ウイルスは自らの力で増殖することはできず，生きた細胞に寄生することによって増殖する．ウイルスが細胞内に侵入して自己増殖を行うことを「ウイルスが細胞に感染する」という．ウイルスの感染に気がついた細胞は，**インターフェロン**というウィルス抑制物質を合成して抵抗する．インターフェロンに反応してマクロファージや顆粒球等が集まって，感染した細胞を破壊したり，貪食したりする．NK細胞もはたらき出し，感染細胞を殺していく．これらのはたらきは自然免疫のしくみによるものである．

感染した細胞が殺されたり，貪食されたるすると，ウイルスも死んでしまい，それ以上増殖することはできない．自然免疫は侵入してきたウイルスがどれかを区別することのない反応であるが，反応時間は数時間と早い．

昆虫を含む無脊椎動物は，この先天性免疫しかもっていない．この系で重要なのは受容体であり，侵入してくる細菌やウイルスなどの糖，脂質，あるいはアミノ酸からなるペプチドの特異的な配列部位に結合することにより，上記の各種の防御機構が活性化されて，インターフェロンの放出，食作用，抗菌性ペプチドの産生，補体系の活性化，さらには各種タンパク質分解の連鎖反応を引き起こす．**植物**では細菌感染に対応して**抗菌性ペプチド**を生産放出して，外来のウイルスや細菌等を殺すことになる．

10-2-2　自然免疫を担当する細胞の進化

自然免疫は，ヒトの例で示したように，脊椎動物においては微生物の感染初期の防御機構である．自然免疫のみがはたらく無脊椎動物においても，マクロファージや顆粒球など，異物を貪食する作用を持つ細胞が主役である．現存するもっとも単純な多細胞動物であるカイメン動物や，クジラやイソギンチャクなどの腔腸動物において，単独で組織間を遊走して貪食作用をもつ原生動物やアメーバ細胞とよばれるものがある．アメーバやゾウリムシなどの単細胞からなる動物では，種特異性のようなものを認識し，認識できないものに対して無差別に攻撃をしかけることがある．進化の過程で単細胞から多細胞へと体制が複雑化したときに，単細胞時代の性質をほとんどそのまま引き継いだ細胞群が外部から侵入した異物の処理には必要であったのであろう．これらがマクロファージの原始型と考

えられている。

　多細胞の体制へ進化したとき，特に外皮の形成と腸の形成など，細胞と細胞をつなぐこと，さらに，細胞間での情報交換を行うことも必要不可欠であった。外皮は呼吸，腸は食物の消化と吸収を受け持ち，外からの異物侵入のにさらされやすいところである。単なる細胞の接着という以上のはたらきをもった接着分子が必要になり，細胞表面に目印として，また情報を受取るレセプターとしてその役目をはたすようなタンパク分子が発展しただろう。原始マクロファージもマクロファージや顆粒球となり，遊走と炎症部位での接着など固有の接着分子を発展させただろう。またこれらの分子進化は，リンパ球の利用する接着分子へとつながっていったものと想像される。

　NK細胞も自然免疫を担っているがマクロファージと異なり，ほとんど貪食能力をもたない。マクロファージが自己に似ていない異物（非自己）を攻撃するのに対し，NK細胞は，自己の細胞であっても自分らしさを失った不完全なもの，すなわち自己に似ている「非自己」を攻撃する。NK細胞の起源は，環形動物までさかのぼることができるとされている。

10-3　獲得免疫（細胞性免疫と体液性免疫）

　ウイルスの感染が自然免疫で防ぎきれなかった時，私たち脊椎動物だけにある免疫機構がはたらき始める。免疫を担っている多様な細胞は，もともとは単一の造血幹細胞とよばれる細胞から分化したものである。造血幹細胞からは赤血球や血小板などすべての血液細胞が作り出されるので，免疫担当細胞は元来，血液細胞の仲間であるといえよう（図10-1）。

　免疫では，異物に対して厳密な特異性を識別する**T細胞**とよばれるリンパ球が主役である。すなわち，獲得免疫は，細胞性免疫と体液性免疫の2種類から構成されている。細胞性免疫は胎児のリンパ球前駆細胞が骨髄から胸腺に集まって細胞性免疫の主役を担う**Tリンパ球**になる。一方，**体液性免疫**では，リンパ球前駆細胞がファブリキウス（Fabricius）嚢（鳥類）か，哺乳類ではファブリキウス嚢に相当する器官（胎児では肝臓，誕生後は骨髄）において，変化して出来たリンパ球が主役を勤める。

　Tリンパ球は，**キラー(細胞傷害性)T細胞**，**ヘルパーT細胞**，**記憶(メモリー)T細胞**，**サプレッサー(制御)T細胞**の4種類に分化する。**Bリンパ球**は，**形質(抗体産生)細胞**と**記憶(メモリー)B細胞**の2種類に分化する（図10-1）。

10-3-1　獲得免疫を担当する細胞の進化

　獲得免疫ではたらく主役の細胞がT細胞とよばれるリンパ球である。T細胞は胸腺（thymus）で作られるので，その頭文字をとってT細胞と名づけられた。鳥類では，B細胞はファブリキウス嚢で分化することがわかり，その名の由来となっている。哺乳類で

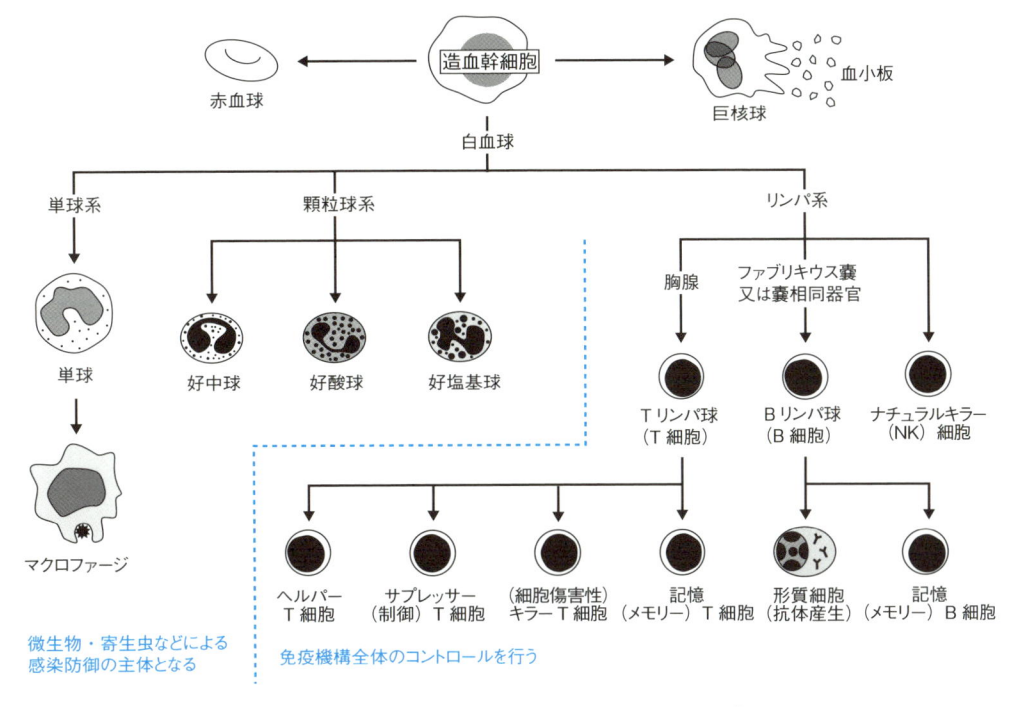

図 10-1　造血幹細胞からの各種血液成分の分化

は同等の器官が見出されておらず，肝臓や骨髄が似たはたらきをしているのではないかと考えられている。

　一般に，外来の異物を抗原とよぶ。「**抗原（antigen）**」は，「**抗体（antibody）**」を生じる物質という意味から生じた語で，体内に侵入したタンパク質や多糖類などの巨大分子が抗原となり得る。体内に侵入した微生物であれば，それが貪食されたことによって生じた断片が抗原となる。抗体は**免疫グロブリン**（immunoglobulin, Ig）というタンパク質で，Aという抗原のみに対して抗A抗体が作られる。'特異性 specificity' は，T細胞レセプター（T cell receptor, TCR）という細胞表面にあるタンパク質やB細胞レセプター（Ig）が特定の抗原にしか反応しないために生じる。これらの分子は，**脊椎動物**で最も原始的な**無顎類（円口類）**の**メクラウナギ**や**ヤツメウナギ**以降にできた生体防御機構である（第1章，表1-3）。抗体認識に主役としてはたらいている分子には，**T細胞レセプター（TCR）**，免疫グロブリン（Ig）のほかに，**MHC（主要組織適合複合体）クラスI・クラスII分子**がある。これらの分子は，もともと接着分子から進化したもので，祖先型の分子の構造（ドメイン構造）が繰り返されており，**免疫グロブリンスーパーファミリー分子群**とよばれる構造のよく似たグループに分類されている（図10-2）。祖先分子の設計図となる遺伝子が進化の過程で増幅し，変化し，組み合わされることによって，異物認識のために種々の接着分子を利用した細胞のはたらきに応じて，発展してきたものと考えられている。

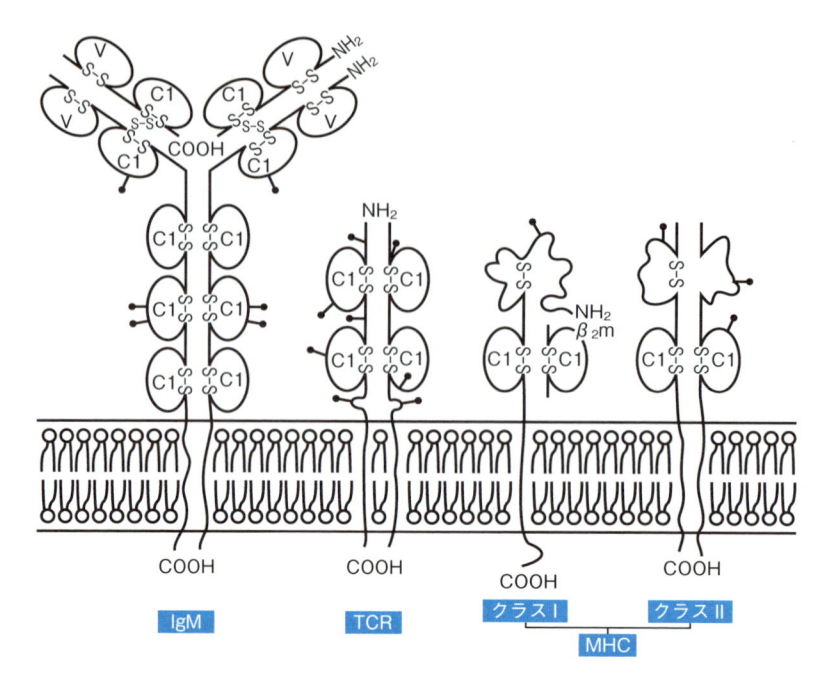

図 10-2 免疫グロブリンスーパーファミリー分子群の例
IgM（膜結合型），TCR，MHC クラス I・クラス II 分子は，免疫グロブリン・ドメインとよばれる基本構造がつながってできている。細胞膜を貫通して，抗原結合部を細胞の表面に発現している。

10-3-2 獲得免疫反応の概観

　免疫担当細胞は，病原体であろうとなかろうと，自分以外のものが自分の中に侵入してきた場合に，それを目ざとく見つけ，排除するようにはたらいている。そのはたらきの概要をとらえるために，あるウイルスが細胞に侵入した場合を例として記していくことにする（図 10-3）。ウイルス粒子やウイルスに破壊された細胞を貪食するためにマクロファージが強力に動員される。マクロファージは取り込んだウイルスの情報を細胞表面に提示するようになる（これを抗原提示とよぶ）。やがて提示された抗原を認識して反応する T 細胞が集まってくる。T 細胞はウイルス粒子を貪食した細胞に会うと，その細胞の表面にくっついたウイルスの成分（ウイルスタンパクの断片）を認識する。T 細胞は，まず増殖を始め，それと同時にインターロイキンとよばれる強いはたらきをもった一群のタンパク質（サイトカイン）をあらたに合成し，それを放出し始める。このインターロイキンを生産する細胞をヘルパー T 細胞とよぶ。インターロイキンに刺激されて，今まで休止状態だったリンパ球の中に急速に分裂を始めるものが現れる。これは，ウイルスに感染した細胞だけを認識し，効果的に殺していく T 細胞で，キラー T 細胞とよばれる。

　そして，もう一つのリンパ球である B 細胞も分裂を開始する（図 10-3）。こちらもヘルパー T 細胞から分泌されるインターロイキンの指令を受けて活性化され，はたらき始める。B 細胞のほうは形質細胞になり，ウイルスを中和する能力がある抗体を分泌する。は

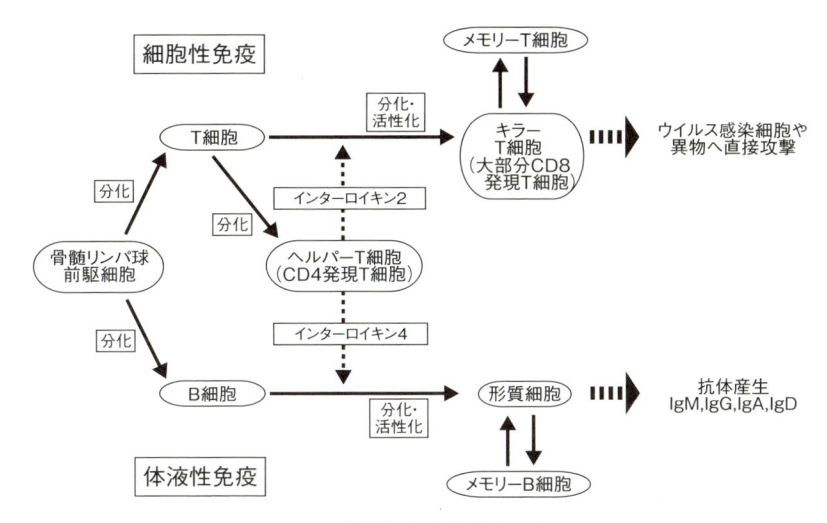

図 10-3　獲得免疫を発現するシステム

じめは効率の悪い大型の抗体である **Ig M 抗体** を分泌し，やがて抗体遺伝子の変異や組換えを起こして，結合力の強い効果的な **Ig G 抗体** の生産へと転換していく。また，**Ig A** や **Ig D**，それに **Ig E** といった免疫グロブリンも生産されることになる。これらのはたらきにより，ウイルスは消失していく。ウイルスが消失するとやがて，ウイルスと反応した T 細胞の増殖は止まり，免疫反応を停止する指令を出す **サプレッサー T 細胞** が出現する。すなわち，獲得免疫では，マクロファージやヘルパー T 細胞といった細胞にはそれぞれに役割があって，それらの協働で生体防御が成り立っている。免疫担当細胞の役割を大きく分けると，ウイルスなど抗原に作用を及ぼす実働的なものと，指令を出すなど調節的な部分がする。マクロファージ，キラー T 細胞，B 細胞は実働部隊であり，ヘルパー T 細胞は司令官のような役割を果たしている。獲得免疫は侵入してきたウイルスが何かを識別する特異的な反応で，自然免疫の短い反応期間と異なり，数日間もかかる。ただし，このウイルスに反応したことは，免疫記憶として残るので，もし同じウイルスが再び侵入した場合には記憶をもった細胞がいち早く増殖する。そのため同じタイプの抗原をもつウイルスであったら，またたく間に排除してしまう。異なったタイプのウイルスであれば，それに対する記憶はないので，また再び最初と同じように，マクロファージ，T 細胞および B 細胞を巻き込む免疫反応が繰り返されることになる。

10-3-3　主要組織適合複合体（MHC）とその役割

細胞性免疫 についてさらに詳しく検討してみよう。**主要組織適合複合体**（major histocompatibility complex, **MHC**）は，個体間で組織を移植したときに **拒絶反応** の引き金となるタンパク質として見いだされたものである。研究が進むと，MHC は T 細胞が感染微生物などの抗原を認識するときに抗原を引き入れる分子として使われるものであることが明

らかになった。

　このような抗原を引き入れる接着分子が，なぜ移植の拒絶抗原にもなったかというと，MHCのアミノ酸配列に個人差が多少あるため，他人に対しては異物としてはたらくからである。MHCは「細胞」が「自分の細胞である」ことを証明する目印となるタンパク質，すなわち'自己マーク'のようなもので，MHCの溝とよばれる立体的な形が個体間で多様化している。そのため移植を行うと，拒絶の対象となる。またもともと自分の細胞であっても，ウイルスなどに感染してしまった細胞は，MHCの溝にウイルスの断片を結合させて「もはや自己ではない」とT細胞に提示することになる。

　MHCには二つの主なクラスがあって，クラスⅠとクラスⅡとよばれ，それぞれ細胞表面にある一群のタンパク質で構成されている。それらの分子は細胞膜を貫通して細胞表面に発現し，細胞膜から遠い位置に溝のような自己の「型」を表現して抗体やT細胞レセプターとの結合に関わっている（図10-2）。

　MHC Ⅰは内在性抗原（自己抗原）の提示に用いられるもので，ほとんどすべての核を持った体細胞膜表面にあるのに対して，MHCクラスⅡ分子は，マクロファージやリンパ球などの免疫担当細胞にのみ存在しており，外来性抗原の提示に用いられている。すなわち細胞内でペプチド抗原を作る過程は，2種類あることになる（図10-4）。

　外来性抗原はまずマクロファージに貪食され，貪食細胞を細胞小器官であるリソソームが融合して，エンドソームが形成される。エンドソーム中では外来性抗原が，タンパク質分解酵素カテプシンにより分解されてペプチド断片になる。一方，抗原提示細胞内の小胞体中のMHC Ⅱはエンドソームに運搬されて，カテプシンにより分解され，活性化される。この活性化MHCクラス分子に，先程の外来性抗原ペプチド断片が結合して抗原提示細胞表面に提示される。溝に抗原ペプチドがはまった状態のMHC Ⅱ分子がヘルパーT細胞のTCRと反応する。ヘルパーT細胞は抗原をTCRで認識し，産生した抗体上の補体によりペプチド断片は分解される（図10-4）。

　一方，自己抗原や細胞内で生合成されるウイルス由来のタンパク質等の内在性抗原の場合は，まず抗原となるタンパク質にユビキチンというタンパク質が結合する。ユビキチンは，真核生物に普遍的に存在するアミノ酸76個から成るタンパク質（分子量8,600）で，熱に安定でタンパク質分解の際の標識（マーカー）となる。ユビキチンが結合した内在性抗原タンパク質は，抗原提示細胞質内でプロテアソームとよばれるATP依存性のタンパク質分解酵素により分解され，ペプチドに断片化する。この抗原ペプチド断片は，小胞体内に依存するMHCクラスⅠと結合した後，ゴルジ体に運ばれて，抗原提示細胞表面（T細胞リセプター：TCR）に提示されるとキラーT細胞により分解される（図10-2，図10-4）。すなわち細胞性免疫は分解ペプチド断片-MHCクラスⅠ結合物によって活性化される。なお，MHC遺伝子の生成タンパク質は，最初に発見されたので特にヒト白血球抗原（human leucocyte antigen ⇒ HLA）とよばれている。

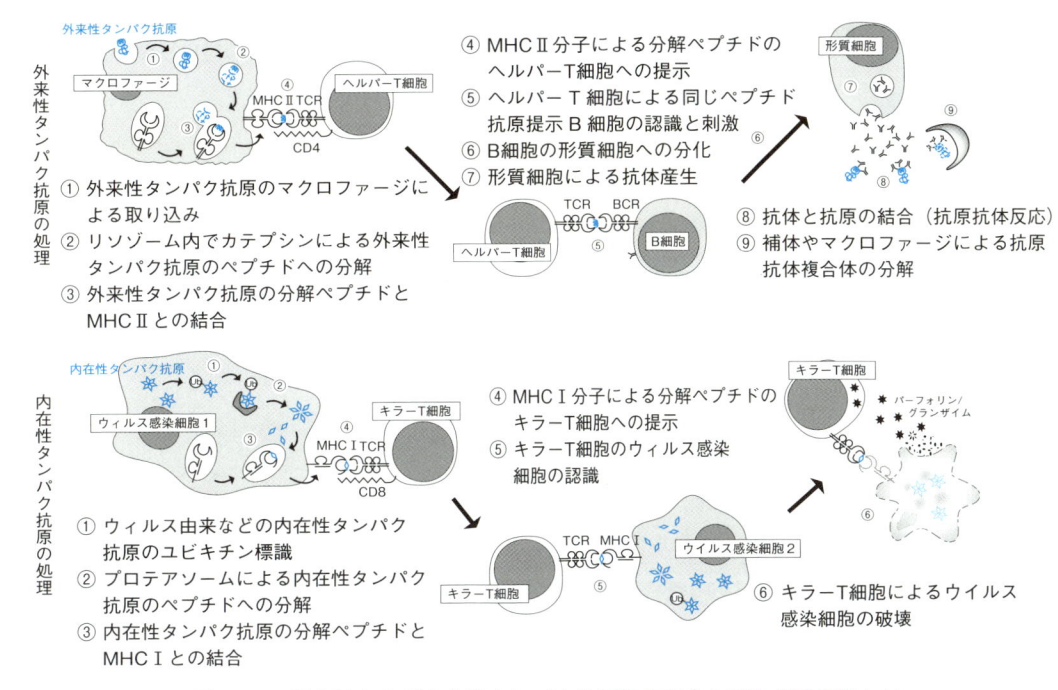

図10-4 外来性および内在性タンパク抗原の処理とMHC分子の関わり

10-3-4 体液性免疫（B細胞による抗体産生）

細胞性免疫の場合，リンパ球のT細胞が主役であったのに対して，もう一方の獲得免疫の体液性免疫ではB細胞が主役である。しかし，B細胞の抗体産生能力が発揮されるには，B細胞がヘルパーT細胞に接触する必要がある（図10-3）。10-3-3で述べたように，細胞性免疫では，抗原が抗原提示細胞にとり込まれて消化される。その消化断片の一つがT細胞膜上の適切な受容体に提示されることになる。一方，B細胞は，細胞膜上の受容体に結合した抗原を取り込んで，その消化断片を抗原提示する。ヘルパーT細胞は，そのB細胞を認識し，刺激する。ところで，主なB細胞のレセプターはその細胞膜上に存在する抗体である。抗体は免疫グロブリン（Immunoglobulin, Ig）とよばれるタンパク質であり，ヒトでは先に述べた通り（図10-3）に，IgM，IgG，IgA，IgD，IgEの5種類が存在する。その5種類のIg抗体の基本構造は共通している。IgGは成人1lの血漿中に，12gと圧倒的に多く含まれており，体液性免疫の主役をつとめている。IgGのもう一つの特徴は，胎盤透過能力を持つことである。胎児から誕生後数ヵ月間までの新生児は抗体産生能力を持たない。そこで胎児の間は，母親の血中にあるIgGを臍帯を通じてもらいうけて免疫反応に用いているし，誕生後は，母乳中に豊富に含まれるIgAを利用している。乳児は，生後数ヵ月してから，IgMをまず自分で生産し始め，続いてIgGを生産するようになる。なおIgMは，IgGタイプの抗体が5個共有結合によって構成される巨大なタンパク質であり，5種類のIg中では進化的に見てもっとも原始的な抗体であると考えられている。

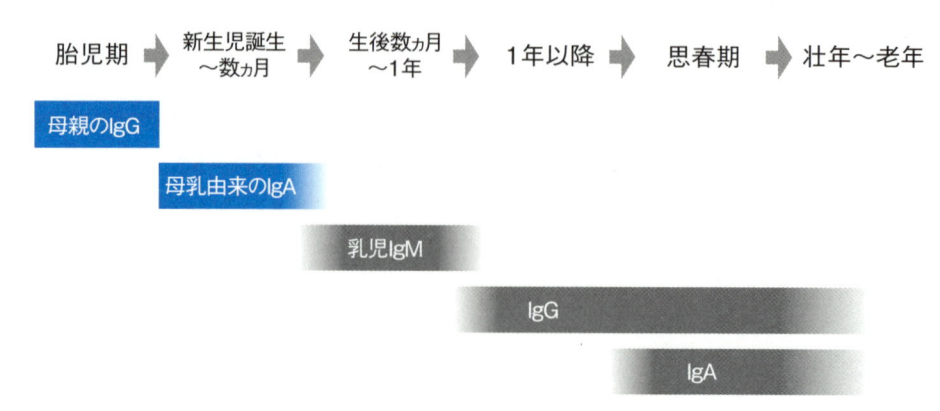

図10-5 胎児から老年までの抗体供給生産能力の変化

胎児期 → 新生児誕生〜数ヵ月 → 生後数ヵ月〜1年 → 1年以降 → 思春期 → 壮年〜老年

- 母親のIgG
- 母乳由来のIgA
- 乳児IgM
- IgG
- IgA

腸管や呼吸器官の粘膜表面部，あるいは涙腺などの人体表面の弱い部分にはIgAが分泌されて，微生物等の異物の攻撃を防いでいる。しかし，IgAが生産されはじめるのは大変に遅く，最大に達するのはIgMやIgAよりはるかに後のことで思春期（中学〜高校）である。子ども達が，大人と較べると体力が弱いといわれたり，腹痛や風邪，インフルエンザにかかりやすいのは，IgAが分泌されていないか，分泌され始めても大人よりも生産量が少ないためである。図10-5に母親から胎児へのIgG供給，新生児・乳児への母親からのIgAの供給および，乳児に始まるIgMからIgA生産の過程をまとめた。25〜30歳を過ぎると抗体産生能力はどんどん低下していくので，それにともなって，外来の異物に対する身体の抵抗の能力は低下していく。

ポリオワクチンやインフルエンザワクチン，ジフテリアワクチン，コレラワクチンといったワクチンにはIgAが多く含まれている。IgAはIgGタイプの単量体が1〜3個（単量体〜3量体）集まって構成されている。IgDはIgGタイプと同じく単量体でできている。含有量が30 mg/lと非常に少量で永らく作用が不明とされてきたが，B細胞の抗原認識に役立っていることがわかってきた。IgEはIgD同様に単量体構造をとっており，ほんのわずかな量しか存在していないが，アレルギーを引き起こすヒスタミンやセロトニンといった物質を肥満細胞から多量に放出する作用，すなわち，レアギン活性をもつことが知られている。

IgMはIgGオプソニン作用をもつことで知られている。オプソニン作用（効果）とは，抗原─抗体（IgGやIgM）複合体となった抗原（細菌や外来タンパク質などの異物）に対して補体の溶菌作用や食分解を強化する役割のことをいう。

10-3-5 補　体

補体とは，いろいろな補体系成分から成り，C1はさらに3種類の成分からなっているので実際は11種類のタンパク質から成っており，そのほとんどは，タンパク質を分解する酵素（プロテアーゼ）である。補体系作用してその効果を発揮するには，3種類の経路

がある。一つは抗原抗体複合体が形成された時に抗体（補体が結合できる抗体はIgGとIgMである）に結合した補体系がC1→C2→C3→C4→C5→C6→C7→C8→C9と順に活性化されていき，C9が活性化されると，抗原の細胞融解を引き起こし，抗原を破壊する。すなわち，古典経路である。この経路の活性化の過程で生じたC3やC5の分解産物（C3aやC5a）は肥満細胞（マスト細胞）に作用してヒスタミンやセロトニンをよびよせて毛細血管の透過性を高めたり，気管支の滑筋を収縮したりするアナフィラトキシン作用を起こす。

一方，二つ目の経路は副経路とよばれる。抗原抗体反応の後に続く古典経路をたどるのではなく，まず，グラム陰性菌などが結合してC3が活性化され，続いてC5，C6，C7，C8，C9が連鎖反応で活性化され，C9により細菌を溶解死亡させる。この副経路は，私達脊椎動物以外の下等な生物にも存在している経路であり，有害な細菌，ウイルス等に対する防御法として機能している。抗原抗体免疫防御機構よりももっと原始的な機構であろう。三つ目の経路として，レクチンによる活性化経路（レクチン経路）がある。

10-4 免疫疾患

生体防御のための免疫システムはなくてはならないものであるが，その機能欠如や過敏な免疫反応は免疫疾患として知られている。現在，猛烈な勢いで，患者数が急増しつつあるアレルギー疾患やエイズがその代表といえる。

10-4-1 先天性免疫疾患

免疫不全とは，先天的あるいは後天的に何らかのな異常が生じて免疫系が正常に機能しなくなった場合を指している。先天性免疫不全疾患の多くは常染色体劣性遺伝であり，次いでX連鎖性遺伝によるものが多い。

常染色体劣性遺伝疾患には，アデノシンデアミナーゼ（ADA）欠損症がある。この酵素は，DNAの構成ヌクレオチドのデオキシアデノシンを代謝するが，欠損症では代謝されずに蓄積し，特に胸腺のT細胞の分化や増殖が阻害される。この酵素の遺伝子はヒトの第20染色体の長腕上に存在するが，この不全症患者は出生直後から重症感染症を繰り返す。1990年にレトロウイルスベクターを用いてヒト正常ADA遺伝子を導入する治療が行われた。これが遺伝子治療の世界最初の例である。1995年にわが国の北大でも行われたが，その効果の有無についての判定は何ともいえないところがあるといわれている。

X連鎖劣性遺伝の免疫不全症疾患としては，ウィスコット・アルドリッチ症候群，重症複合体免疫不全症などがあげられる。

10-4-2 後天性免疫疾患

後天性免疫不全は，悪性腫瘍や薬剤，ウイルス，放射線などにより後天的に，免疫機能

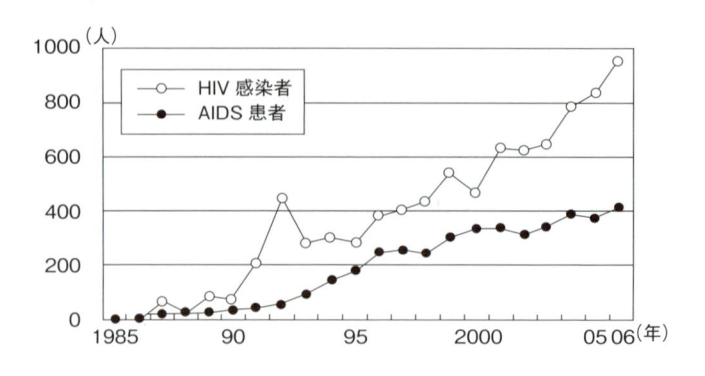

図10-7 我が国のHIV感染者数とエイズ患者報告者の推移
（厚生労働省エイズ動向委員会，「エイズ発生動向報告2007年5月」）

に異常が発生するものであり，原子爆弾や原子炉事故での放射線被爆による免疫機能全体の低下がまずあげられる。次いで，最近になって知られるようになったエイズ（AIDS）患者も，免疫機能の低下により引き起こされる日和見感染症の発生から死に至る。

1）原爆病

1945年に米国による長崎と広島への原子力爆弾の投下により（長崎はプルトニウムPuの核爆発であり，広島型はウランUの核爆発によるもので，事実上の人体実験であった），最初は核爆発の際に生じる高エネルギーによって多数の焼死者が発生した。次いでPuやUの核爆発反応から生じた，多種類の放射性元素による人体汚染（傷害）がおこり，免疫機能の異常な低下による白血病（いわゆる原爆病患者）を発生させた。原爆投下後60年以上が経過した今も，高齢となった多くの原爆病患者の方達が白血病や出血に苦しんでいる。1970年代に起きた旧ソ連のチェルノブイリ原子力発電所の事故でも多数の死者と原爆病患者が発生している。

2）エイズ（AIDS）

最近知られるようになった後天性免疫不全症候群（acquired immunodeficiency syndrome, AIDS, エイズ）は，ヒト免疫不全ウイルス（HIV）により引き起こされる。この疾患ではT細胞（ヘルパーT細胞）がHIVに感染することから始まる。感染後，数年〜数十年間は，人体の免疫機構によりHIVの増殖は抑えられている。その後，序々に増殖していき，ある時点からヘルパーT細胞はほとんどが破壊される。するとHIVは急激な増殖を始め，ヒトは免疫不全を引き起こして，エイズを発症する。すなわち，エイズ患者となる。エイズ患者は，1950年代にアフリカで報告されているが，HIVは1983年にフランスのモンタニ博士により分離発見された。1980年代，欧米を中心に感染者が多数発生した。しかし，最近の欧米諸国では，オーストラリア，米国の順にエイズ感染者の1年間あたりの感染者は減少に向かっている。一方，アフリカ，東南アジア方面では1990年以降HIV感染者およびエイズ患者は爆発的な増加を示し，現在では世界で4,000万人位が感染発症しているという異常な増加を示している（図19-2参照）。日本では2007年現

在で，14,000人のHIV感染者とエイズ患者がいる。1985年にたった1人だけエイズ患者が発生し，それがいまや，2007年度の1年間で報告されたHIV国内感染者は1,048人，エイズ患者は400人で合計1,448人にのぼっている（図10-7）。数的には欧米の感染者と患者数の値と較べると2桁近く少ないとはいえ，日本での連続的な増加については憂慮せねばならない。感染者とエイズ患者の内訳では，男性の同性愛者（ホモ）に多いが，彼等は気をつけているので，その8割は発症前に気づいている。一方，異性愛者では，4割ほどが発症するまで気づかない。

エイズ患者は，その免疫機構の破壊により，健康なヒトは罹らない細菌やウイルスによるカリニ肺炎，カンジダ症，サイトメガロウイルス感染症ほか，多くの日和見感染症を発症する。日本のエイズ患者の半分は，カリニ肺炎を引き起こし，非常に強い呼吸困難を引き起こして死亡する。2番目に多いのがカンジダ症である。カポジ肉腫や悪性リンパ腫も発症することがある。カポジ肉腫は1種の悪性腫瘍で，まず麻疹ができて，全身が衰弱して死亡する。1995年以前は，25才くらいで感染した患者は，カリニ肺炎やカポジ肉腫などと次々に感染症を引き起こし，平均余命は7年間位だった。その後，複数の薬を組み合わせる治療法が用いられるようになったため最近の余命は40年となり，平均寿命65歳にまで延びている。ただ，1か月あたり数万円する複数のHIV増殖抑制薬を飲み続けねばならない。今までは，感染者の半分以上が，妊娠や手術前の検査で感染が判明しているし，治療薬の進歩で近い将来には平均寿命が70才をこえるであろうと予測されている。だが，エイズは完治はしないのだから，正しい性知識などを身につけておかねばならない。

第 11 章　生活習慣病

11-1　はじめに

　今日，多種多様な生物が地球上に存在している。これは膨大な時間をかけてなされた進化の過程で，遺伝子を変化させたり体外からあらたな遺伝子を取り込んだりして，生物は複雑で巧妙な仕組みを構築してきたからである。ヒトが長寿を獲得したのは，脳神経系，内分泌系，あるいは免疫系など身体の恒常性を維持するシステムを進化の過程でバランスよく発達させたからといわれる。ただ，ヒトは全てに高度に発展させた能力ばかりを保持しているのではない。たとえば，イヌの嗅覚はヒトの数万倍も感度がよく，タカなどの猛禽類は上空から地上の小動物の動きをとらえるほどの驚異的な視力をもっているが，ヒトはこのどちらも持っていない。それでは，食物代謝に関するヒトの能力はどうであろうか。本章では，食生活を含むライフスタイルと生活習慣病の関係を中心に考えてみたい。

11-2　ヒトの食物代謝

　好気的な大腸菌は，原始生命体として想像される生物の機能や構造と比較すると，かなり進化した原核（前核）生物であるとみなされる。さらに進化した真核（有核）生物は，原核生物よりはるかに多くの遺伝子をもっている。たとえば，ヒトDNAの総延長は大腸菌の700倍ほどであり，コード遺伝子の数は5倍以上に増えている（表11-1）。これらの遺伝子は，生体の恒常性を維持する内分泌系を発達させたり，生体防御に不可欠な免疫系を精巧なものに作り上げたり，高度な脳神経系を構築するために使われている。

　一方，食物代謝に関する生物の能力に関しては，興味ある事実が明らかである。独立栄養生物である植物は，すべての有機物（栄養）を合成し代謝できる。大腸菌などの細菌類はグルコースなどの簡単な有機物と窒素源（亜硝酸イオン）さえあれば，自身の成長増殖に必要な全ての有機物を合成できる。しかし，動物はほかの動植物を捕食し，それらの有機物を利用する従属栄養生物としての能力をひたすら高めてきた。そのため，体内で合成できない必須アミノ酸，必須脂肪酸，さらにはビタミン類などの有機物が，ほ乳類をはじめとする多くの動物種に存在する。ヒトは食物連鎖の頂点にたつ生物であるため，食物代謝酵素の遺伝子に関してはすべて維持・進化させる必要性がなかったのであろう。

　皮肉なことに，先進国にみられる生活習慣病は現代の食物摂取過多が一因である。人類出現の以前から動物はいつも飢餓と隣り合わせの生活が続いてきたことから，血糖値が低

表11-1 さまざまな生物のゲノムサイズと遺伝子数の比較

生物種	ゲノムサイズ（Mb）	ほぼ確定した遺伝子数
細胞小器官		
ヒトミトコンドリア	0.017	37
西洋ナシの葉緑体	0.156	29
細菌類		
マイコプラズマ（Mycoplasma genitalium）	0.58	500
大腸菌（Escherichiacoli）	4.64	4,400
菌類		
出芽酵母（Saccharomyces cerevisiae）	12.1	5,800
無脊椎動物		
線虫（Caenorhabditis elegans）	97	20,000
ショウジョウバエ（Drosophila melanogaster）	180	13,800
バッタ（Locusta migratoria）	5,000	n.d.
脊椎動物		
フグ（Takifugurubripes）	400	20,000
マウス（Mus musculus）	3,300	24,000
ヒト（Homosapiens）	3,200	22,000
植物		
イネ（oryza stativa）	430	40,000
エンドウ（Pisum sativum）	4800	n.d.
バイモ：ユリ科（Fritillaria assyriaca）	12,000	n.d.

n.d.: not determined

下する状態が多かった。そのため，ヒトも血糖値を維持するホルモン系（膵臓のグルカゴン，副腎髄質のアドレナリン，副腎皮質の糖質コルチコイド，甲状腺のチロキシン，脳下垂体前葉の成長ホルモンなど）は何重にも用意されてきた。しかし，血糖上昇を抑えるホルモンは膵臓ランゲルハンス島B細胞が生産するインスリンのみである。人類がかつて経験することのなかった飽食過食時代の生活環境は，この血糖値調節システムがあだとなって，糖尿病患者数の増加を招く要因となっている。しかも，内臓脂肪蓄積という肥満傾向がさらにインスリンの働きを低下させる状態（インスリン抵抗性）をもたらすだけでなく，その他の生活習慣病にも深く関わっていることが次第に明らかとなってきた。

11-3　病気の発症要因

私たちは，日常，病気やけがなどで病院を受診する。病気の原因を調べていくと，興味深い事実に気がつく。図11-1は，事故やいくつかの疾患に関わる遺伝要因と環境要因の割合を示した模式図である。交通事故やけがは偶発的である。事故にあうことは，直接的には環境要因の占める割合は極めて大きい。しかし，困難な登山に常に挑戦し続ける人は危険に遭遇する確率も高いし，生まれつきそそっかしい人に擦り傷や切り傷が多いとすれば，それらには生来の性格的なもの（遺伝要因）が間接的にわずかなりとも影響しているといえよう。

風邪や冬に流行するインフルエンザなどの感染症では，空気中に飛散するウイルス濃度

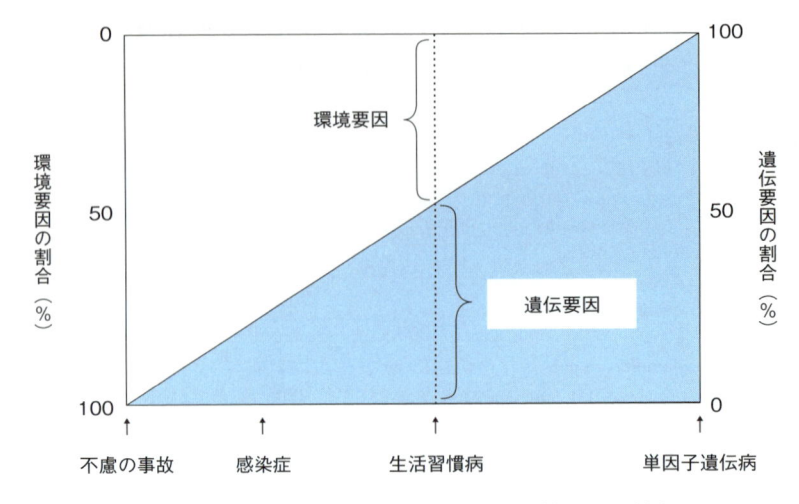

図 11-1 病気の原因となる遺伝要因と環境要因の割合

が高くなるという環境要因が大きく影響する。ただ，同じ環境に住む場合でも感染する人としない人がいる。抵抗力が低下している高齢者，小児，あるいは，入院患者を除外しても，インフルエンザに罹りやすい体質をもった人は確かに存在する。このような体質は，ウイルス感染を受けやすい遺伝要因が働くためと考えられる。

遺伝的要因だけで，発症がほぼ決まる遺伝病も多数知られている。たとえば，**単因子遺伝病**である家族性大腸ポリポーシスや軟骨形成不全はまさに先天性の疾患である。また，原因となる遺伝子が複数存在し，それら遺伝子の不具合の蓄積と環境要因が相加的・相乗的に働くことで発病する**多因子遺伝病**もある。生活習慣病などもこのような側面をもつ。

一方，環境要因が遺伝要因に大きく影響する生物現象も知られている。幼い頃の一卵生双生児は瓜二つに見えるほど互いに似ているため，他人には区別がつきにくい。しかし，中高年になった二人を比較すると，心身の特徴にはっきりとした差異が認められる場合が多い。二人を取り巻く環境要因の差が長年にわたって続くことで，双生児間の遺伝子発現パターンにある程度の差異を生じさせるためと考えられる。これらの現象は，後成的修飾による遺伝子発現として近年大きな注目をあびている（9-2-4 参照）。それゆえ，環境要因によって疾患の原因遺伝子を機能制御している生物現象が，今後次第に明らかになるであろう。

このように考えると，あらゆる病気は遺伝要因と環境要因が相互に影響しあって発症すると推測されるが，これらの割合は病気の種類によって，あるいは，個人によって大きく異なる。近年，健康維持や増進，さらには，生活習慣病発症の予防に大きな関心がもたれてきたのは，実際，予防医学的な観点からの啓発活動が功を奏したからであろう。遺伝要因を変えることはできなくても，個々の病気に応じた理想的な環境要因を整えることは近い将来可能となるであろうし，同時にそれらの分子メカニズムも解明されていくことであろう。

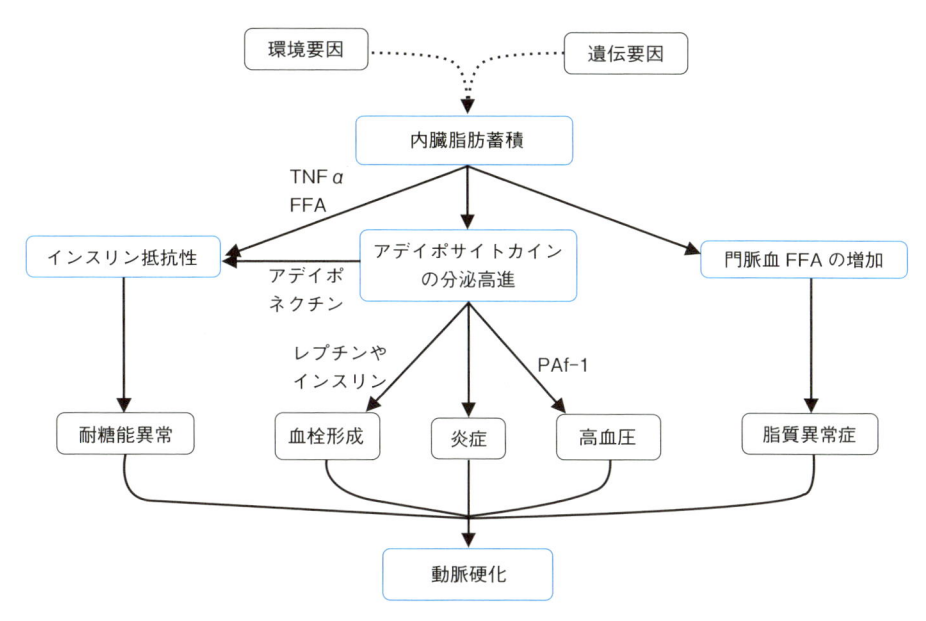

図 11-2　内臓脂肪が動脈硬化を促すさまざまな経路

11-4　生活環境と疾患

　長寿を誇るわが国では，急激な少子高齢化が進んでいる。経済的に裕福となり食習慣やライフスタイルが欧米化して久しいが，平均寿命が延びるにつれて中高年の肥満も増加し，生活習慣病が今日の福祉や財政面から大きな問題となりつつある。ここでは，増加傾向にあるいくつかの生活習慣病について，生活環境との関わりから述べていきたい。

11-4-1　メタボリックシンドローム

　内臓脂肪による肥満があって，高血糖，高血圧，あるいは，高脂血症のうち，二つ以上を合併症としてもっている状態を**メタボリックシンドローム**とよぶ。一つならば，さしずめその予備軍となる。メタボリックシンドロームのきっかけは，過食，運動不足，ストレスなどの現代の中高年層によく認められる生活習慣の乱れであり，この不健康な状態が続くと動脈硬化による虚血性心疾患や脳血管障害の発症リスクも高まる。

　内臓脂肪の蓄積がこれらの症状を悪化させるのは，肥大脂肪細胞からさまざまな**サイトカイン**が過剰に分泌されるからである（図11-2）。たとえば，TNFα (tumor necrosis factor α) は肥大脂肪細胞から大量に放出され，全身に炎症を惹起する。IL-6 (interleukin6) も，また，同じように脂肪細胞から分泌される炎症性サイトカインである。内臓脂肪過多により，これらサイトカインは血管壁を脆弱にし，最終的には血栓形成をもたらすように作用する。

　レジスチンやFFA（遊離脂肪酸）も脂肪細胞由来のホルモンであり，インスリンの作

用を低下させる状態（**インスリン抵抗性**）をもたらし，動脈硬化を促進させる。それゆえ，これらはインスリン抵抗性を惹起する悪玉アディポサイトカインとよばれる。一方，インスリン抵抗性を改善するサイトカインとしてアジポネクチン（善玉アディポサイトカイン）が知られている。しかし，高脂肪食による肥満状態などが続いたり，多型遺伝子の一つであるアジポネクチン遺伝子のあるサブタイプをもっている人には，アジポネクチンの欠乏状態がおこってくる。さらに，インスリン抵抗性が進むと，耐糖能異常にいたる。インスリンや食欲や代謝調節に関わるレプチンの生産増大や，血栓形成を促すPAf-1（platelet activating factor-1）の反応が進むと，血栓の形成が起きたり，高血圧状態が解消しなかったり，炎症状態が起こりやすくなる。このような反応が持続的に起こると，ついには動脈硬化症に罹患してしまう。

最大の予防法は，内臓脂肪の蓄積を減らすために食習慣を含めた生活環境を改善することである。食事による摂取量を制限し適度な運動をおこなうことは，厚生労働省の「**健康21**」という国民健康プランでも大いに奨励されている。これは，人々の啓発的な活動で体内環境をより健康的な状態に保つことができ，現代の三大死因（心疾患，脳血管疾患，悪性新生物）の60％ほどを占める前2者を予防することが可能となると期待されるからである。

11-4-2　ガ　　ン

悪性新生物（悪性腫瘍）である癌（ガン）は，1980年代頃から死因の1位となって以来，増加の一途をたどっている（図11-3）。最近の調査では，2人に1人がガンになり，ほぼ3人に1人がガンで亡くなっている。ガンの一部には遺伝性のものもあるが，多くのガンではさまざまな要因が関わる。どのような要因がはたらこうと，正常な細胞がガン化するプロセスでは，複数のガン遺伝子や変異型ガン抑制遺伝子が相加・相乗的に働く。このようなガン化のステップは**多段階説**とよばれ，大腸ガンの発がん機構の解析で明らかとなっている（図11-4）。

もちろん，私たちは，ガンになるための遺伝子を生まれながらもっているのではない。正常な細胞には前ガン遺伝子とよばれる遺伝子があって，体細胞分裂を促進する重要な働きをもっている。現在までに，60種類ほどの前がん遺伝子が発見されており，これらは，成長因子，成長因子受容体，あるいは，細胞内シグナル伝達をになうトランスデューサー，転写因子，あるいは，細胞周期制御因子などに分類できる。しかしながら，遺伝子のどこかに突然変異が起こって前ガン遺伝子からガン遺伝子に変化すると，細胞は増殖能の高い細胞へと変化する。前ガン遺伝子はよく車のアクセルに例えられる。変異によってガン遺伝子が作られることは，アクセルが故障しペダルが元に戻らない車のように，細胞の異常増殖という暴走を続けている状態といえよう。

一方，細胞増殖の制御，遺伝子発現，さらには，細胞修復に関わる遺伝子群として，ガン抑制遺伝子が知られている。これらの遺伝子も正常な状態では細胞周期の調節や細胞死

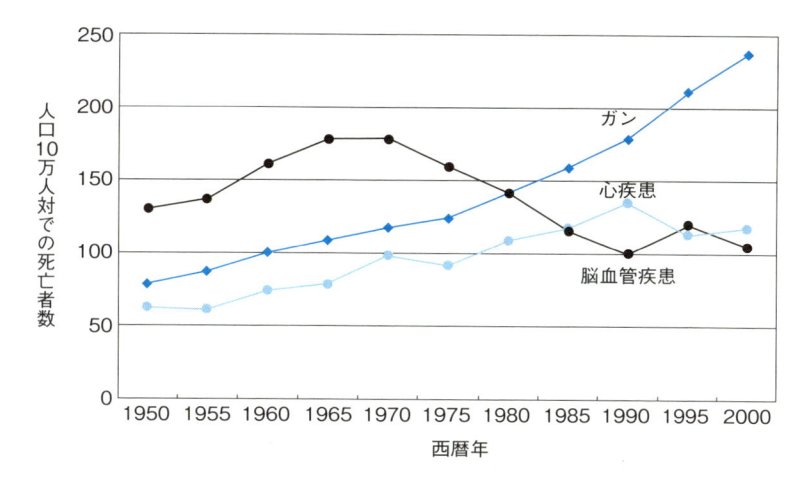

図 11-3　三大死因別にみた死亡率の推移

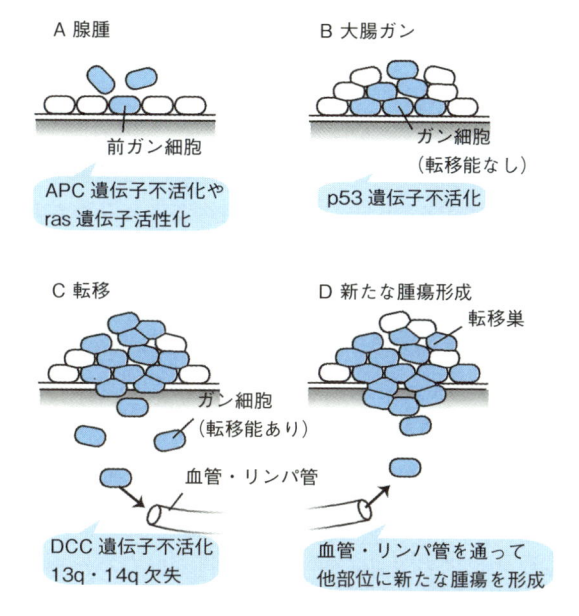

図 11-4　大腸ガンの発ガン機構

誘導に関わる遺伝子であり，これまで 20 種類ほどが発見されている。ガン抑制遺伝子にも突然変異が起こると，正常な働きができず，細胞をガン化させてしまう。変異したガン抑制遺伝子は，故障した車のブレーキに例えられる。つまり変異したガン抑制遺伝子は異常な細胞増殖にブレーキをかけることができない状態といえる。悪性度の高いガン細胞は，前ガン遺伝子やガン抑制遺伝子など複数の遺伝子変異が一つの細胞に蓄積していった結果とみなされている。

発ガンリスク因子として知られている環境要因を表 11-2 にまとめた。遺伝子変異を誘発する原因物質が，食物，飲料水，あるいは，大気を通じて体内の細胞に取り込まれたり，

表11-2 環境要因としての発ガンリスク因子

項　目	発ガンリスクを高める具体例
喫煙及び間接喫煙	肺，上気道，食堂，濃厚，膵臓，胃，肝臓，腎臓，結腸，直腸などのガン
食　物	動物性脂肪：結腸，直腸などのガン 飽和脂肪酸：前立腺ガン 食塩摂取過多：胃ガンや上咽頭ガン 肥満：子宮内膜ガン，閉経後における乳ガン，結腸，腎臓，胆のうガン アルコール：気管支（上部），消化管のガン（喫煙の相乗効果），肝ガン
電磁波	紫外線や太陽光線：皮膚ガン，メラノーマ 低周波領域の電磁波や放射線：小児白血病
薬　剤	デイゼル排ガス：肺ガン アスベスト：肺ガン，中皮腫 ベンゼン：骨髄性白血病 ホルムアルデヒド：鼻や咽頭のガン 免疫抑制剤：リンパ腫 エストロゲンやDTT（環境ホルモン類）：子宮ガン，乳ガン タモキシフェン：子宮ガン ゴナドトロピン誘導体：卵巣ガン
ウイルス感染	HIV：カポジ肉腫（カポジ肉腫関連ヘルペスウイルスと相乗効果？） パピローマウイルス：子宮頚ガン C型肝炎ウイルス：肝ガン

遊離電磁波などが直接細胞にダメージを与えたりすると，遺伝子の変異誘発がおこる．それゆえ，発ガンとは体細胞の特定遺伝子に起きた突然変異とみなされるが，私達を取り巻く生活環境が体細胞をガン化させる影響も無視できないくらい大きいと考えられる．

11-4-3　アルツハイマー病

アルツハイマー病（Alzheimer's Disease；AD）は初老期以降に発症し，緩徐に進行していく認知症であり，記名力，思考力，判断力などの低下が認められる．ADと脳血管性認知症は二大老年性認知症とよばれる．以前は後者が6割を超えていたが，生活習慣の改善などや啓発活動により脳血管性認知症の患者数は次第に減少してきた．しかし，AD患者数は年々増加傾向にあり，我が国の認知症罹患者は500万人に迫る勢いである．

大部分のADは散発性（孤発性）であり，脳内にアミロイドペプチド（Aβ）が蓄積することで老人斑が形成される．Aβはアミロイド前駆体タンパク質（Amyloid Precursor Protein；APP）という膜タンパク質からβセクレテースおよびγセクレテースという酵素により切り出されたものである（図11-5）．Aβはアミノ酸が38〜42ほどからなるペプチドである．APPはある割合でαセクレテースによって切断されるが，この場合にはAβは形成されない．一方，異常なリン酸化をうけたtauタンパク質（微小管結合タンパク質の一種）が線維構造物（神経原線維変化）として神経細胞内に蓄積されることがある（図11-6）．これら脳の変性とともに多くの神経細胞が脱落し，脳の萎縮がADで認められる．

全ADの数％ほどの患者は家族性ADであり，世界中で数十以上の家系が知られてい

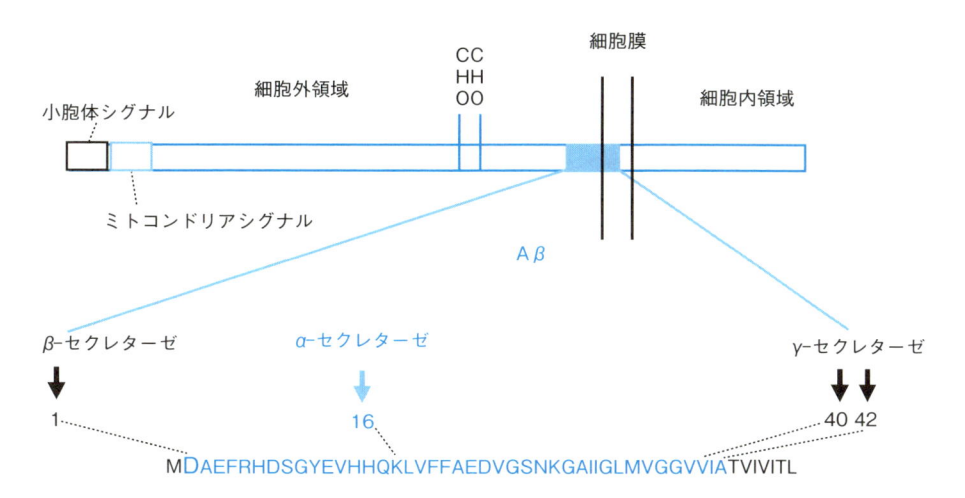

図11-5 アミロイド前駆体タンパク質（APP）とアミロイド（Aβ）の関係

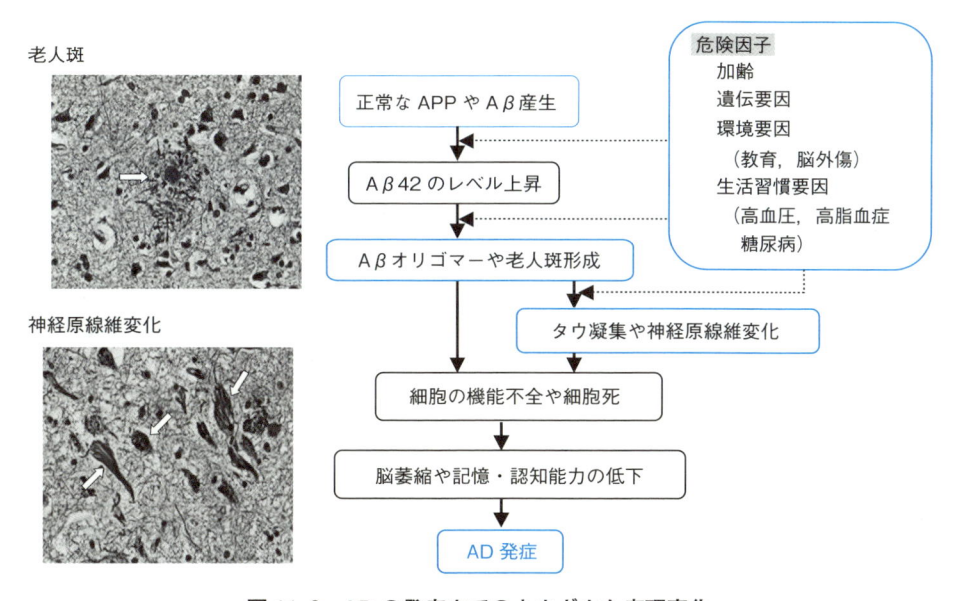

図11-6 ADの発症までのさまざまな病理変化

る。これらの家系では，発症年齢が40〜50代であり，進行も早い。遺伝性である。しかし，脳の病理像は孤発性ADと似ているところも多いことから，家族性ADの病因研究が盛んになされてきた。その結果，家族性ADの原因遺伝子としてAPP遺伝子やセクレターゼの活性ユニットである**プレセニリン**（Presenilin ⅠおよびⅡ）遺伝子などの遺伝子変異が明らかになった。また，多くの家族性ADではAβ42の生産増大や老人斑形成が顕著であることも明らかになった。そこで，家族性ADの原因遺伝子を複数種類導入したADモデルマウスが作製され詳細に解析された。ADモデルマウスでも高次脳機能（思考，記憶，学習などの機能）の障害が確認された。

一般に，孤発性 AD は一つの病気というより症候群とみなされる。もし，そうであるならば，それぞれの患者家族の発症に関わる原因遺伝子が存在することになり，それらの病因の解析は社会的な要請となるであろう。食習慣の欧米化が今日の AD 患者数の増加をもたらしていると指摘する研究者もいる。危険因子に注目すると，孤発性 AD も，まさに加齢と共に罹患率が高まる生活習慣病といえよう。孤発性 AD の原因遺伝子は現在でも明らかではないが，リスク因子としてはアポリポタンパク質（ApoE）のあるタイプ（ApoE4）やカルシウムチャンネルの役割をもつ CALHMI の遺伝子変異が知られているが，さらに，加齢，遺伝因子，あるいは，生活環境因子（教育，脳障害の経験，高血圧，高血症，糖尿病など）も発症に影響すると考えられている。図 11-6 に AD 発症までの変化を図示した。

11-5　環境要因による変異遺伝子の保持

現在でも，毎年数億人がマラリアに感染し，100〜150 万人ほどが死亡している。マラリア多発地帯という生活環境が，マラリア抵抗性に関わる遺伝子を集団内に維持するようにはたらくことがある。最もよく知られた例に鎌状赤血球貧血症がある（図 11-7）。これは，ヘモグロビンの構成タンパク質の一つである β グロビンの変異遺伝子（変異型 β グロビン遺伝子）を親から受け継ぐと，赤血球内でヘモグロビンが凝集してしまう病気である。その結果，鎌状に変形した赤血球は，酸素運搬能が低下するばかりか，溶血を起こしたり毛細血管をつまらせたりする。しかし，マラリア原虫はこの赤血球内では生育できなくなる。そのため，この鎌状赤血球貧血症の原因遺伝子を一つもつヘテロ接合体の人々は激しい運動はできないものの，マラリアの脅威にはおびえる必要がない。この原因遺伝子

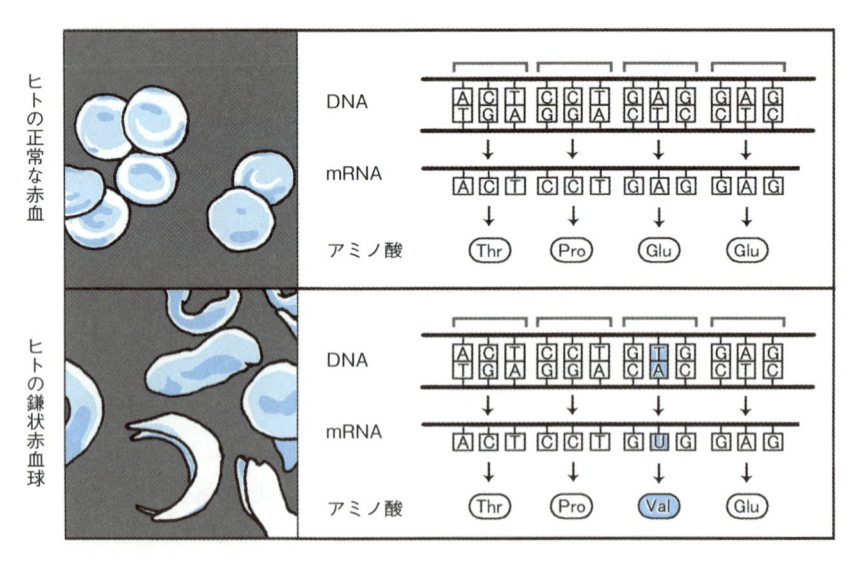

図 11-7　β グロビン遺伝子の突然変異

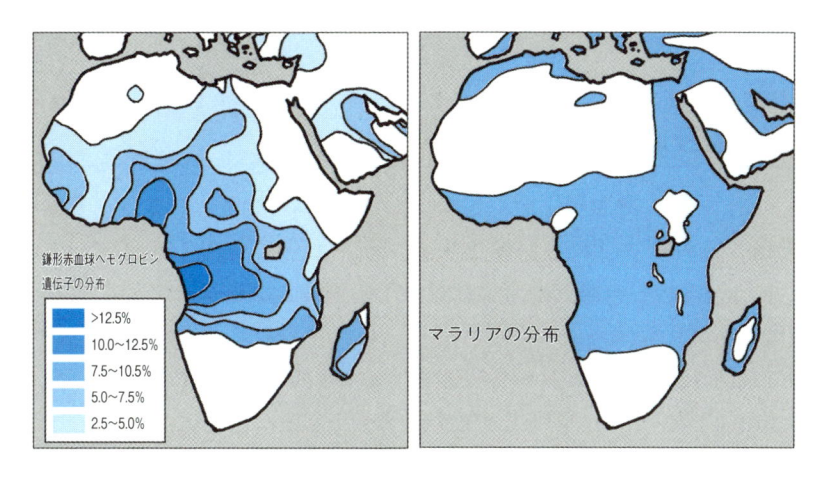

図 11-8　鎌状赤血球貧血症患者の分析とマラリア分布地域の比較

をホモに持つ場合には，重篤な貧血症によって長く生きることができなかった。また，正常な遺伝子をホモにもつ場合には，しばしばマラリア感染で命を落としていたのであろう。北米に移住したアフリカ系アメリカ人の集団ではこの遺伝子頻度が次第に低下していったことから，変異型βグロビン遺伝子を集団内に維持するのは，マラリア多発地帯という環境要因が選択的圧力として作用したためと考えられる（図 11-8）。

同様な例は，常染色体劣性遺伝病である**囊胞性線維症**（Cystic Fibrosis ; CF）に見ることができる。デンマークを中心とした北ヨーロッパは，かつては細菌性の重篤な下痢の多発地帯であり，幼弱な子供は死に至ることもあった。しかし，塩素（Cl）イオンチャンネルの変異遺伝子（CF 原因遺伝子）をヘテロに持っていた個体では，消化管内へ分泌される液が濃厚になり，細菌性下痢に抵抗性をもっていたと考えられる。ただし，変異遺伝子をホモにもつと，気管がつまりやすくなって呼吸困難になったり，胆汁や膵液の流れが悪くなって消化が十分でなくなる。そのため，幼少期に死亡することが多かったようである。また，CF の原因遺伝子を全く持たないと，その地域特有の感染症で死亡することも多かったらしい。この地を生活の基盤としていたアシュケナ人に CF 原因遺伝子の保因者が多いのは，この変異遺伝子が生活環境により適応していたためといえよう。

このように，個体の生存を脅かす変異遺伝子であっても，地域特有の環境要因などが選択的圧力となって，集団内に維持される傾向がある。しかしながら，変異遺伝子が人々の生存にほとんど影響しない場合でも，その変異遺伝子は集団から除外されることなく維持されることもある（中立説）。生活習慣病の発症に関わる遺伝子群はまさにそのような遺伝子といえるかもしれない。平均寿命が短かった時代では人々の生活も過酷で長生きできなかったから，これらの変異遺伝子が影響をもたらす前に人々はさまざまな原因で亡くなっていたのであろう。現代の豊かな長寿社会では，ライフスタイルのような環境要因だけでなく，これら変異遺伝子が遺伝要因として影響し始めたのかもしれない。生活習慣病は皮肉な現われ方をしているが，これは，ある意味現代人の生活スタイルに対する警鐘と

いえよう。

11-6　多因子遺伝病の解析

　高血圧症，高脂血症，動脈硬化症，さらには，糖尿病の発症には食習慣を中心とした生活習慣が関わっており，だれもが罹患する可能性があるコモンデイジーズ（common disease）である。これらの病気は，複数遺伝子の不具合が重なって起こる**多因子遺伝病**としての側面もあわせもつ。

　多段階説で説明される大腸ガンや高齢者で発症する孤発性アルツハイマー病も現代の高齢社会で増加傾向にあるため，同様な可能性が考えられる。つまり，ヒトが生まれてから数十年生きている中で，いくつかの遺伝子に突然変異や何らかの不具合が生じて細胞内で蓄積し，やがては病気の発症につながる。このような不具合のある遺伝子を生まれながら多くもっていると，発症にいたるまでの期間が短くなる。発症に関わるいくつかの遺伝子が正常な場合でも，数十年の生活で遺伝子変異や不具合ができる可能性はある。ただこのような人は，ガンや孤発性アルツハイマー病などに罹患しにくい遺伝要因をもっているといえよう。

　多因子遺伝病の原因遺伝子を特定する試みは，これらの病気の予防や治療の視点から極めて重要な意味をもっている。以前は，関連解析など集団遺伝学的手法を取り入れた統計学的な解析が盛んになされていた。最近では，ゲノム的アプローチが取り入れられた新たな試みが進んでいる。たとえば，糖尿病の罹患者や非罹患者の兄弟姉妹の全ゲノム解析を行い，大きく異なっている染色体上の遺伝子領域を糖尿病の位置情報として決定していく。あるいは，ゲノムプロジェクトで見つかった DNA 多型（個人差が多い DNA 塩基配列）をつぶさに調べ，罹患者のみがもつ多型マーカーを選び出す計画も進んでいる。また，糖尿病などの病態モデル動物を解析する際，遺伝子発現と機能情報の両者を考慮にいれて，糖尿病の原因遺伝子群を絞り込む戦略もある。いずれにせよ，これらのアプローチから，病気と関連遺伝子の染色体上の位置情報を解析したり，患者に特異的な多型マーカーの近傍を探れば，きっと多因子遺伝病の原因遺伝子群を明らかにできるであろう。

参考文献

1) T.A. Brown,「ゲノム 3」, Garland Science 社（2007）
2) 鈴木範男,「分子細胞生物学の基礎」, 三共出版（2004）
3) 鈴木範男, 田中勲, 矢沢洋一編,「分子生物学への招待」, 三共出版（2004）
4) 下濱　俊,「アルツハイマー病の治療：現状と解決すべき諸問題」, 日本薬理学雑誌, 131, 347-350（2008）
5) 門脇　孝,「アデイポネクチンとメタボリックシンドロームの分子メカニズム」, http://www.shiyaku-daiichi.jp/special/lec/adipo.htm
6) 「Jabion－日本語バイオポータルサイト－finished_genome_list」 http://www.bioportal/jp/data_room/finished_genome.html
7) 「A Polymorphism in CALHM1 Influences Ca^{2+} Homeostasis, $A\beta$ Levels, and Alzheimer's Disease Risk」Dreses-werringloer *et al.*, Cell, 133, 1149-1161（2008）

第 12 章　生命科学の最近の話題

12-1　多能性幹細胞（ES 細胞と iPS 細胞）

幹細胞とは，自己複製能力と分化した細胞を作る能力を併せもった細胞であり，大きく組織幹細胞と多能性幹細胞に分けることができる。組織幹細胞は，多細胞生物の体の恒常性を維持するために，消耗した組織部位に置き換わる，新たな細胞を供給する源となっている。血液，皮膚，小腸上皮などの細胞は，いったん分化し成熟すると，それぞれ一定期間，その役割を果たして死滅していく。それを補給するために，組織幹細胞は，未分化な自己を複製すると同時に，分化・成熟した細胞を作り出して定常状態を保っている。これに対して，多能性幹細胞とは発生の初期に存在する幹細胞であり個体を構成するすべての組織細胞に分化することができる多能性を有する。胚性幹細胞（以下 ES 細胞）は，この代表として，よく知られている。本章では，まず ES 細胞について概説する。また，近年，京都大学の山中伸弥教授らのグループは，最終分化した成体の体細胞から ES 細胞様の多能性幹細胞である iPS 細胞を樹立することに成功し，大きな話題となっている。この細胞についても触れることにする。

12-1-1　ES 細胞（embryonic stem cell＝胚性幹細胞）

ES 細胞は，1981 年にイギリスのエバンスらによりマウスの内部細胞塊（inner cell mass＝ICM）から初めて樹立された。以来，アカゲザルやマーモセット，さらにはヒトといった霊長類においても樹立されているが，ここではマウスの細胞を例として述べることにする（図 12-1）。

動物は，卵と精子が融合した受精卵が分裂を繰り返すことにより発生する。受精卵並びに発生初期の細胞は，構成するすべての組織細胞に分化する多能性を有するが，発生が進むにつれて，その分化能は制限されてくる。マウスの受精後 3.5 日の胚盤胞中の ICM は，後の胎仔の体を作るすべての細胞の起源となっている（栄養外胚葉は，胎盤の構成細胞となる）。ES 細胞は，この ICM から分離した細胞由来であり，元の細胞と同様にすべての胎仔細胞を作る能力を有している。マウス ES 細胞は胚盤胞に注入した時に，内部細胞塊の細胞とあいまってその後の全身の発生に寄与し，キメラマウス（ギリシャ神話のライオンの頭に，羊の胴体，蛇の尻尾を持った怪物・キメラから取った。二組以上の親に由来する遺伝子が体の各部に混在している個体。）を作ることができる。キメラマウスができたかどうかを判定する基準に使われるのは，産まれたマウスの毛色である。白い毛のマウス

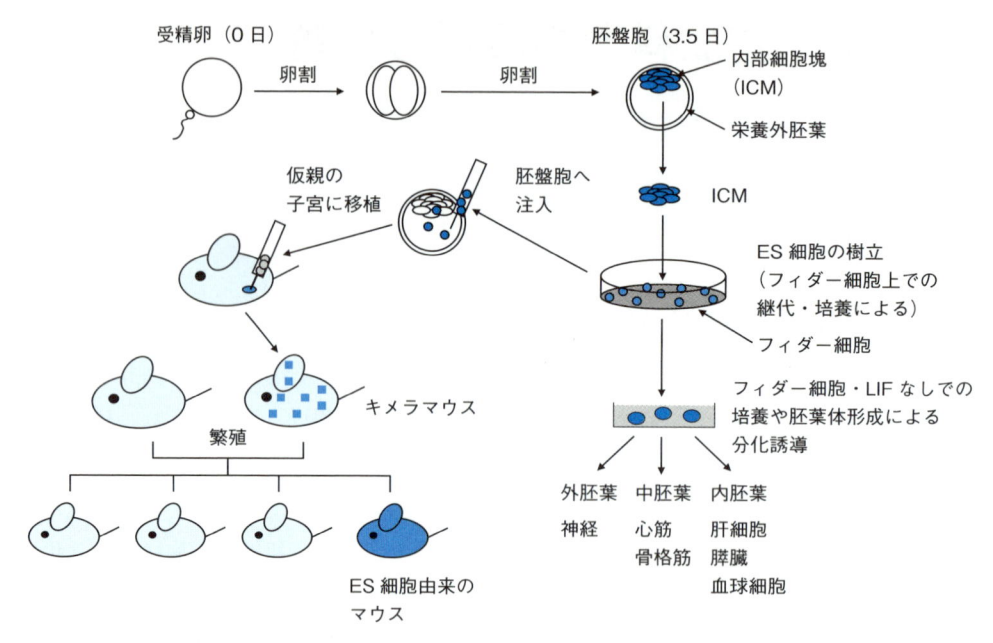

図12-1 マウスES細胞の樹立と分化，キメラマウスの作製

の受精卵に，黒い毛のマウスに由来するES細胞を注入して産まれたマウスがキメラになっていれば，その毛色は，白と黒のぶち柄になる（黒い毛のマウスの受精卵に，白い毛のマウス由来のES細胞を注入してもよい）。毛色と同様に，キメラマウスの全身の組織の細胞は，ある部分は白い毛の受精卵に由来し，ある部分は黒い毛のES細胞に由来するという状態なのである。そして，キメラマウスを交配して産まれてきた子供の中には，完全にES細胞由来の黒い毛のマウスが存在するようになる。この原理と遺伝子改変をしたES細胞を用いて，トランスジェニックマウスやノックアウトマウスの作製技術が確立された。この方法は，多くの遺伝子の生体における機能の解明に貢献している。この技術を確立したカッペキとスミシーズには，ES細胞を樹立したエバンスと共に，2007年度のノーベル生理学医学賞が授与されている。

　また，ES細胞を試験管内で分化させることは，細胞分化や器官形成の分野の進歩に大きな貢献をしてきた。ES細胞の幹細胞としての未分化状態は，フィーダー細胞と培養液に添加する白血病阻害因子（LIF）によって長期間維持される。しかしながら，LIFを加えずに高密度になるまで培養したり（1日に3回分裂する），培養シャーレに接着しないように浮遊培養で細胞塊を形成させるなどすると，さまざまな細胞種へと簡単に分化してしまう。前者の例としては，心筋への分化などはその典型であり，継代を怠って放っておくとシャーレの中に拍動する細胞の出現が見られるものである。後者の浮遊培養で形成される細胞塊は，胚葉体（embryoid body）とよばれ，ES細胞を試験管内で分化させる際にもっともよく使われる方法である。ES細胞を，培養皿のふたなどを使って接着しない状

況で浮遊培養を行うと凝集して，近位内胚葉が胚体外胚葉を取り囲んだ二重の細胞層からなる球状構造の胚葉体が形成される。この胚葉体を，そのままの状態で培養したり，培養皿に接着させて培養すると，さまざまな組織の細胞へと分化する。培養の過程で，成長因子や薬剤を加えることによって，特定の組織の細胞へと分化誘導させることが可能である。この分化系が，造血組織や筋肉組織などの分化機構の解明に大きな役割を果たした。また，この試験管内での分化系は，1998年にトムソンらがヒトのES細胞を樹立したことにより，ES細胞から疾患のある細胞や組織を試験管内で作って移植する再生医療への期待が大きく寄せられることになった。

　たとえば，ES細胞から，パーキンソン病治療に必要なドーパミンを産生する神経細胞，糖尿病治療に必要なインシュリン産生細胞（膵β細胞），あるいは，心筋梗塞で移植に用いる心筋細胞など，特定の組織細胞に分化させることができれば再生医療に多大な貢献をすることが期待できるからである。それゆえ，これまでの発生学の分野とともに医学的な見地から，今後もES細胞は大きく注目されていくと考えられる。

　しかしながら，ES細胞を治療に用いる場合，二つの問題がある。一つは，「実際に分化させて移植医療に用いる時，ES細胞は移植先の個体細胞とは組織適合抗原が違うので，拒否反応が起こる可能性が高い」ことが考えられる。これらの問題を解決するために考え出されたのが，「受精卵の卵に移植先の体細胞の核を入れて発生（クローン化）させ，胚盤胞期のICMを移植に利用する」というクローン技術である。このES細胞は核移植胚性幹細胞（ntES細胞）あるいは，クローンES細胞と呼ばれ，移植による拒絶反応の問題もなくなり，再生医療にとって期待される技術である。

　二つ目の問題は，ES細胞とクローンES細胞の両方に共通する生命倫理上の問題である。ES細胞の樹立には，将来，ヒトとなるはずの初期胚を「破壊」せねばならない。すなわち「殺してしまう」という生命倫理上の最大の問題が立ちはだかる。先に述べたように世界各国で，ヒトES細胞の樹立と使用にはさまざまな制限がある。特に我が国においては，その規制は厳しく，京都大学・再生医科学研究所の中辻憲夫教授（現 京都大学物質-細胞総合拠点拠点長・教授）がわずか5種類（2008年12月時点）の細胞株を作製したのみである。その細胞も，以前に比べれば許容されるようになったものの，現在の我が国の法律のもとでは，自由に実験研究に用いることはまだまだ困難である。この点について，2010年に京都大学の人文科学研究所の加藤和人准教授（現 大阪大学医学系研究科・教授）らは，政府や研究者社会の姿勢が多能性細胞の研究を阻害しているという論評を，アメリカの科学誌に発表している。

12-1-2　人工万能幹細胞（iPS細胞）

　先に述べたようなES細胞を巡る状況下で，2006年に中辻教授と同じ京都大学・再生医科学研究所の山中伸弥教授らは，マウスの線維芽細胞に，Oct3/4, Sox2, Klf4, c-Mycという4種類の転写因子（山中の四因子＝Yamanaka factorsとよばれる）を導入するこ

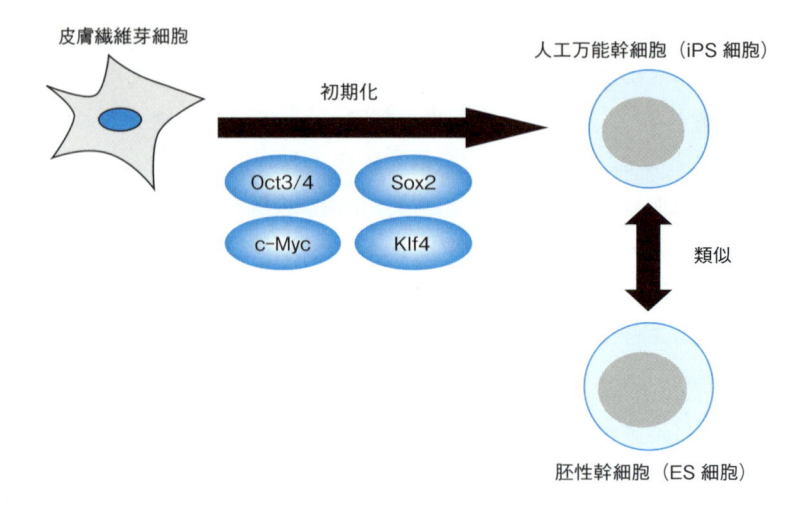

図12-2 山中教授らによって作製されたiPS細胞

とによりES細胞様の多能性幹細胞を作り出すことに成功し，iPS細胞（induced pluripotent stem cells＝人工万能幹細胞）と名づけた（図12-2）。最初に報告されたiPS細胞は，無限増殖能を有し，三胚葉に分化するなど，*in vitro* ではES細胞と同じ性質を示したが，キメラマウスを作製した場合に，発生が途中で停止した。しかしながら，2007年，山中教授（現 京都大学iPS細胞研究所所長・教授）らとアメリカのイエニッシュらが同時に発表した第二世代のiPS細胞は，この点もクリアーしており，ES細胞とほぼ等価であると考えられる。山中教授らの結果は，初期胚（胚盤胞）を潰すことなく分化した大人の体細胞からも多能性幹細胞が作製できることを示し，再生医療の道を大きく切り拓いたと同時に，わずか4種類の遺伝子により成熟分化した細胞が初期化され幹細胞へ戻ったことを示したものであり，世界中の研究者を驚嘆させた。2007年の11月には，ヒトにおいてもiPS細胞ができることが山中教授とトムソンの研究室から同時に報告され，これによりこの細胞を使った再生医療への期待が大きく高まった。これらの業績により，山中教授には，2012年度ノーベル生理学医学賞が授与された。iPS細胞には以下のような利点がある。

① 樹立には，成熟分化した細胞を使うので，ES細胞のような生命倫理の問題が起こらない
② 比較的簡単な分子生物学的な遺伝子導入技術で未分化な細胞を作ることができる。また，その成功率は医療応用に十分に対応できる高さである。
③ 再生医療に応用する際に，患者本人の細胞を用いて作り出せるので，拒絶反応の心配がない。

しかしながら，現在のところ以下にあげるように，iPS細胞にも問題が存在する。

① iPS細胞の遺伝子発現パターンは，ES細胞と定性的に80％ほどが同じであるが，残り20％の遺伝子発現が異なっている。そのため，ES細胞とは完全に一致していない性質があると考えられる。たとえば，ES細胞と同様に無限増殖するが，ES細

胞とは異なり長期間の培養により染色体に異常が起きる。
② iPS 細胞由来のマウスは，ガンになる確率が非常に高い。現在の iPS 細胞から作製した臓器等を移植した場合にも，ガン化する危険性は非常に高いものと考えられる。

　現在，ES 細胞や iPS 細胞を用いた再生医療は臨床試験が始められているものの，一般応用はまだ先になると考えられる。しかし，遺伝子操作技術や器官形成技術が発展すれば，ES 細胞や iPS 細胞を利用した再生医療を積極的に進める時代がいつかきっとやってくるであろう。これらの万能細胞から作製した新たな肝臓や腎臓，脳組織を移植することができれば，医療の幅が非常に広くなり，多くの患者の福音となることは間違いない。その後の iPS 細胞を巡る目覚しい研究成果は，それを予感させてくれるものである。当初の iPS 細胞はレトロウイルスベクターを用いて作製するため，倫理面の問題は少ないものの安全面に対する問題は ES 細胞以上に大きいという問題があった。しかし，2008 年，アメリカのグループがより安全なアデノウイルスを，山中教授らがプラスミド DNA を用いることで，この問題を解決することができた。さらには，2009 年になり，アメリカの米スクリプス研究所のディンや独マックスプランク分子医薬研究所のシェラーらのチームが，山中の四因子のタンパク質を導入するだけで，iPS 細胞ができるという驚くべき結果を発表している。また，急加速した研究で，神経幹細胞や化合物を使うことにより必要な転写因子を四つから一〜二つに減らしたり，その作製の効率も著しく上昇するなど，わずかな期間で大きな進歩があった。したがって，上記にあげた問題が解決する日が，遠からずやってくることが期待される。

参考文献

1) 中辻憲夫，中内啓光，梅澤明弘監修，「再生医療の最前線 2010」，実験医学増刊号
2) Takahashi K. Yamanaka S., Induction of pluripotent stem cells from mouse embryonic and adult fibroblast cultures, by defined factors..Cell.（2006）126（4）: 663-76.

12-2　魚の性決定

12-2-1　魚の雄雌を産み分ける

　魚では雄と雌とで経済的価値が大きく異なる種類がいる。たとえばサケ，マスのように卵巣を食用にする種類では雌の価値が高い。ティラピアのように雄が成長の良い場合，全雄で飼育することが養殖上望まれる。このような場合には雌雄の産み分けが有効となる。魚の場合，容易に雌雄を産み分けることが可能である。現在，雌雄異体魚で雄雌を産み分けるいくつかの方法が開発されている。

　① 魚では発生途上の生殖腺が卵巣または精巣に分化する時期（性分化期）に水温を変化させることにより遺伝的性とは反対の性へ誘導すること可能である。ヒラメが典型的な例で，遺伝的雌は通常 20℃くらいで飼育していると雌になるが，27℃くらいで飼育する

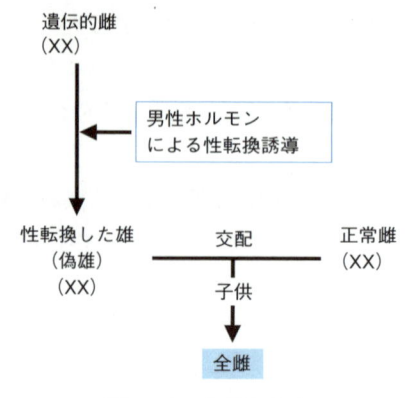

```
        遺伝的雌
         (XX)
           │
           │←── 男性ホルモン
           │    による性転換誘導
           ↓
      性転換した雄 ──交配── 正常雌
        (偽雄)              (XX)
        (XX)     │
               子供
                 ↓
                全雌
```

図 12-3　全雌の生産

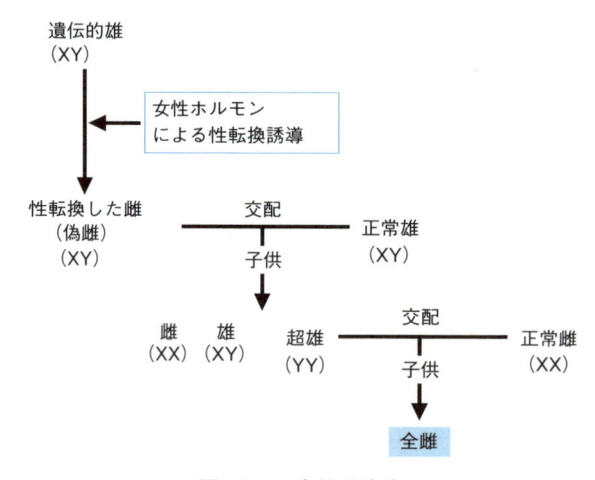

```
        遺伝的雄
         (XY)
           │
           │←── 女性ホルモン
           │    による性転換誘導
           ↓
      性転換した雌 ──交配── 正常雄
        (偽雌)              (XY)
        (XY)     │
               子供
                 ↓
         雌    雄    超雄 ──交配── 正常雌
        (XX) (XY)  (YY)           (XX)
                         │
                       子供
                         ↓
                        全雄
```

図 12-4　全雄の生産

とほとんどの個体が精巣を持つ雄となる。温度による**性転換**の例は，キンギョ，サケ・マスなどでも知られている。化学物質を使わないで性転換を誘導できることから性統御の有望な方法として期待されている。

② 性分化期に極少量の女性ホルモンを餌に混ぜて与えると，遺伝的な雄が卵巣を持つ雌へ，男性ホルモンでは遺伝的雌が精巣を持つ雄へと性転換する。このような例は，メダカで初めて明らかにされて以来サケ科魚類，キンギョ，ティラピアなど多くの魚類で有効であることが証明された。また，女性ホルモンの合成を阻害して体の中で女性ホルモンを低下させる**アロマターゼ阻害剤**（AI）も遺伝的雌を雄に性転換させる。このことから，魚では，女性ホルモンが卵巣分化誘導物質として働いていること，すなわち女性ホルモンがないと精巣へ分化すると考えられている。

性ホルモンなどで性転換させても性染色体構成は変わらない。性決定型が XY 型の場合，遺伝的雌（XX）を男性ホルモンで性転換させると精巣をもつ雄（XX）（偽雄とよばれる）となる。偽雄は機能的できちんと精子を作る。偽雄の精子は X 染色体を持つ精子

図12-5　ハマクマノミ

だけなので正常雌との交配より産まれる子供はすべて雌となる（図12-3）。全雄の子供を作ることも可能である。はじめに，女性ホルモンにより遺伝的雄を性転換させてXY雌を作り正常の雄（XY）との交配を行う。子供の中にYY雄（超雄とよばれる）個体が出てくる。超雄は魚の場合生存可能でキンギョ，ティラピア，サケなどで知られている。超雄は，Yの精子だけなので産まれてくる子供はすべて雄となる（図12-4）。

12-2-2　魚の性転換

　魚類の多くの種では，ヒトと同じように産まれた時の性が一生換わることがない雌雄異体であるが，雌雄同体もたくさん知られている。カリブ海諸島の沿岸汽水域に生息するメダカほどの大きさのマングローブキリィフィッシュは，一個体の生殖腺に成熟した卵巣組織と精巣組織を同時に持つ雌雄同体魚で，一尾でも自家受精して子供を産んでくれる大変便利な魚である。雌雄同体魚には，これ以外に，成熟雌から性転換して成熟雄となる種，または雄から雌に性転換する種，さらに，雄，雌どちらに何度でも性転換する種などが知られている。この事実は，魚類の性は他の両生類以上の高等な脊椎動物とは異なり多様であり，著しい可塑性があることを示している。性転換する魚のほとんどは熱帯，亜熱帯を中心としたサンゴ礁域に生息し，おおよそ300〜400種くらいの数が知られている。魚の種類は約2万種いるので性転換する種は約2％になる。

（1）雄から雌へ

　ディズニー映画のニモですっかりおなじみになったカクレクマノミは性転換する種である。クマノミ類はイソギンチャクと共生生活する。体の大きいのが雌で，小さい雄の一夫

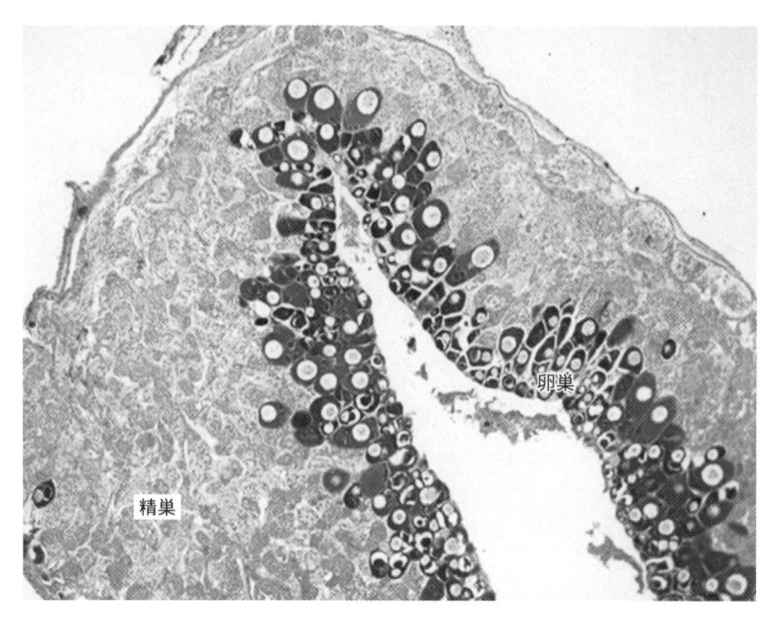

図12-6　クマノミの雄の生殖腺

一婦とそれ以外の数尾の未成魚とともに社会を形成している。この社会から何かの原因で雌がいなくなると，雄が雌へと性転換する。未成魚の中の一番大きい個体が雄として成熟する。つまり社会的要因がきっかけとなり性転換を引き起こす。映画ではニモは父親と無事出会いハッピーエンドで終わっているが，父と子の出会いによってお父さんはお母さんへと性転換し，ニモはお父さんとして成熟する悲しい生物学的運命にある。クマノミの仲間（図12-5）の成熟雄の生殖腺には，成熟した精巣組織の内側に未熟な卵を持つ卵巣組織が見られる（図12-6）。性転換は，精巣組織が退化，消滅し，未熟であった卵巣組織が成熟することにより雌となり完了する。未成魚の生殖腺は，卵巣組織と精巣組織からなる両性生殖腺で精巣組織の精子形成が活発となり雄として成熟する。

(2)　雌から雄へ

クマノミとは逆に雌から雄へ性転換する種としてハワイのベラがよく知られている。この魚の性転換のきっかけはやはり社会的な要因である。たとえば大きな雌と小さい雌を同じ水槽に入れて飼育すると大きな雌が雄へと性転換する。大中小の3尾の雌では一番大きな雌が雄になる。その個体を取り除くと中の大きさの雌が性転換する。雌の中に大きな雄を入れると性転換が抑制される。このように個体間の作用が性転換には重要である。視覚により社会状態を確認し，脳，生殖腺へと伝達されて性転換を引き起こすものと考えられている。この魚の生殖腺を顕微鏡観察すると雌の生殖腺には成熟した卵の他に未熟な卵，未発達な生殖細胞が見られるが，精巣はまったく見られない。普通の雌雄異体魚の卵巣構造である。性転換の開始は成熟した卵，未熟な卵が死に他の体細胞に食べられ消えていく。卵がなくなってくると今度は精子を作るための精原細胞が現れてくる。その後，卵は

完全になくなり活発に精子形成する完全な精巣へと換わる。完全な卵巣が完全な精巣へと変わる手品のようなことが起こる。この性転換には性ホルモンが関与している。開始に伴い女性ホルモンのエストラジオール（E_2）が急激に低下する。男性ホルモンの11-ケトテストステロンは性転換開始後しばらく低い値であるが，精巣組織が分化する時期に上昇し，雄で最も高い値となる。このことから，性転換の開始には男性ホルモンの上昇よりも女性ホルモンの急激な低下が重要である。そこで，女性ホルモンの合成に必須なアロマターゼ酵素を阻害し女性ホルモンを低下させるAIを雌に投与して影響を調べた。その結果，すべての個体は，成熟した精巣を持つ雄へと性転換した。雌にAIとE_2を同時に投与した雌は性転換しなかった。このことから性転換には女性ホルモンが関わって制御しているものと考えられている。

12-2-3　我が国の魚介類の養殖

我が国は四方を海に囲まれており，縄文時代の貝塚遺跡が多数存在していることからわかるように，古来から魚介類の消費量は極めて多く，食卓を賑わしてきた。小さな島国を除外すれば，我が国の1人当たり摂取量は現在も世界一といわれている。1980年代頃までは，魚類などを日本のように多く食べる習慣の国家は少なく，世界中の漁場海域で我が国の漁船が自由に漁を行ってきたし，我が国の沿岸漁場も豊富な魚介類に恵まれていた。

我が国の魚介類の生産量と国内自給率の年次推移を図12-7に示した。1980年代半ばまで，自給率はずっと100%近くを維持しており生産量は年々増加してきた。1984年には，

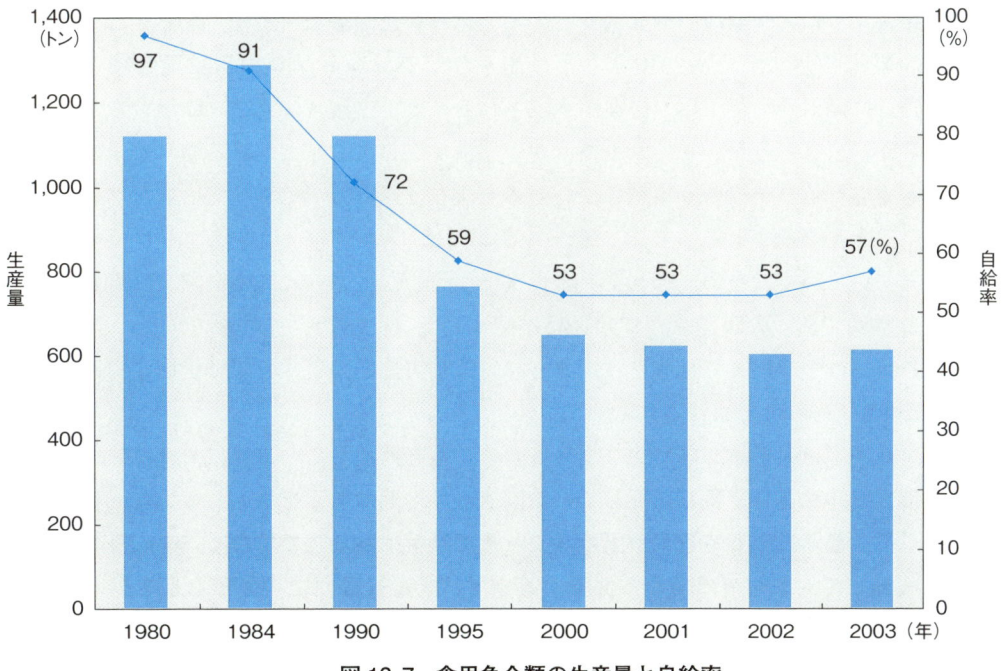

図12-7　食用魚介類の生産量と自給率

1,280万トンと最高の生産で91%の自給率を示したが以後は，生産量も国内自給率も低下していき，2003年には生産量604万トン，自給率57%となってしまった。この604万トンのうち21%に当たる125万トンが養殖事業等により生産されたものであった。

しかし，200海里規制がひかれたり，魚資源に注目し始めた多くの国々が魚を獲り始めた。さらにDHA（ドコサヘキサエン酸，記憶に役立つ）やEPA（エイコサペンタエン酸，血液中の過剰な脂質量を低下させる）といった魚類にしか含まれていない必須脂肪酸の機能が日本の鈴木平光等によって1980年代初めに明らかにされた。また，ヘルシーな食材としても注目されるようになり，世界中の魚介類消費量の急激な増加は，乱獲等による資源の減少を招き，国際的な魚介量の制限枠も設けられるようになった。地中海・東大西洋のクロマグロの漁獲量枠にいたっては2007年と較べて2008年は半分に削減される事態となった（大西洋マグロ類保存国際委員会（ICCAT）の2008年度委員会の決定であった）。

現在我が国で食用とされるマグロは，キハダマグロ，バチマグロ，クロマグロなど数種類存在するがクロマグロは美味で最高級とされている。その主要生息海域は，太平洋や大西洋などがあげられる。地中海では，天然の未成魚を捕獲してイケスで成魚に育てて出荷する「畜養法」が主として用いられており。卵と精子の人工受精から始める「完全養殖法」とは異なる方法である。我が国も含めた他地域でも養殖法で育てる場合は同じ方法を用いている。

この大西洋・地中海域のクロマグロの未成魚が乱獲により急激に減少しており，クロマグロ絶滅の恐れがあるとして先に述べた2008年ICCAT委員会の決定では不十分であり，『絶滅のおそれのある「野生動植物の国際取引に関する条約（CITES）」により，大西洋・地中海マグロの国際取引や公海からの持ち込みを全面禁止（禁輸）する』という提案がEU加盟国モナコにより2010年3月に開かれたワシントン条約締結国会議（加盟国175カ国）に提出された。この提案が承認されると太平洋海域のマグロの消費量が圧倒的に多い我が国ではあるが，この禁止措置が太平洋マグロにも拡大される恐れが早晩やってくると想定される。そういう事態に立ち至ると現在は回転寿司で食べているマグロが消えてしまうことが憂慮される。この会議上で我が国は，「大西洋・地中海マグロは絶滅の危機に瀕している種ではない」としてこの提案に反対した。さらにこの会議よりもむしろ専門の国際機関である大西洋マグロ類保存国際委員会（ICCAT）で主張をした。投票の結果モナコ提案は20対68で否決され，さらに『禁輸実施を来年5月まで延期する』というEU修正案も43対72で否決された。

現在，我が国は太平洋クロマグロ全漁獲量の7割を捕獲している上に，メキシコや韓国といった太平洋マグロを多く捕獲している国々からもその多くを輸入している。世界一のクロマグロ大量消費国である我が国は，これまで無策でいた訳ではなく，未成魚の捕獲を抑制・削減して大きく育ててから漁獲するなどによる資源回復の方策などを揚げて昨年（2009年）のICCAT年次会合で積極的リーダーシップを発揮する等の努力が，各国の理解を得られることになったと考えられる。今後我が国としては

1. 太平洋クロマグロ資源管理のための実態調査や完全養殖法の確立
2. 太平洋クロマグロや大西洋クロマグロ関係諸国や ICCAT, WCPFC, 全米マグロ委員会（IPTTC）およびこれらの関係委員会に未加盟のメキシコ等によるクロマグロ保存管理措置への協調呼びかけ
3. 国内消費者への情報提供と広い理解の獲得等などの方策を実施していくこと

などを水産庁が発表している。

このように我が国も、「獲る漁業」から「獲り育てる漁業」へのシフトをまず第一に考えねばならなくなった。クロマグロは 2000 年に近畿大学のグループが人工受精から始まる「完全養殖」に成功しているが、まだ成功率は低く、一刻も早い企業化への取り組みが求められているし、期待もされる。

養殖に関する最も古い記述は、紀元前世紀頃の中国の鯉（コイ）の養殖であるといわれているが、同じ頃にヨーロッパではカキ養殖が行われていたようである。日本では 17 世紀の初め頃に広島でカキの養殖が考案されて行われていたようである。また 18 世紀後半に、鯉の突然変異で生まれたニシキゴイの養殖は、我が国で始められ世界に広がったものである。あとで述べるコンブとワカメの養殖も日本人によって開発され成功を遂げた世界に誇る養殖法である。

現在我が国で養殖されている主な魚介類を示した（表 12-1）。まず、海藻類ではノリとワカメがほぼ完全に養殖物で占められており、コンブは 61％が天然物で 39％が養殖物である。ワカメとコンブは、我が国の大槻四郎が中国の大連で養殖に成功して戦後日本にもたらしたものである。特にコンブはそれまでほとんど北海道にしか生育していなかった。自然物の生育に 2 年かかるものを 1965～1970 年に改良された養殖促進法によって 1 年間で生育させることができるようになった。マコンブは大きいもので 3 m、ナガコンブは 12 m にも成長する。

貝類では、カキが 100％養殖生産なのに対してホタテが 57％天然物となっている。これは、ホタテの稚貝の貝殻に穴をあけて針金を通してつるしたり、カゴに入れて成長させ

表 12-1 我が国で養殖されている主な魚類

	生産量（t）	天然物（％）	養殖物（％）
ブリ（カンパチ）類	21 万 7,000	28	72
マダイ	9 万 7,000	15	85
マアジ	21 万 9,000	98	2
ヒラメ	1 万 3,000	54	46
トラフグ	1 万 1,000	55	45
クルマエビ	3,000	38	67
ホタテガイ	60 万 1,000	57	43
カキ	22 万 2,000	0	～100
ノリ	34 万 6,000	0	～100
コンブ	13 万 2,000	61	38
ワカメ	6 万 2,000	5	95

る「垂下式」は養殖物として扱われるが，オホーツク海沿岸（北海道の猿仏，常呂，別海，根室等）で行われているホタテ稚貝の海底への地まき方式は農水省での統計上「天然物」に分類しているからである。

　魚類の養殖による生産量のうち，ブリ類（ブリとカンパチを含む）とマダイだけで全体の87％を占めている。ブリ類は天然稚魚を育てているが，そのほとんどを中国や日本の近海採取に頼っている。すべてを国産稚魚で賄ったり，マダイのように人工孵化から始める「完全養殖」にする努力が必要とされる。マダイの人工孵化は，1964年頃から盛んとなり，愛媛県や三重県が中心となっている。その他ヒラメ，フグ，クルマエビ等の養殖が盛んであり，さらに銀サケ（9千トン），シマアジ（3千トン），表にはないが，イシダイ，カワハギ，クエなども養殖されている。いわゆる大衆魚（イワシ，サバ，サンマ，マアジ）は，今の所ほぼ天然物で自給できる上に単価も安く，養殖はほとんど行われていない。すし屋や鮮魚店の水槽で泳いでいるマアジは養殖物である（4千トン）。

　一方，イシダイは成長速度が遅い。クエやタマカイは成長に伴い雌から雄へと転換することや共食いの習慣があり，人工種苗が難しいなどで，今の所これらの生産量が少ない。養殖魚の多くが温帯系なのに対して，クエやタマカイは数少ない南方系の魚であり，しかも大型で美味なので，注目を浴びている。図12-4で述べたように，タマカイ等は生まれた時は雌ばかりであり，生後10年近くでやっと雄になるので，雄の養殖に不利だった。しかし，琉球大学の中村　將等が生後2年目位の雌に女性ホルモン生産阻害剤であるアロマターゼインヒビター（AI）処理により雄への転化を速めるのに成功した。石垣島で養殖試験中であり，今の所順調にすすんでおり，その成果が期待される。

　このように，人工養殖に成功している魚類の種類はそんなに多くはない。それらの魚が高価であり美味で成長が早く，病気に強い等の条件を満たす事が必要であるが，最近成功しているものはズワイガニ程度である。市場に出荷できるようになるまでの生育年数と出荷の1尾当たりの重量を表12-2に示した。いずれも2年程で出荷されている。

　一方，養殖によって生じる環境汚染問題の克服も課題になってくる。過密な養殖による

表12-2　主な魚の育てる期間と出荷サイズ

	期間*1	出荷サイズ
クロマグロ	2年～2年半	30～70 kg
ブリ	1年半～2年	4～7 kg
マダイ	1年半～2年	1～2 kg
タマカイ*2	2年	2 kg前後
シマアジ	2年	1 kg前後
ヒラメ	1年半	1 kg前後
クエ	2年半～3年	1 kg前後
マアジ	1年～1年半	120～150 g
メバル	1年半～2年半	100～120 g
カワハギ	2年～3年	150～200 g

＊1　期間は種苗の大きさや育てる水温によって変化する。
＊2　現在沖縄石垣島で試行中。

大量の食べ残しや多くの糞尿排泄物による水質汚濁や富栄養化などにより漁場の悪化を招いている。赤潮発生や O_2 不足，病原菌発生とその防御のために散布されている人体にとって有害な薬物や抗生物質の大量追投与や病原菌の耐性獲得といった問題もある。ちなみに我が国の 2001 年の抗生物質使用量は 181 トンであった。さらにホタテやカキの出す大量の貝殻も頭の痛い問題である。

　こういった問題を克服するためのいろいろな取り組みが試みられている。たとえば生エサとして使われていたイワシやサバは，生エサと粉末試料を混ぜ合わせて固めた「モイストペレット」や「ドライペレット」を使用するようになり，食べ残しがないようにしている。また，マダイとブリ類の病気は抗生物質でなく，ワクチン投与による予防法が開発された。2003 年からは，一部のトラフグ養殖業者が寄生虫駆除に使っていたホルマリンの使用が禁止された。魚の養殖に用いられた水を水耕栽培に利用する試みも行われており，実用化も近い。魚介類の人工養殖を陸地の農耕栽培と同じ規模にして，21 世紀に予想される大規模な食糧不足（中でもタンパク質不足）を乗り切らねばならない。

第Ⅱ編 環　境

第 13 章　公害と生物学

13-1　足尾銅山の歴史と生態系

　足尾銅山の鉱毒事件は江戸時代から昭和にかけて銅を採掘した際，広大な地域に公害と生態系破壊を起こした事件である。足尾銅山について知ることは過去の日本の科学，政治と文明のありかたを問うことでもある。足尾銅山は栃木県日光の近くにあり，正式名は**備前楯山**である（図 13-1）。戦国時代後期に発見され，江戸時代には幕府直轄地となり，最盛期には年間約 1,500 トンを産出したが，やがて衰え，銅銭や寛永通宝（1 文銭）を生産するようになった。

　当時は人が坑道に入り，たがねとハンマーで鉱石を採掘し，その鉱石を袋に入れ，狭い坑道を這うようにして運び出すというものであった。運び出された後も人が銅含量の多い鉱石を選別し，小さな炉を使い，炭を燃やして銅を溶出させた。機械などあるはずもなくすべてが手作業であり，重労働そのものであった。炭は火力は強いが，炭にする木材とそれを炭窯で焼くための薪など多くの木を必要とした。周囲の山林から木を乱伐したため，当時から木々が少なくなっていった。幕末期には銅の産出も衰退し，廃山のようになって

図 13-1　備前楯山
足尾銅山，正式には備前楯山という。足尾精錬所の一部が見える。右の方は物資の運搬に使われた鉄道の駅になっている。

いた。

　明治になると銅の生産は民営となり，古河鉱業の経営となった。新たな銅の鉱脈が発見され，銅含量の多い鉱石を産出するようになった。以後鉱石の採掘，精錬に機械化がおこなわれ，イギリスのジャーマン・マジソン商会と銅の売買契約を結び，さらに当時最新のベッセマー式製錬が取り入れられた。

　しかし，このころから精錬所から出る煙害，鉱毒により被害が出始めた。足尾の銅鉱石は砒素と硫黄を含み，精錬の過程でそれらが空気中の水蒸気と混ざり，また渡良瀬川に溶出した。砒素は強力な毒性があり，硫黄は亜硫酸ガス，水蒸気中で硫酸となり酸性雨を降らせた。さらに銅と硫酸は硫酸銅という劇薬となって渡良瀬川流域に被害を与えた。これらの他に，亜鉛，鉛，カドミウム等が検出されている。これらが足尾銅山の鉱毒とよばれるものである。

　煙害により足尾周辺の山林では木が枯れて丸坊主となり，その根によって保たれていた水分も失われた。そのため山の表面を覆っている土壌もくずれやすくなった。鉱山周辺の23.4 km^{2}は全くの禿山となり，表土が流出して岩石が露出した。被害総面積は約400 km^{2}に及んだ。台風，大雨等が来るとこれらの山から水と共に土砂が流れ出し，それらは集まって土石流となり，鉱毒を含んだ土砂を渡良瀬川へ押し流した。このようなことが続き，やがて足尾の山は岩肌がむき出しとなり，荒涼たる風景となった。鉱毒を含んだ大量の水は松木村や渡良瀬川下流の生態系を大きく破壊し，動植物，農作物，畜産などに大きな被害を与えた。土壌と森林が失われれば生物の多様性を維持するのは困難である。

　被害に関してはさまざまである。精錬所に沿って流れる渡良瀬川で鮎が大量死した。さらに飼っている馬が煙害のために倒れるなどの被害を出した。山林の猿，鹿，熊など大型動物も姿を消してしまった。渡良瀬川沿いの村では地価売買価格の下落，井戸水の汚害，桑栽培と養蚕の減収，蚕糸の変質，作物および漁業収穫の減失，染め物などの製造用水の被害，財産および収入減少による衣食住の欠乏，堤防竹林の枯渇，さらに川が浅くなり船の往来が減少するなどの多種類に及ぶ被害があった。貧困のため農民は村を離れるようになり，人口と戸数は減り，これらの村は滅びるばかりであった。

　人体への鉱毒の悪影響が想像されるが，その記録はあまり残されていない。土質変悪による筋肉過労などがあげられる。銅そのものは人間の健康に欠かせない生体必須金属であり，シトクロムC酸化酵素やチロシナーゼなど12種類以上のタンパク質に含まれる。経口摂取した場合，銅の吸収と排泄を調節して，体内の銅の均衡を維持する生化学的機序が存在している。この恒常性機構により食物から摂取した銅の半分は吸収され，残りは排泄される。また，銅の投与量が多いほど吸収率は低下する。これらのことから，一般に銅の中毒は見つけにくいと思われる。

　渡良瀬川から水を引いた水田では稲が枯れた。鉱毒は渡良瀬川の下流へ流れ，水勢の激しい山間部を流れ去り，平野部に堆積してさらに大きな被害を及ぼした。渡良瀬川は栃木県，群馬県，埼玉県，茨城県に接するように流れ，これら4県の村落，約1万ヘクタール

に被害をだし，1,650ヘクタールは完全に枯れたという。特に鉱毒の公害は谷中村とその上流の村落に大きかった。

　このような鉱毒に苦しむ人々を助けるため，田中正造のとった行動はあまりにも有名である。被害の多かった地域，現在の佐野市出身の田中正造は衆議院議員に当選すると，鉱毒事件を国会にとりあげ，激しく抗議した。政府も古河鉱業に対し鉱毒除外工事命令を出したが，被害は一向におさまらなかった。やがて大暴風雨により，渡良瀬川流域の田畑はさらに深刻な被害をうけてしまった。ついに被害に耐えかねた農民数千人が政府請願のため東京へ向かったが，途中の川俣で待ちかまえていた警官隊と衝突し，多くの負傷者を出すという大きな事件となってしまった（川俣事件）。当時は，現在のように国政を裁判に訴えることもできず，権力側と被害者側の対立が浮き彫りとなった。

　これに腹を立てた田中正造はついに議員を辞め，死を覚悟して鉱毒事件を天皇へ直訴するという行動に出た。当時天皇への直訴に対する最高刑は死刑であった。1901年，天皇御還幸の時，直訴状を携え馬車をめがけて走り出した。しかし，田中正造はすでに高齢であり，走り出すとよろめいて膝をつき，警官に取り押さえられてしまった。田中正造は直訴当日の夜には自分の命はないとの覚悟で行動に出たが，老人の行為であるという理由ですぐに許された。直訴は失敗に終わったが，自分の命を捨て，公害に苦しむ農民を助けようという田中正造の姿は当時の人々の世論またマスコミに大きな影響を与え，鉱毒事件の早期解決を政府に求めるようになった。

　政府は再度足尾鉱山に対し，厳重な鉱毒予防工事の実施命令を出すなどの対策を取り始めた。しかし，その一方で政府は被害の大きい谷中村を土地収用法に基づき強制収用し，新たな問題を生んだ。これは鉱毒に苦しむ谷中村農民の土地を買収し，そこに大きな鉱毒沈殿池を作る計画であった。谷中村は当時の金額48万円で買収され，藤岡市に合併された。

　現在，谷中村は渡良瀬川遊水池となり，広大なため池が建設されている。週末の渡良瀬川遊水池では，魚釣り，ボードセイリング，家族連れでハイキングなどをする人達などが訪れ，レジャーを楽しめる場所となっている。また足尾銅山はすでに銅を取り尽くし，閉鎖となっている。精錬所も閉鎖されている（図13-2）。

　山林の土壌と森林が失われれば生物の多様性を含めた回復は不可能と思われるが，生態系回復への努力は100年以上も行われている。幸いなことに足尾銅山周辺の山は植林の努力が報われ，少しずつ緑を回復しつつあるが，まだ山の表面で，しかも人間が入れる所のみというべきで，山頂のほうは今も岩肌が露出している状態である（図13-3）。

　足尾精錬所が稼働していた明治時代から昭和初期は，世界の列強と肩を並べるため，国の政策として富国強兵策，領土拡大などの政策がとられていた時代である。銅と絹を輸出し，軍艦や大砲を輸入していた時代であった。しかしそのためにあまりにも広大な地域に深刻な公害を起こしてしまったのである。何かを生産し，輸出し，また外国から何かを輸入するということは現在でも行われていることであるが，そのために負の遺産を残さないようにすることが重要である。また自然環境にも被害を与えず，人の健康にも影響のない

図 13-2　足尾精錬所

銅精錬所（写真中段）には二つの名称がある。
① 足尾精錬株式会社足尾精錬所：足尾銅山の鉱石を製錬して銅を生産していたときの名称と，② 古河機械金属株式会社足尾事務所：鉱石が取れなくなり外国から鉱石を輸入して製錬していた時の名称である。
写真最上部の白い建物は水硫ソーダ処理施設。写真下部に渡良瀬川が流れる。

図 13-3　足尾銅山付近の山

人の入れないような険しい場所はまだ山の岩盤が露出している。低いところは植林が進み樹木が回復している。

産業，工業を行えるような科学技術の進歩が期待される。

13-2　水俣病−生物学的立場から

　水俣病は，熊本県水俣市の小さな漁村に起こった奇病である。原因は日本窒素肥料株式会社（1908，明治41年，野口氏により発足され，現在の窒素水俣工場，以下チッソ）（図13-4）が海にたれ流したメチル水銀である。メチル水銀は食物連鎖の過程で水俣湾の魚に生体濃縮された。水俣湾で捕れた魚を多量に食べた人は中枢神経をおかされ，感覚障害，運動機能障害，視力・聴覚障害を起こした。さらに，激しい不随運動をおこし，死に至った。水俣病は，その後新潟市の阿賀野川河口でも起こったが，ここでは水俣市の水俣病について説明する。

　チッソは硫酸アンモニウム等の肥料を生産していたが，その後，化学反応をつないで様々な物質を合成するようになった。カーバイドからアセチレンを発生させ，それに塩化第二水銀と硫酸第二水銀を触媒として作用させ，それぞれ塩化ビニールとアセトアルデヒドを製造するようになる。アセトアルデヒドからはさらに酢酸，アセトン等，多くの誘導品が合成された。この過程で使用された無機水銀塩は，工場の工程で有機化されメチル水銀となってチッソ工場の百間排出口（図13-5）から水俣湾へ放出された。その後八幡プールからも水俣川を通して放出され，不知火海全体を汚染した。

　排水口の付近は干潟であり，本来なら，ムツゴロウ，トビハゼ，シオマネキ等の動物が生息するはずであるが，現在もそのような生物の姿は見あたらない。以前（1952年頃）漁師たちがここに漁船を係留していたことがあった。船の底には貝類，海藻などさまざまな生物が付着するはずである。しかし，ここに船を繋いでおくと，なぜか船底に生物が付着せず，速度や燃費が良くなるのである。それがメチル水銀のせいであると分かったのはずっと後のことであった。まわりの環境も大きく変わってしまい，干潟特有の生物たちがここで再び生息するのは期待できない。

　環境中では，たとえメチル水銀が低濃度であっても，食物連鎖の過程で植物性プランク

図 13-4　窒素水俣工場の入り口付近

図 13-5 百間排出口，ここからメチル水銀が流された

トンに取り込まれ，それを食べる動物性プランクトン，小型魚類，大型魚類という過程を経るうちに高濃度となる。単純にB（一次消費者）がA（生産者，植物性プランクトン）を食べるという食物連鎖を考えた場合，AはBの約10倍の生物量になるといわれる。Aに含まれる未代謝物質は，そのままBに蓄積され，一段階の食物連鎖だけでも約10倍の生体濃縮となる。複雑な食物連鎖を通して，3〜4次消費者に達するときはもとの濃度の数千倍から数万倍に濃縮されることになる。

さらに，メチル水銀は無機水銀化合物より吸収されやすい。食物とともに摂取された水銀化合物のうち，メチル水銀はヒトの腸管から95％以上が吸収される。メチル水銀は各臓器に蓄積され，特に神経系や毛髪に蓄積されやすい。毛髪は水銀被爆の指標となる。しかし水銀は銅のようにヒトや他の動物の生存に欠かせない生体必須金属という訳ではなく，代謝量は少ない。メチル水銀は吸収されやすく排出されにくいのである。

水俣湾周辺は森林が岸までせり出したよい「魚付き林」になっていて，当時，魚が湧き出すように捕れた（図13-6）。森林があると，木の葉は海に落ち栄養分となる。また森林に蓄えられた水が地下水となって海に湧き出す。雨が降ると森林の腐葉土が栄養分となり，海に流れる。このようなところでは，プランクトンも豊富である。魚の稚魚は落ち葉に身を隠し，豊富なプランクトンを食べて育つ。魚は森林に育まれるのである。

水俣の漁村では，メチル水銀に汚染されているとは知らずに魚介類を食べていた。海岸地区のために田がなく，米がとれなかったので，食事時には魚介類を多量に食べたのである。魚介類の味と形はメチル水銀が含まれていても変わらなかった。しかし狂ったように暴れて死ぬネコが多くなった。多量の魚が浮いたり，マガキ，アサリ，海藻が多量に死ぬ

図 13-6 水俣湾付近の美しい山と海
山が海へせり出している。よい魚付き林となっている。

被害が出始めるなど，水俣湾には変化のきざしがあった（1956〜1959年頃）。

水俣病は当初，原因が不明であり，マンガン，タリウム，セレン中毒ともいわれ，実際にチッソの廃液にはそれらの重金属が検出された。また伝染病とも誤解され，『水俣病患者の家の人は外に出るな。子供は学校にくるな。』など漁村の中での大きな差別が社会問題となっていた。

しかし原因は患者の神経性疾患の症状から，水俣湾の魚介類に含まれる有機水銀が原因と疑われるようになり，漁業協同組合とチッソの交渉が始まった（1959年）。チッソは付属病院でネコの実験を行っていた。酢酸工程の廃液を直接ネコに与え続けると，最後には狂ったように暴れ，死に至ることをつきとめていた（ネコ400号，1959年）。チッソはこのネコを分析し，工場排水中にメチル水銀が含まれていることを知っていた。

同年，厚生省は水俣病は有機水銀中毒が原因であると発表し，チッソへ水俣川河口排水路の廃止と排水処理装置の年内完成を指示した。チッソは水俣川河口への排水を中止し，百間排水路へ戻した。さらに改善策として排水浄化槽（サイクレーター）を完成させた（1959年）。しかし，このサイクレーターはほとんど浄化機能のないただのダミーであった。

その後，熊本大学で水俣湾のアサリから塩化メチル水銀化合物が結晶化された（1960年）。それでもチッソは「無機水銀しか使っていないのになぜメチル水銀中毒なのか，日本中，世界中に同様な工場が多数あるのになぜ水俣病が水俣だけに発生するのか」と激しく反論を繰り返した。しかし，さらに同大学でチッソのアセトアルデヒド酢酸工場の廃液に有機水銀が検出された（1962年）。生産過程ですでに無機水銀はメチル水銀化していた

のである。徐々にチッソの出したメチル水銀と魚介類中のメチル水銀，水俣病が関連づけられていった。チッソはネコ400号やサイクレーター等で，悲惨な水俣病に苦しむ患者に対して極めて誠実性を欠いていたと言わざるをえない。

　水俣にはチッソに勤務する会社員，会社側，労働組合，患者側との考えが渦巻き，村を分断する根の深い大きな問題となった。水俣病を単純に有機水銀中毒とは言わず，水俣病というのはこのような水俣の漁村を巻き込んだことにある。村という社会も病んだのである。また，修学旅行に行った学生が水俣から来たと言うだけで，他から来た学生達に嫌われる等の事件もあった。日本の中で水俣病と水俣という土地が結びついてしまっている現状は，水俣病自体が日本の社会全体でいかに暗い陰を落としてきたかということを表している。

　胎児性水俣病はさらに被害が深刻であった。当時は医学的に毒物が母胎の胎盤を通過することは分かっていなかった。しかし，妊娠中に母親がメチル水銀を含む魚介類を食べた場合，そのメチル水銀は胎盤および臍の緒を通して胎児にも運ばれ，母体内での水銀中毒をおこした。胎児性水俣病は程度の差はあっても運動障害，知能障害がある。生後，精神や運動の機能発達が著しく遅れ，重症な場合は全く寝たきりとなる。母体の取り込んだメチル水銀は胎児に運ばれるので，母親には重い障害を与えず，胎児に先天性の水俣病を起すのである。

　1968年，政府は水俣病を公害病と正式に認定し，それを契機に損害賠償請求の民事訴訟が始まった。長い戦いとなったが1996年チッソと患者側の和解が成立した。しかし，水俣病は認定をめぐってまだ意見の対立があり，終わったとはいえない状況にある。

　1977年には，水銀を含む水俣湾のヘドロは約13年の歳月と485億円をかけて埋め立てられた。埋め立てられた土地は58.2ヘクタールにのぼり，1990年水俣湾埋め立て地（エコパーク水俣）となっている。現在エコパーク水俣は家族づれで散歩などのできる公園になっている。近くに百間排水口や水俣病資料館を見学することができる。

　水俣病も足尾銅山も日本の公害の原点と言われる。共通点は水俣病もチッソ発足からヘドロ処理の期間を含めると，第一次，第二次大戦の間に起こり，国の富国強兵策の犠牲になったとも考えられる。足尾銅山は歴史が古いこと，木を切ると山が生態学的に崩れていくこと，水俣病は食物連鎖，生体濃縮が深刻な病を引き起こしていくことなど，生物学の基本的な事が環境維持に極めて重要であることを示している。さらに，公害を起こした後の処理に巨額の予算が必要なことや裁判と補償問題など多くの時間を費やすことなどもある。公害の処理も早く行えば，問題を大きくしないで済むことを示している。

　水俣病は公害病の発見から原因究明，損害賠償請求，民事訴訟という現代の公害の典型とも考えられる。何処が何時，何を汚染させたのか，その責任を誰がとるのかを考えた場合，他のさまざまな公害にもオーバーラップする問題である。

参考文献

1) 布川　了，神山勝三,「田中正造と足尾鉱毒事件を歩く」, 随想社（1999）
2) 原田正純,「環境と人体」, 世界書院（2002）
3) 「藤岡市歴民族資料館資料」
4) 「谷中村遺跡を守る会」, 遺跡谷中村
5) 原田正純, 花田昌宣 編「水俣学講義, 第4集」, 日本評論社（2008）
6) 原田正純,「環境と人体」, 世界書院（2002）
7) 原田正純,「水俣病」, 岩波新書（1972）
8) 岡部昭二, 日比野雅俊, 三谷一憲, 土屋博信, 酒井潔,「新版生活と環境（第3版）」, 三共出版（2005）

第14章　水質汚濁（河川，湖沼，海の汚染）

14-1　はじめに

　環境という言葉から最も頭に浮かびやすくかつ生命に繋がる分野は，やはり身近な水の汚染であろう。第2章で述べられたように，ヒトの細胞のおよそ7割は水で，我々は生存のために水を摂取しなくてはならない。この章では，大学教養として身につけておきたい環境水の水質指標について，かいつまんで説明する。詳細は，参考文献に挙げた水質調査の専門書などを参照されたい。また，章末には，この分野で用いられる濃度表示法を解説し，計算例を演習問題として付す。

14-2　水の種類

　水の化学式は H_2O であるが，純度100％の水（純水）は環境では存在せず，身の回りの水は多かれ少なかれイオン（Na^+，Cl^-，K^+，Mg^{2+}，Ca^{2+} など）や気体（酸素（O_2）や二酸化炭素（CO_2）など），化学物質を含む。そこで，水の汚染を考える上で，どのような不純物が含まれるかを知る定性的理解と，それらがどの程度含まれるかを知る定量的理解とが，共に必要となる。

　飲料水は，河川・湖沼を水源とする水道水と地下水などで，水道法に基づく水質基準に従って管理されている。まず，病原微生物の大腸菌群が検出されてはならないので，消毒のために塩素処理することが必須である。同時に，消毒によって生じるトリハロメタンなどの消毒副生成物も，発がん性など健康影響が問題となっていることから，それぞれ検出量の上限が定められている。ほかに，土壌から混入する無機物のうち有害性の高いもの，産業排水や生活排水などから混入する有機化学物質や農薬も，健康影響や味覚への影響を避けるために，それぞれ検出量の上限が定められている。

14-3　陸水（湖沼水・河川水・地下水）の汚染

　前節で述べたように，陸水は飲料水に供されるため，これらの汚染についても環境基準に従って監視されている。また，産業排水や生活排水については，水質汚濁防止法によって排出場所（海，河川など）毎に排出基準が定められている。ここでは，主に有機物による環境水の汚濁程度を表わす指標のうち代表的な，生物化学的酸素要求量（Biochemical

Oxygen Demand，略して **BOD**)，**化学的酸素要求量**（Chemical Oxygen Demand，略して **COD**)，**全有機炭素**（Total Organic Carbon，略して **TOC**)，**溶存酸素量**（Dissolved Oxygen，略して **DO**）について述べる。

BOD は，微生物が水中の有機物を酸化分解するために必要となる酸素の量である。浄化槽からの排水など生活排水について測定が義務付けられている。この測定値の信頼性は高いが，測定には日数を要し数値の解釈付けが難しいため，汚染物質の組成が単純な産業排水の監視には COD が用いられる。

COD は水中の有機物を化学的に酸化分解するために必要となる酸素の量である。実際の測定は，試料を強力な酸化剤で滴定して，含まれている被酸化物の量を決定する。酸化剤として重クロム酸カリウム（$K_2Cr_2O_7$）あるいは過マンガン酸カリウム（$KMnO_4$）を用いる方法の二通りがある。$K_2Cr_2O_7$ を用いる方法が信頼性の高い値を与えるが，六価クロム化合物（劇物）を使用し操作も煩雑なためあまり用いられていない。

TOC は水中の有機物を完全燃焼させ，発生する CO_2 を赤外吸収で定量する手法である。装置が高価な点が難であるが近年広まりつつある。これら BOD，COD，TOC の指標値が高ければ，概して有機物汚濁が進んでいる水ということになる。

DO は水中に溶けている酸素の量そのものである。水の有機物汚染が進むと，汚染物質の微生物分解により酸素が消費されるため DO 値は低くなる。DO 値が高ければ**好気的**雰囲気下の水といえる。閉鎖的な湖沼の水は当然ながら急流河川水よりもはるかに DO 値は低く，ここへ生活排水・し尿・畜産農業排水が流れ込めば，微生物の有機物分解作用に伴い DO 値は一層低下する。したがって水の浄化に必須の DO は最も重視される指標であり，毎日測定すべき項目となっている。DO の測定法には種々あるが最近は廉価な装置を用いるのが主流である。

酸素が使い尽くされた**嫌気的**雰囲気下では，水の腐敗が起こる。すなわち微生物は有機物分解の際 CO_2 ではなくメタン（CH_4）を発生させる。硫黄成分を含んだ排水なら**硫化水素**（H_2S）も発生する。窒素成分が多ければ環境水中の**アンモニウムイオン**（NH_4^+）濃度が増すが，やがて亜硝酸イオン（NO_2^-）を経て硝酸イオン（NO_3^-）へと酸化される。この過程を**硝化**とよぶ。NO_3^- は肥料成分であり NH_4^+ と違って有害性が低いので，水処理で硝化を意図的に用いることもある。河川や湖沼のリンも窒素同様人為的な影響を強く受け，その増加は藻類の成長に寄与して湖沼の**富栄養化**の一因となる。河川水中の「**環境ホルモン**による生物のメス化現象」などは，一時騒がれたが現在では杞憂であったことが判明している。これに比べれば，バングラデシュや茨城県神栖町の地下水**砒素**汚染の方が，ヒト毒性が明確でかつ汚染原因が未解明なことから，はるかに深刻である。

14-4　海水の汚染

　外洋海水では陸水と異なり**重金属**による汚染は問題となっていない。ただし，海水中の鉛濃度（数 ng/kg と極めて希薄）を深度ごとに測定したところ，ガソリンにアンチノック剤として加えた**四エチル鉛**（現在は使用禁止）が，大気を経て溶け込んだ形跡が伺えるという。人間の活動が自然界に及ぼす影響が全くのゼロではないことを示す好例であろう。鉛は他に船底塗料としても使用されていたが，やはり現在は使用されていない。一方，湾岸や沿岸部ではしばしば水銀などの重金属汚染が起こり大きな問題となった。日本では阿賀野川河口付近，あるいは水俣市周辺の水銀汚染が有名である。工場から排出された無機水銀が微生物の働きにより**メチル水銀**となり，これが蓄積された魚介類を摂取した住民が重篤な中毒症に陥ったという事例である（13-2 参照）。

　現在，日本近海で問題となっているのは漁業に被害を及ぼしている赤潮・青潮である。**赤潮**は植物プランクトンの大増殖で海の色が変化する現象である。海水の富栄養化（有機物やリン酸塩，硝酸塩などの増加）が赤潮発生の主たる原因とみられている。

　青潮は，溶存酸素が消費されつくした海底で微生物の作用で発生した硫化水素が表層部でコロイド状の硫黄溶液となって青色を呈する現象である。たとえば東京湾上空で飛行機の窓から見られることがある。

　次に沿岸部での広範囲汚染の例として放射能汚染にも一言触れておく。イギリス西部のヨークシャー地方にはセラフィールド核燃料再処理施設があるが，この工場付近住民には白血病の罹患率が高いといわれ現在問題になっている。

　外洋で注意すべきは，**ポリ塩化ビフェニル（PCB）**や**ジクロロジフェニルトリクロロエタン（DDT）**に代表される**有機塩素化合物**による汚染である。前者は熱媒体として，後者は蚊退治の殺虫剤として，共に性能の良さから広く使用されたが，現在は禁止されて

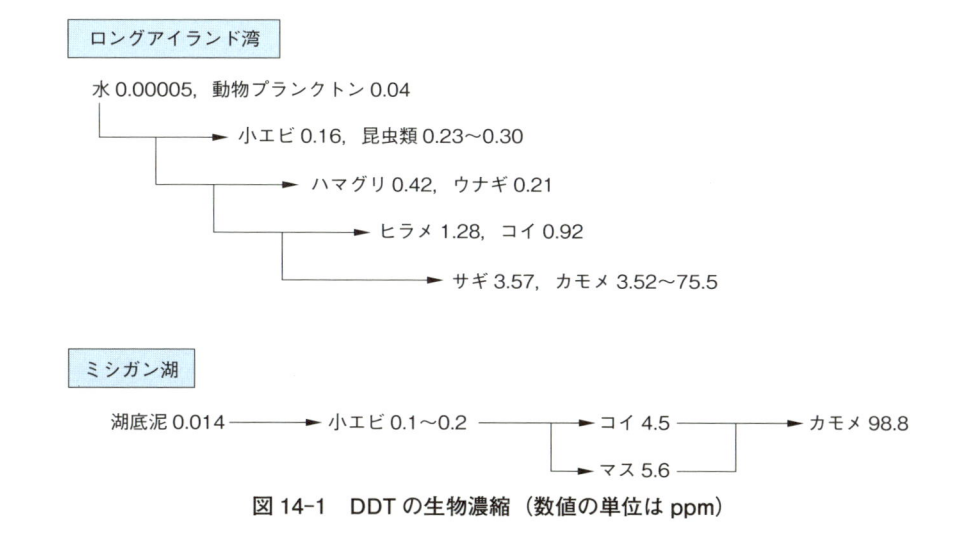

ロングアイランド湾

水 0.00005，動物プランクトン 0.04
　└→ 小エビ 0.16，昆虫類 0.23～0.30
　　└→ ハマグリ 0.42，ウナギ 0.21
　　　└→ ヒラメ 1.28，コイ 0.92
　　　　└→ サギ 3.57，カモメ 3.52～75.5

ミシガン湖

湖底泥 0.014 ──→ 小エビ 0.1～0.2 ──→ コイ 4.5 ──→ カモメ 98.8
　　　　　　　　　　　　　　　　　└→ マス 5.6 ──┘

図 14-1　DDT の生物濃縮（数値の単位は ppm）

いる。これらの有機塩素化合物は自然界中では分解しにくく脂溶性なため食物連鎖の過程で濃縮され（図14-1），最後は捕食者である海鳥・鯨・アザラシなどの体内に蓄積される。1989年頃ヨーロッパの北海付近でアザラシが大量に死ぬ事件が起き，テレビ報道でも大きく取り上げられた。これは，PCBなどの蓄積で免疫力の衰えたアザラシがインフルエンザウイルスに抵抗力を持てなくなったためと解釈されている。

14-5 濃度表示法

水質関連の文献や論文でよく目にする濃度表示法は次のようなものである。

1) **ppm**（parts per million の略，百万分の1）
   1L中に1×10^{-3}g（=1mg）の溶質がふくまれていれば1ppmである。通常，陸水の密度は1.0 g/mLとして問題ないため試料水の1Lは，これの1,000gに対応することになる。アルミニウムや鉄などの金属は単一のイオン以外に加水分解してOH基を配位する，フミン質と錯形成する，加水分解物が重合するなど多様な溶存状態をとるが，溶質の化学形態を抜きにして全濃度を求めたい際に便利な表示法である。

2) **ppb** 及び **ppt**　各々 parts per billion（十億分の1）
   parts per trillion（1兆分の1）の略である。別の言い方をすれば1ppbは1ppmの千分の1，1pptは1ppmの百万分の1を意味する。環境水中の総水銀など微量な成分の濃度を扱うのに向いている。

3) **パーミル**（‰で表記）
   千分率のこと。パーセント（%）濃度の丁度10分の1であり，海水の成分濃度表示によく用いられている。塩化物イオン（Cl^-）が19‰とは，海水1kg中にCl^-が19g含まれていることを意味する。

なお，高校化学で周知の**容量モル濃度**（M≡mol dm^{-3}, mol/L）及びmM（1Mの千分の1），μM（1Mの百万分の1），nM（1Mの十億分の1）なども使用される。濃度表示が試料水の単位体積当たりの溶質量に基づくのか，単位質量当たりの溶質量に基づくのかを把握し，溶液の密度・体積・質量の関係さえ理解しておけば，各種濃度表示の変換は容易である。

ここで，皆さんの理解を深める意味で，演習問題を用意したので活用して欲しい。

問題 1　水道法に基づく水質基準では水銀の総濃度は 0.0005 mg/L 以下であることが求められている。水銀の原子量を 200.6 とするとこれは何 nM に相当するか計算せよ。

問題 2　赤血球中の鉄の濃度が 20 mM と示されている。赤血球 100 mL 中には何 g の鉄が含まれていることになるか計算せよ。鉄の原子量を 55.8 とする。

問題 3　渓谷を流れる清流で DO 値が 9.6 mg/L と求められたとする。これを容量モル濃度に換算せよ。酸素の分子量を 32 とする。

問題 4　ブドウ糖（$C_6H_{12}O_6$：分子量 180）は酸化されやすい有機物である。18 g のブドウ糖が好気的条件下で微生物の作用により CO_2 と H_2O に分解された際に要した酸素は何 g か ①，これは DO 値が 8.0 mg/L の水なら何 L 分に相当するか ②，それぞれ計算せよ。

問題 5　河川や地下水を水道水に供する際には，国の基準で NO_3^- 濃度が 10 ppm 以下であることが定められている。これはメトヘモグロビン血症を考慮してのことである。この病気について調べてみよ。

問題 6　ラジウムの半減期（T）を 1.60×10^3 年とする。0.226 g のラジウムで毎秒何個の原子が崩壊するかを計算せよ。アボガドロ数は既知としラジウムの原子量を 226 とする。その時刻に存在する原子数を N とすると放射能壊変速度（$-dN/dt$）は，$-dN/dt = \lambda N$ で示される。ここで λ は壊変定数で T との間には，$T = (\ln 2)/\lambda$ の関係がある。

問題 7　ダイオキシン類，PCB 類，DDT の化学構造式や物性値を調べ比較してみよ。

14-6　まとめ

環境基準と排出基準の区別をないがしろにし，人為的に環境中に放出される物質に対し定性的議論に終始し無闇に恐れるのも賢明ではない。環境汚染問題の歴史は，人間が定量

表 14-1　母乳中の PCB，ダイオキシンなどの濃度の推移（1973 年～1996 年）

値：ppm/脂肪

物質名	年							
	73/75	76/78	79/81	82/84	85/87	88/90	91/93	94/96
PCB	1.42	1.21	1.05	1.03	0.71	0.51	0.32	0.31
DDT	2.79	3.41	2.27	2.99	1.21	0.88	0.62	0.38
ダイオキシン	29.3	26.3	24.1	24.2	20.5	21.4	17.9	16.9
コプラナー PCB*	30.3	23.5	17.4	14.7	11.0	11.7	9.4	8.0

*コプラナー PCB は PCB 類のうち特に毒性と環境汚染量が多い 13 種類の異性体を指す。

（社）日本芳香族工業会，西川洋三，アロマティックス，51，9 号，10 号（1999）

的に冷静に対策を練ることの大切さを教えている。表 14-1 から，適切な規制を行うことによって，ヒトへの影響も着実に減少することが読み取れるだろう。PCB は 1976 年に，DDT は 1972 年に，それぞれ米国で使用禁止となった。ダイオキシンも 1982～1983 年に米国で深刻な被害が出てから各国で対策が本格的となった。

参考文献

1) 松島美一，高島良正，「生命の無機化学」，廣川書店（1984）
2) 半谷高久，高井雄・小倉紀雄，「水質調査ガイドブック」，丸善（1999）
3) 大学等廃棄物処理施設協議会環境部会編，「環境を考える」，科学新聞社（1999）
4) 中村和憲，「環境と微生物」，産業図書（1998）
5) J. E. アンドリューズ，P. ブリンブルコム，T. D. ジッケルズ，P. S. リス・B. J. リード，渡辺正訳，「地球環境化学入門（改訂版）」，シュプリンガー（2005）
6) 渡辺 正，「これからの環境論」，日本評論社（2005）
7) 宇井 純，「日本の水はよみがえるか」，NHK 出版（1996）
8) ジーン．マクソーリ，浜谷喜美子訳，「シャドウの恐怖」，ジャプラン出版（1991）
9) 北野 康，「新版水の科学」，日本放送出版協会（1995）
10) 保田茂次郎，「生活環境概説（第 2 版）」，三共出版（1995）
11) 西川洋三，環境問題は，何が問題か（その 6），アロマティックス，第 51 巻 9・10 号，（社）日本芳香族工業会（1999）
12) 北川幹夫，岡崎 稔，「省エネと環境に配慮した産業排水処理」，日刊工業新聞社（2013）

問題解答

1   2.49 nM～2.50 nM（0.5×10^{-6} g/L ÷ 200.6 g/mol = 2.49×10^{-9} mol/L）

2   0.112 g（20×10^{-3} mol/L × 0.1 L × 55.8 g/mol = 0.1116 g）

3   3×10^{-4} M（0.0096 g/L ÷ 32 g/mol = 3×10^{-4} M）

4   ① 19.2 g（$C_6H_{12}O_6$ は 18 g ÷ 180 g/mol = 0.1 mol，$C_6H_{12}O_6 + 6\ O_2 \rightarrow 6\ CO_2 + 6\ H_2O$）
     ② 2,400 L（1 L 中の O_2 は 8 mg = 0.008 g，1 : 0.008 = x : 19.2   x = 2,400 L）

6   8.3×10^9 個（$\lambda = \ln 2/T = 2.303 \times \log 2/T = 0.693 \div (1.60 \times 10^3\ 年 \times 12\ 月・年^{-1} \times 30\ 日・月^{-1} \times 24\ 時間・日^{-1} \times 60\ 分・時間^{-1} \times 60\ 秒・分^{-1}) = 0.693 \div 4.98 \times 10^{10}\ 秒 = 1.39 \times 10^{-11}\ 秒^{-1}$，
     $N = 0.226\ g \div (226\ g/mol) \times (6.02 \times 10^{23}\ 個/mol) = 6.02 \times 10^{20}$ 個
     よって $-dN/dt = \lambda N = 1.39^{-11}\ 秒^{-1} \times 6.02 \times 10^{20}\ 個 = 8.37 \times 10^9\ 個/秒$）

7

   ダイオキシン類：ダイオキシンとは狭義にはポリ塩化ジベンゾパラダイオキシン。塩素の数・位置により性質が異なる。最大 8 個の塩素を結合するが，四塩化体のうち 2,3,7,8-テトラクロロジベンゾパラダイオキシン（TCDD）の毒性が最大。

   PCB 類：ポリ塩化ビフェニール。塩素の数・位置とベンゼン環同士の配置により性質が異なる。コプラナー PCB（二つのベンゼン環が同一平面状に配置する場合）はダイオキシン類に匹敵する毒性とダイオキシン類を 1 桁上回る汚染量で知られている。

   DDT：p, p'-ジクロロジフェニルトリクロロエタン。エタンの片側に塩素 3 個が，もう片側に p-クロロベンゼン 2 個が結合したもの。

   以上の物質の毒性は TCDD の量に換算した毒性等価量（toxic equivalents, TEQ）で示され，TCDD の TEQ を 1 とすると他の多くの物質の TEQ は 1 を下回る。TEQ は，ある種の核内受容体との結合性の強さで測定される。ダイオキシン類の耐容一日摂取量（Tolerable Daily Intake, TDI）は体重 1 kg・1 日当たり数 pg という微量である。TEQ と環境汚染量の両方が化学物質による健康影響を考える上で必要なデータといえる。

第 15 章　土壌汚染

15-1　土壌汚染とは

　現代のように自然科学が発達した地球上では，多くの化学物質が生産されてその一部が自然界（大気，土壌，水）へ溶出している状況にある。このような中で人類を含む多くの生物がその影響を強く受けていることによって，さまざまな環境問題が発生している。土壌は植物を育むための二つの大きな機能を有している。その一つは，植物養分の貯蔵庫としての役割である。この作用は植物が必要とする吸収可能な養分（可給態養分）を土壌が保持していることである。もう一つの要因は水の貯蔵庫として植物が必要な水分を補給するという重要な役割を演じている。

　土壌汚染は自然災害を除いてそのほとんどは人為的に引き起こされてきている。特に近代工業が発展した初期（1940年以降）は，燃料としての石炭，鉄鉱石，銅鉱石等を採掘し精製，精錬する工程での排出物・副産物等が土壌汚染の主原因となっていた（重金属；Cu，Cd，Pb，Cr，As，Hg等）。その後，燃料が石油へ移ることによって，石油化学工業の急激な発達があり，多くの化学物質（肥料，農薬，建材，繊維，樹脂等）が石油から合成され工業や農業に大いに利用された。その結果，これらの化学物質は人類の食糧増産や薬として大いに貢献してきた。一方，一部の塩素系，リン系溶剤や農薬，PCB，ダイオキシンが生物体に有害な影響を及ぼすことから，それらの生産，販売，使用が禁止された。しかし，これらの化学物質は今まで大量に生産使用されてきたことから，現在も水域の魚や土壌から人畜へ直接，間接に汚染がまだ続いている。更に，現在は核物質による土壌汚染が引き起こされており，これらの核物質を除去し放射線を低減する研究も続けられている。当然，人畜へ有害と認められた化学物質や核関連物質の規制は法的に厳格に決められている。これの規制に則って土壌の環境基準は土壌汚染防止法の施行によって土壌の保全が保たれている。

15-2　重金属による汚染

　現代はあらゆる<u>重金属</u>が工業製品の製造の中で使用されている。この結果，溶出した重金属が自然界へ拡散することによって生態系でさまざまな問題を引き起こしている。これらの重金属類は土壌から植物へ，そして動物へと濃縮され，最終的には人類を含む動物に蓄積される。土壌や水そして生物に含まれる微量な重金属は生物にとって健全な営みをす

表 15-1　土壌の元素組成の中央値と範囲（ppm）

元 素	中央値	範 囲	元 素	中央値	範 囲
Na	5,000	150〜25,000	Ge	1	0.1〜50
Mg	5,000	400〜9,000	As	6	0.1〜40
Al	71,000	10,000〜300,000	Se	0.4	0.01〜12
Si	330,000	250,000〜410,000	Ag	0.05	0.01〜8
P	800	35〜5,300	Cd	0.35	0.01〜2
S	700	30〜1,600	Sn	4	1〜200
Cl	100	8〜1,800	Sb	1	0.2〜10
K	14,000	80〜3,700	I	5	0.1〜25
Ca	15,000	700〜500,000	Ba	500	100〜3,000
Ti	5,000	150〜25,000	La	40	2〜180
Cr	70	5〜1,500	W	1.5	0.5〜83
Mn	1,000	20〜10,000	Au	0.001〜0.02 ?	
Fe	40,000	2,000〜550,000	Hg	0.06	0.01〜0.5
Co	8	0.05〜65	Pb	35	2〜300
Ni	50	2〜750	Bi	0.2	0.1〜13
Cu	30	2〜250	U	2	0.7〜9
Zn	90	1〜900			

表 15-2　地殻における元素の存在量

元 素	重量比 (ppm)	元 素	重量比 (ppm)	元 素	重量比 (ppm)
Na	28,300	Mn	1,000	Sn	2
Mg	20,900	Fe	50,000	Sb	0.1〜0.2
Al	81,000	Co	〜20	I	0.3
Si	277,000	Ni	〜35	Ba	1,000
P	1,180	Cu	55	La	18
S	520	Zn	40	W	2.1
Cl	150	Ge	1.1	Au	0.002
K	25,900	As	2	Hg	0.08
Ca	36,300	Se	0.09	Pb	15
Ti	4,400	Ag	0.08	Bi	0.2
Cr	100	Cd	0.15	U	3〜4

松井健，岡崎正規編，「環境土壌学」，朝倉書店（2005）

るために不可欠なものであるが，それが過剰になると生命システムに重大な影響（毒性）を与える。そのためにも，自然界に放出されている重金属の濃度を知ることが必要であ

る。表15-1は土壌中に存在する各種元素の濃度を示したものである。これによって問題となる土壌中の元素含有量が異常に高い場合は何らかの汚染があったと考えることができる。もちろん土壌は岩石が気候等の物理的要因や生物作用によって粉砕された結果であるから，その地域の固有の岩石の組成によっては地域の土壌に含まれる重金属量に違いが生じる。その為にも，表15-2の地殻の元素との存在量を比較することによって，現実に測定された土壌中の重金属の数値から汚染状態を推定することが可能となる。

15-2-1 重金属汚染の原因

　日本の経済成長が始まる1955年（昭和30年）頃を境として，日本の高度経済成長が飛躍的に進展した。これは国策として重化学工業に重点をおいたためであったことから，生物や自然への配慮がまったくなされないで工業最優先で進められた。特に当時は非鉄金属鉱山で銅や亜鉛の採掘が全国で盛んに行われた。その際の銅や亜鉛に付随してカドミウム等が不要な物質として選鉱過程や精錬過程で環境中に放出されたことが，今日問題となっているカドミウム汚染問題である。当時は鉱山の開発や，それに伴う急激な経済発展によって産業廃棄物が増大したにもかかわらず，その処理についても科学的な方策がなされないままに山林，湖沼，河川さらには海洋に廃棄された。また化学工場や精錬所からの排煙や灰燼が大気から下降して河川を汚染した。この過程の中で土壌は汚染され，その土壌で生育する植物に影響を与えるばかりでなく，植物を通して家畜や人間，自然界のあらゆる動植物に多大な悪影響を及ぼしていった。さらにこの悪化した土壌は生育している微生物の活性低下を引き起こし，土壌が有するさまざまな土壌機能の低下の原因にもなってい

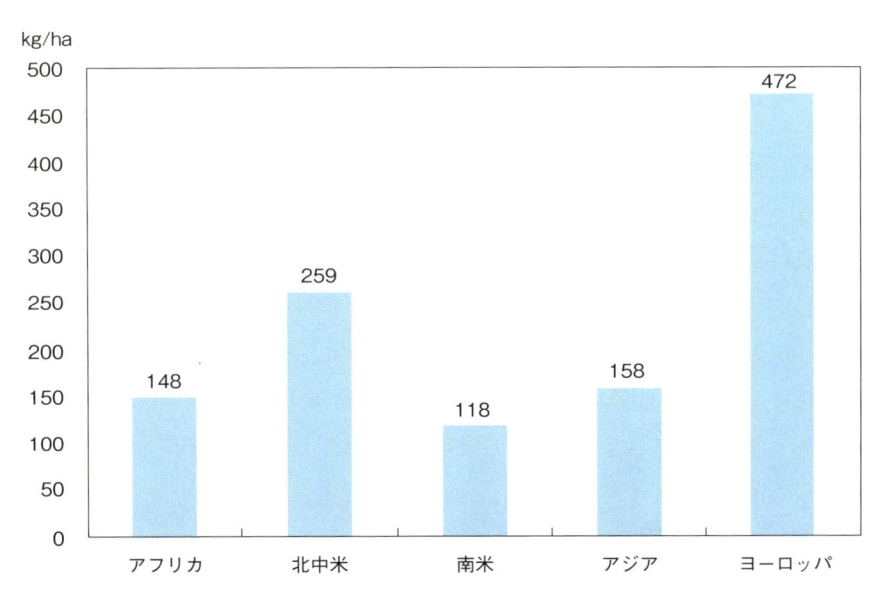

図15-1　各大陸で使用される農薬量

大陸	kg/ha
アフリカ	148
北中米	259
南米	118
アジア	158
ヨーロッパ	472

出典：環境年表（2000〜2001）

る。

15-3 農薬汚染とは

　農業生産量が人口の急増と共に増大したのは1930年以降であり，その後の農作物の生産量に比例して，世界での農薬の使用量は増大していった。図15-1のように1ヘクタール当たりの農薬使用量（kg/ha）は各大陸毎，各国毎で大幅に異なるが，ヨーロッパで約

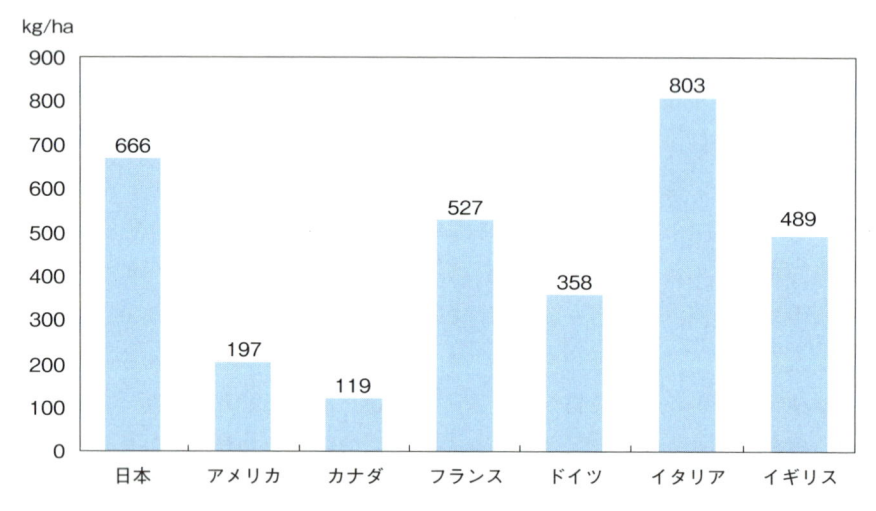

図15-2　主要国の農薬使用量

日本 666／アメリカ 197／カナダ 119／フランス 527／ドイツ 358／イタリア 803／イギリス 489

出典：環境年表（2000～2001）

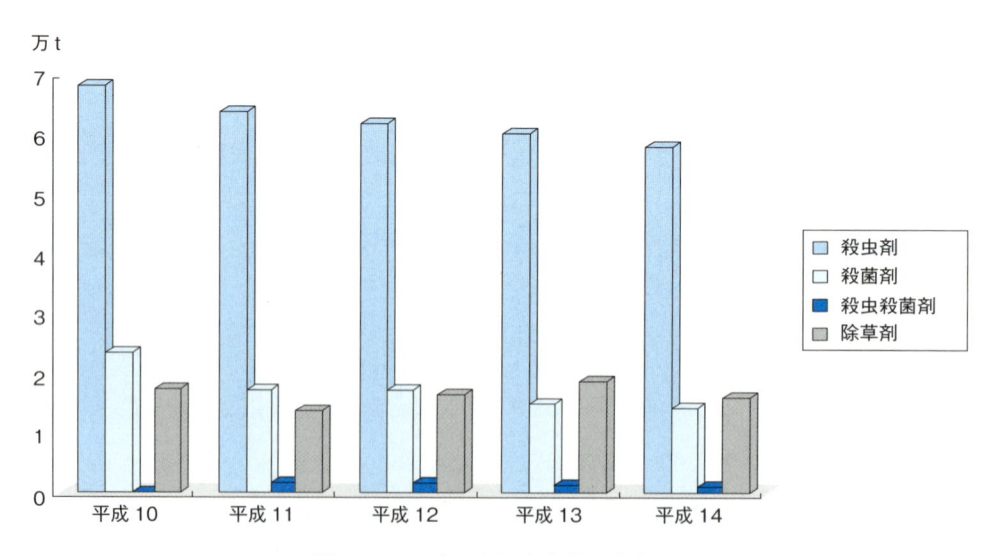

図15-3　日本の主要な農薬の生産量

（凡例：殺虫剤，殺菌剤，殺虫殺菌剤，除草剤）

出典：農林水産統計（2002）

500 kg，南米で110 kg，そしてアジアとアフリカでそれぞれ150 kgとなっている。また，主要なヨーロッパ諸国とアメリカ・カナダとの比較では図15-2のようになり，日本は666 kgとイタリアに次いで高くなっている。しかし，当時の1960年代はR. Carson女史が著書「沈黙の春　Silent Spring」で農薬の恐ろしさについて強い警告をしていたものの，社会での関心が薄いことやその有害性に関しての認識が極めて低いことから，すぐには有効な対策はとられなかった。しかし当時と比較して，現在は食品の汚染，重金属の被害，さらには農薬等を含む薬害についての報道や裁判が行われたこともあって，多くの人々が関心を持つようになってきている。

　農薬は同じ農業で大量に使用されている化学肥料とは異なり，使用量の多少にも関わらずその毒性と残留性において動植物に対して強い影響（毒性）を与える。このことからも農薬の使用には十分な注意が必要である。そのような理由から，現在の農薬生産量は図15-3のように殺虫剤，殺菌剤，除草剤のいずれも年々生産量が減少してきている。

　農薬を土壌という環境に施用した場合，分散・浸透する経路で一部は草木へ取り込まれるが，その他の多くの農薬は土壌表面・断面からの流亡・流出と溶脱を繰り返す。その結果として，河川や湖沼さらには海への汚染が広がったり，地下水への浸透によって地下水の汚染も生じたりする。

15-3-1　農薬の種類と土壌汚染

　農薬とは，我々の目的とする農作物に被害を与える有害な動物，植物，昆虫，病原菌等を防除するための薬剤である。その用途によって殺虫剤，殺菌剤，除草剤さらには殺鼠剤等に分類されている。また，化学構造から有機リン剤，有機塩素剤，有機イオウ剤，カーバメート剤等がある。それら農薬のいずれもが現在の化学工業の発展によって表15-3のように種類，量共に数多く生産されている。我が国のような高温多湿な環境での農業生産

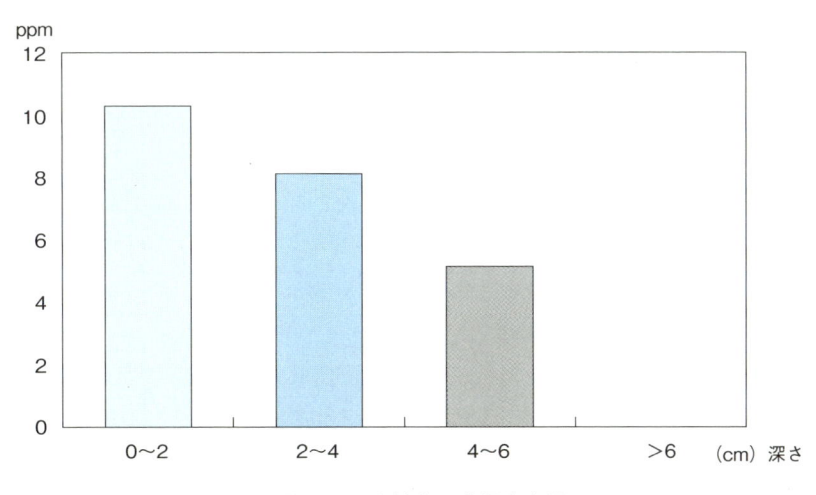

図15-4　土壌中の水銀含有量

表 15-3　主要農薬の生産量

(単位：トンまたは kL)

農薬名	2000年 (平成12年)	2001年 (平成13年)	2002年 (平成14年)	2003年 (平成15年)	2004年 (平成16年)	2005年 (平成17年)	2006年 (平成18年)
殺虫剤							
エチルチオメトン粒剤	8,190	7,610	6,379	7,739	6,136	5,628	5,027
DMTP 乳剤	582	411	725	418	430	282	452
MEP 乳剤	1,533	1,507	1,464	1,409	1,325	1,215	983
ダイアジノン粒剤	5,161	5,899	6,819	9,024	5,600	5,120	5,719
マシン油乳剤	6,755	7,559	7,277	7,291	7,416	7,397	6,739
臭化メチルくん蒸剤	5,987	4,673	4,026	3,248	2,482	2,755	1,656
クロルピクリンくん蒸剤	8,792	8,853	8,627	8,168	8,790	8,604	8,658
アセフエート粒剤	7,724	7,262	6,481	5,555	7,298	7,239	7,100
カルボスルファン粒剤	947	915	1,244	1,091	569	391	465
ベンフラカルブ粒剤	2,563	2,433	2,233	1,910	1,642	1,532	1,223
メソミル水和剤	562	457	534	301	275	0	283
DDVP 乳剤	629	560	548	533	438	394	420
殺菌剤							
チオファネートメチル水和剤	577	618	603	694	713	965	706
プロベナゾール粒剤	6,971	6,155	5,048	4,677	3,873	3,390	2,561
マンゼブ水和剤	4,772	3,702	5,025	4,761	3,459	4,125	3,562
マンネブ水和剤	880	699	677	660	772	538	510
TPN 水和剤	941	863	912	703	697	636	639
イソプラチオラン粒剤	1,959	1,498	1,266	942	1,131	1,018	598
殺虫殺菌剤							
BPMC・MPP・EDDP 粉剤	1,328	1,100	892	852	507	318	332
除草剤							
エスプロカルブベンスルフロンメチル粒剤	745	620	443	474	355	346	373
グリホサートイソプロピルアミン塩液剤	1,638	2,083	1,915	4,524	4,644	5,132	6,459
グルホシネート液剤	2,082	2,043	2,114	2,180	2,786	2,623	2,402
ジクワット・パラコート液剤	4,650	4,495	4,074	2,320	2,479	2,693	2,744
シメトリン・モリネート・MCPB 粒剤	1,758	1,495	1,786	1,553	1,415	1,270	1,097
ベンスルフロンメチル・メフナセット粒剤	988	626	567	751	545	159	395
トリフルラリン粒剤	3,305	3,938	3,556	3,464	2,960	3,547	2,035
ピラゾスルフロンエチル・メフェナセット粒剤	1,035	786	1,299	504	821	664	622

出典：環境統計集 (2009)

は昔から病害虫や雑草との長い戦いの歴史でもあった。特に水稲の最大の病原菌であるイモチ病や害虫であるウンカ，メイガ，ニカメイチュウがその主たるものであった。イモチ病には酢酸フェニル水銀が大いに使用されたし，ウンカとメイガには有機塩素剤のDDT，BHC が特効薬として使用された。また，有機リン剤のパラチオンの大量使用によって水稲生産の飛躍的な増産が成し遂げられた。しかし，反面現在でも大量の農薬使用による自然環境への影響も大きく，人間を含む動植物に対する影響は計り知れないものになっている。たとえば，1953 年から 1972 年の約 20 年間で 2,400 トンの酢酸フェニル水銀が種籾等の殺菌の為に使用された。これによって地域的な差があるにしても日本全国の土壌が水銀で汚染された。これは，図 15-4 のように田畑での深さによって蓄積している水銀量は異なり，地表に近い部分（0～2 cm）での蓄積が大きいことを示している。また，1956 年の水稲玄米中の水銀含有量は 0.1～0.6 ppm であったのが 1965 年では 0.045 ppm に低下し，ほぼ現在の水準にまで低下した。このような土壌汚染の改善は，水銀を含有した農薬の使用禁止によることが大きい理由である。しかし，現在の調査によると微量の水銀が土壌に依然として残存し，これを作物が長期間にわたって吸収していることや，生物濃縮により酢酸フェニル水銀からメチル水銀へ変化することが水俣病の研究からわかっており，十分注意しなければならない。同様に，DDT と BHC も共にその強い毒性と長期間の残留性が証明されたことによって 1969 年 1971 年にかけてあいついで製造と販売が禁止された。これらの農薬はいずれも生体内や土壌中での分解が極めて長いことから生態系への影響が現在まで続いている。

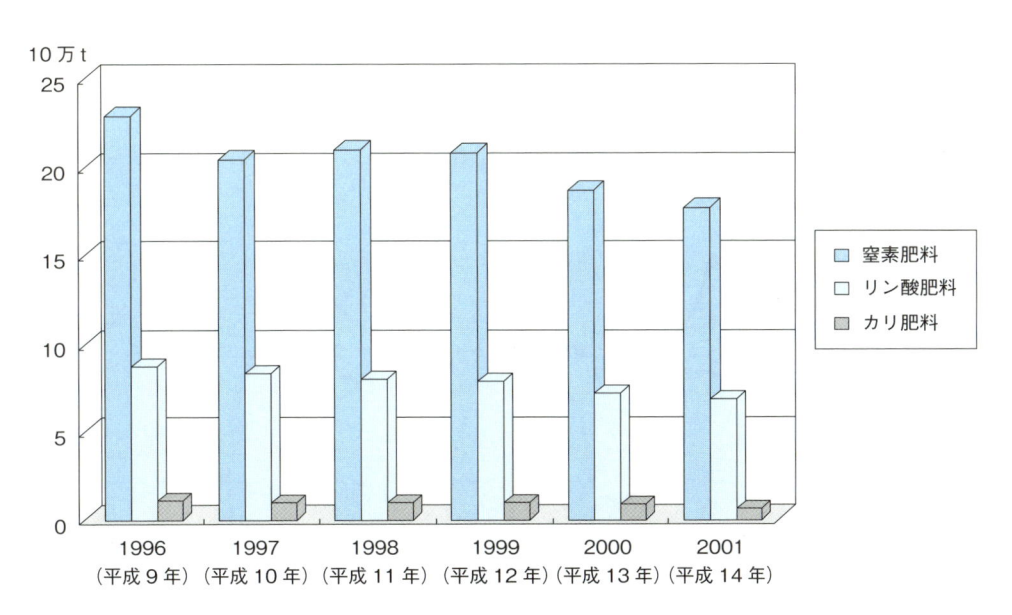

図 15-5 化学肥料生産量

出典；農林水産統計（2002）

15-4　化学肥料による汚染

現代の農業は多くの人口を養うために膨大な農地に集約的な農業を行って大量の作物を収穫している。農地から作物を収穫するためには，作物が必要とする養分を土壌中から吸収しなければならない。昔は土壌中の養分にある程度の栄養分を含む肥料たとえば，人糞，家畜の堆肥，魚粕類等を投入することによって作物を収穫していた。しかし，現在は一定の面積の畑地から従来の何倍にも当たる収穫をするために化学肥料を大量に投入し，その肥料成分によって作物を収穫している。現在，世界の化学肥料の生産は2000年（平成13年度）で窒素肥料が8,200万トン，リン肥料で3,300万トン，カリ肥料で2,300万トンに達している。日本においては従来より少なくなったとはいえ図15-5に示すように窒素肥料で170万トン，リン肥料で68万トン，カリ肥料で6万トンを生産している。このように現在は大量の化学肥料の投入で人類の食料を賄っているといっても過言ではない。このような化学肥料の利用は作物の増産としての利点はあるが，一方では環境面で大きな影響が出始めている。すなわち，窒素やリン肥料の多給によって生じる河川，湖沼，地下水さらには海洋への深刻な影響である。

15-4-1　硝酸態窒素の影響

畑に投入される窒素肥料には硝安や塩安，石灰窒素等があるが，それらは耕作地の単位面積当たりの収穫量を増やすために適正量の10倍～20倍も投入されている。また，酪農等の畜産農家が家畜糞尿を牧草地に肥料として大量に散布していることは土壌汚染につながっている。実際，それら施肥された肥料を作物が十分利用しているかといえばそうでは

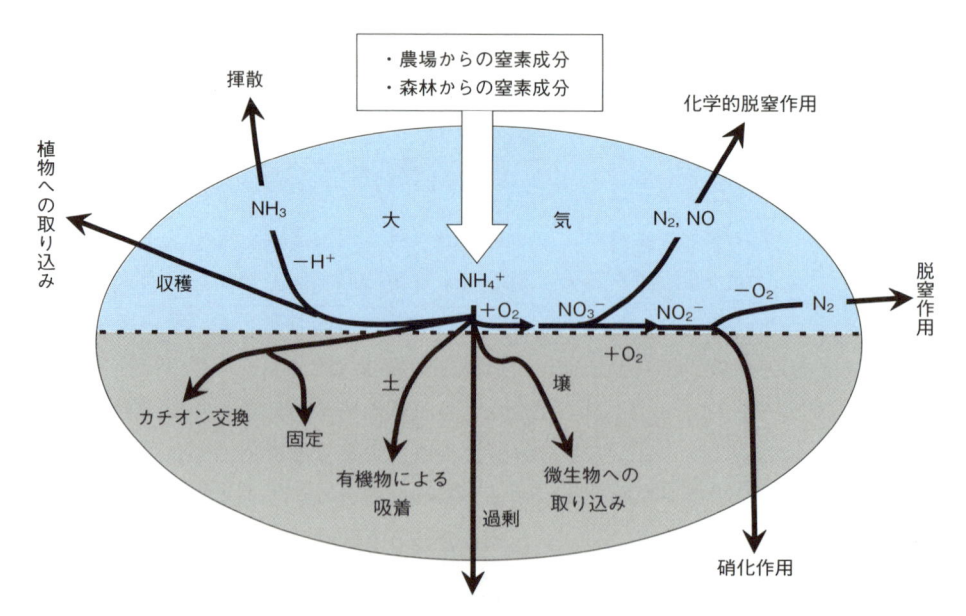

図15-6　土壌窒素の形態変化

なく，投入量の20〜30%が表層や下層を通して流出していると言われている。流出した窒素成分が河川や湖沼，地下水に流れ込むことによって硝酸態窒素に変化し，種々の悪影響を及ぼしている。

窒素肥料はリンやカリと同様に植物の三大栄養素である。森林においても自然循環の中で森林が必要な栄養源を落葉等の腐食から得ているが，耕作地では大量の栄養素としての化学肥料を投与し，それらの栄養素を作物が吸収することによって各種作物の生産を上げている。畑地に散布した窒素肥料中の窒素は各種の形態（N_2, NH_3, NH_4^+, NO_3^-, NO_2^-）になるが，最終的には硝酸態窒素（NO_3^-）や亜硝酸態窒素（NO_2^-）に変換して作物に吸収される。しかし，図15-6のように多くの窒素成分は大気や地下あるいは表層から河川や湖沼に流出する。

一般的に大気中のアンモニア（NH_3）は大気中あるいは土壌中でH^+を取りこんで塩基として作用する（$NH_3 + H_2O \rightarrow NH_4^+ + OH^-$）が，土壌中の微生物によって酸化されて酸にも変わる（$NH_4^+ + 2O_2 \rightarrow NO_3^- + H_2O + 2H^+$）。このような窒素の形態変化の中で，施肥した窒素肥料も同様な経過を辿る。そのため，過剰のNO_3^-やNO_2^-が河川，湖沼，地下水そして海洋に大量に流出することになる。このような河川，湖沼および海域に流出した窒素成分が原因となって富栄養化をもたらすこともある。また，動物が長期間にわたってNO_3^-を吸収し続けると，チアノーゼ血症，ビタミンA欠乏症，免疫機能低下の障害がおこる。地下水を飲用にしている地域においては特に注意しなければならない。ヨーロッパでは酪農が盛んであることから，家畜の糞尿を含む堆肥を大量に圃場に鋤込むことをしていたが，地下水のNO_3^-濃度が高まったことから規制を厳しくし，現在では1.13 mg/L以下に規制されており，日本においても現在では10 mgN/L以下と定められている。

参考文献

1) 遠山　益,「自然環境の保全」, 裳華房（2002）
2) 栗原紀夫,「豊かさと環境」, 化学同人（1997）
3) 田中　稔他,「環境科学概論」, 丸善（1999）
4) 松井　健, 岡崎正規編,「環境土壌学—人間の環境としての土壌学」, 朝倉書店（1995）
5) 岩田進午他,「土壌の化学」, 学会出版センター（1989）
6) 陽　捷行,「環境保全と農林業」, 朝倉書店（1998）
7) 熊田恭一,「土壌環境」, 学会出版センター（1982）

第 16 章　大気汚染と地球温暖化

16-1　はじめに

　私達を取り巻く大気（対流圏）は，たかだか地表から 10 km の高さまでである。この中に地球を取り巻く気体分子全体の約 80％が存在する。3,000 m を超える山に登ると酸素の希薄さから頭痛を覚える。私達のように，生存に酸素を必須とする生物（好気生物）は狭い酸素濃度の範囲で活動している事になる。大気の主成分は窒素，酸素でこれに微量なアルゴン，二酸化炭素がふくまれている。これら気体分子は速やかに運動しており，大気汚染物質が気体であれば拡散し希釈される。地球誕生のころの大気は還元的であり（水素が主成分），最初の生物は嫌気性細菌と考えられている。酸素は生物由来であり，いまから 32 億年前地上に誕生したシアノバクテリアによる光合成により産生が開始された。その当時の酸素濃度は嫌気状態に近く，現在の大気の 0.1～0.01％にすぎなかった。その後酸素濃度は徐々に増加し，現在の濃度の 10％まで増加したとき，はじめて陸上生物が誕生している。酸素を最終の電子受容体とした効率の良いエネルギー産生のしくみが，その後の運動機能や神経活動の発達を可能にし生物進化を進めたと考えられている。私達は 1 日 15 m^3 の空気を呼吸で取り込んでいる。仮に大気中の汚染物質が微量であっても，呼吸器官は汚染物質の影響を受けやすい。

　この章の最後に，大気汚染物質のうち温室効果ガスである二酸化炭素と地球温暖化との関連について触れる。

16-2　大気汚染

16-2-1　大気とその組成

　大気の組成は体積比で窒素 78％，酸素 21％，アルゴン 0.9％，二酸化炭素 0.04％である。植物は二酸化炭素を吸収し太陽光を利用して炭酸同化作用を行う。このとき水を酸化して酸素を発生させる。窒素，アルゴンは不活性な気体である。人間活動により生じた二酸化炭素は植物（森林）や海水が吸収し，これらが二酸化炭素濃度の増加を抑制する緩衝作用の役割を果たすと考えられてきた（炭素の循環）。これによって現在の大気の組成はほぼ一定に保たれている。大気中の二酸化炭素濃度の詳細な測定から，二酸化炭素濃度は光合成の活発な夏に減少し，化石燃料の消費が増大する冬に増加する年内周期をくりかえす。これは北半球の中緯度にある先進国の活発な産業活動に依存している事を示してい

る。ところで20世紀初頭までほぼ一定であった大気中の二酸化炭素濃度（280～290 ppmv）はその後一転して増加に転じている。これは人口増加と大量生産，大量消費社会といった社会構造と人間活動の変化に伴い，地球全体の化石燃料を主としたエネルギー消費が急増した事で説明されている。同時に，大都市，工業地周辺で大気汚染と考えられる事件が頻発している。以下その起源を述べる。

16-2-2　大気汚染物質の起源とその性質

　産業革命以降その一次エネルギーとして化石燃料が利用された。産業活動を支える鉄を生産するためコークスを必要とし，コークスを製造するため多量の木が伐採され，森林がイギリスをはじめ西ヨーロッパから消失していった。すでにこの頃のイギリスの土壌からダイオキシンが検出されている。化石燃料に含まれる炭化水素が完全燃焼すれば，主に水と二酸化炭素が生成する。しかし低温での不完全燃焼（野焼き，家庭でのごみ焼却）では有害な芳香属化合物であるベンゾピレンやダイオキシンが生成する。また石炭，重油には1～10％の硫黄が含まれ燃焼により二酸化硫黄（SO_2）が生ずる。また二酸化硫黄の生成源として火山活動がある。さらに車のエンジンやボイラーでの燃焼では高温のため空気中の窒素が酸化され窒素酸化物（NOx）が生成する。

　大気汚染物質（CO_2，NOx，SOx）の主な発生源として，火力発電，輸送，産業活動，家庭の暖房，廃棄物などが挙げられる。これに，自然界（火山活動など）から人間活動とほぼ同量のNOx，SOxが生成すると推定されている。発生源から直接生成する一次大気汚染物質と，一次大気汚染物質がその後の反応で変化した二次大気汚染物質の性質を次にまとめた。

(1) 一次大気汚染物質

一酸化炭素

　　石油，石炭など炭素を含む有機物の不完全燃焼で生じる。主な発生源は車，家庭で使用される暖房器具，厨房器具の不完全燃焼でこれが原因となり一酸化炭素中毒が起こることがある。大気中濃度0.01％で中毒症状が現れ，0.15％で死亡する可能性がある。生体影響は急性で血液の酸素輸送の低下による。

二酸化炭素

　　動物の呼吸，微生物の発酵，有機物の燃焼，火山活動で大気中に放出される。温室効果ガスとしても注目されている。純水は中性であるが，これを大気中に放置しておくと酸性を示す。これは水に吸収された二酸化炭素が炭酸になり，炭酸が弱酸性を示すからである。溶解度まで二酸化炭素が溶けると水溶液はpH＝5.6を示す。

$$CO_2 + H_2O \rightleftharpoons H_2CO_3$$
$$H_2CO_3 \rightleftharpoons H^+ + HCO_3^-$$

二酸化硫黄（亜硫酸ガス，SO_2）

　　化石燃料中の硫黄分が燃焼中に二酸化硫黄となり，排出ガス中に含まれる。

二酸化硫黄は酸化され三酸化硫黄（SO_3）となり，さらに水分と反応して硫酸（H_2SO_4）になる。呼吸によって取り込まれた三酸化硫黄や硫酸は呼吸器に酸化障害をあたえ，喘息，気管支炎や肺炎を引き起こす。

$$2SO_2 + O_2 \longrightarrow 2SO_3$$
$$SO_3 + H_2O \longrightarrow H_2SO_4$$

窒素酸化物（NOx）

高温で空気中の窒素が酸化されるとNO（一酸化窒素）が生成する。車やボイラーからの人為的な発生と火山などからの自然発生量はほぼ同量とされる。NOは酸化されNO_2（二酸化窒素）を経て硝酸（HNO_3）になる。二酸化硫黄から硫酸への変化よりも，NOから硝酸（HNO_3）への変化が速やかなことからNOxが都市部の酸性雨の主たる原因とされている。

NOxはタバコの煙にも含まれている。NOxの影響は，気管支喘息，肺気腫，慢性気管支炎などである。また都市の建造物，文化財に損傷を与える。

VOC（Volatile Organic Compounds）：揮発性有機化合物

常温で簡単に気化しやすい有機化合物。ガソリン，塗装溶剤にふくまれるトルエン，ベンゼン，ホルムアルデヒド，トリクロロエチレンなど。

エアロゾル

エアロゾルは液体と固体からなる微粒子で煙のように空中に浮遊する。石炭を燃やすと，SO_2のほか石炭に含まれる無機化合物がこまかな灰の粒子となる。この微粒子に硫酸が付着すると，硫酸エアロゾルになる。呼吸に伴い肺に到達すると健康に重大な影響を与える。微粒子に芳香族化合物も付着し発ガンの原因となる。

(2) 二次大気汚染物質

オゾン（O_3）

地表付近では二酸化窒素（NO_2）の光分解で生成する酸素原子が酸素分子と結合し生成する（式(1)）。オゾン自身は250 nm付近に強い吸収帯を持ち，200〜300 nmの紫外線を効率よく吸収する。その結果オゾン層は，毒性の強い短い波長の紫外線から地表の生物を守る。オゾンは強い酸化力と反応性を持ち，強い呼吸器障害を起こす。さらにオゾンは光化学反応の主な最終生成物であること及び高い酸化毒性を持つ事から，光化学スモッグの本体と考えられる。

アルデヒド（ホルムアルデヒド，アセトアルデヒド）と PAN（Peroxyacetylnitrate）

二酸化窒素と揮発性有機化合物に含まれる不飽和炭化水素が大気中（酸素）で紫外線の作用を受けアルデヒド，PANに変化する（式(1)〜(3)）。

$$O_2 + NO_2 \xrightarrow{\text{紫外線}} O_3 + NO \tag{1}$$

$$CH_3CH=CH_2 + NO_2 + O_2 \xrightarrow{\text{紫外線}} CH_3COOONO_2 + HCHO \qquad (2)$$
プロペン　　　　　　　　　　　PAN　　　　　ホルムアルデヒド

$$CH_3CH=CH_2 + O_3 \xrightarrow{\text{紫外線}} CH_3CHO + HCHO + 1/2\,O_2 \qquad (3)$$
プロペン　　　　　　　　アセトアルデヒド

芳香族炭化水素

500～800℃での燃焼で，飽和炭化水素と不飽和炭化水素から生成する。このうちベンゾピレンは強い発ガン性を持つ。木材の低温での燃焼，すすおよびタバコの煙に含まれる。ダイオキシンも同様に木材の低温での燃焼で生成する。

16-2-3 大気汚染による公害

(1) 酸 性 雨

二酸化炭素が水に溶けると炭酸になる。炭酸は溶解度まで溶けるとpH＝5.6を示す。したがって雨がpH＝5.6以下の場合，酸性雨と定義される。pH＝5.0以下の酸性雨が観測される場合，二酸化炭素ではなくNOxやSOxがその主たる原因とされている。日本では大都市の周辺，工業地帯の周辺で酸性雨が観測されるほか，これらと無関係な離島，日本海側でも酸性雨が観測されている。

ヨーロッパの森林地帯，アメリカの五大湖地方，カナダ東南部など世界中で酸性雨の被害が報告されている。また都市の建造物，文化財に損傷を与える。

(2) ロンドンのスモッグ事件

1952年12月にロンドンで起こった。家庭暖房と周辺工場からの排煙に二酸化硫黄（SO_2）が含まれていた。冬の早朝に，逆転層が形成され，高い濃度（0.25ppm前後）のSO_2が都市を一週間ほど覆いつづけた（図16-1）。この間，通年よりも4,000人多い死者を数えた。強い酸性の霧（スモッグ）が，幼児や高齢者及び循環器に障害を持つ人々に深刻な被害を与えた。

(3) ロスアンゼルスの光化学スモッグ

1940年代アメリカに車社会が到来し，光化学スモッグが発生した。代表的な例は1952年頃ロスアンゼルスで頻発した。郊外から一斉に仕事に向かう車から一次大気汚染物質である二酸化窒素，不飽和炭化水素が排出され，渋滞した都市で蓄積される。紫外線の強い夏期にこれらは化学反応を起こし，酸化力の強い二次大気汚染物質（オゾン，PAN，アルデヒド）を生成する（式(1)～(3)）。図16-2からロスアンゼルス型光化学スモッグの発生条件を読み取ることができる。紫外線の強い日盛りに窒素酸化物が消費され，逆にオゾン濃度が最大値を示している。酸化力の強いオゾン，PAN，アルデヒドにより眼痛，咽頭痛，咳などの軽い症状から頭痛，嘔吐，意識障害など重い症状まで現れる。ロスアン

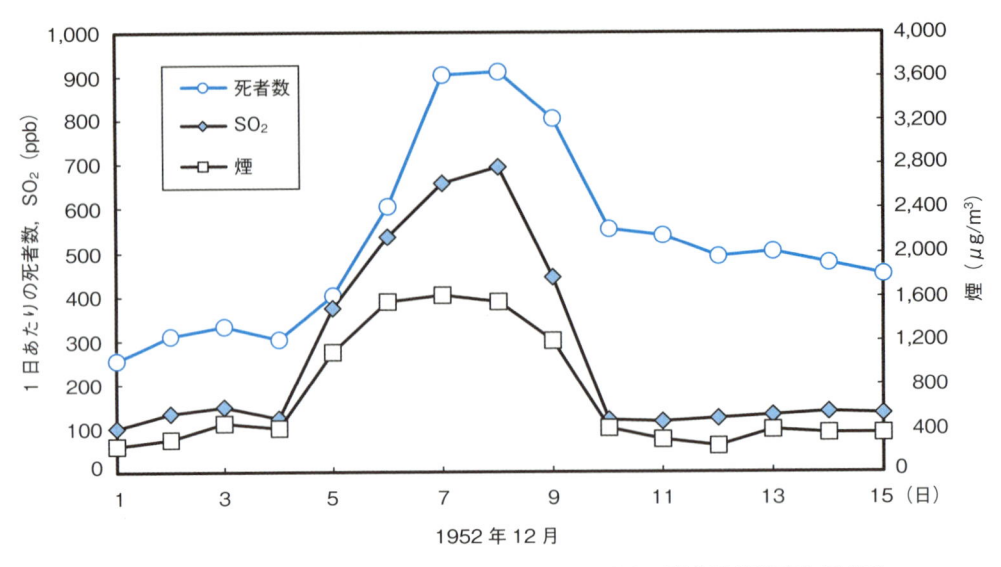

図 16-1　1952 年 12 月 1〜15 日のロンドンにおける二酸化硫黄濃度と死者数

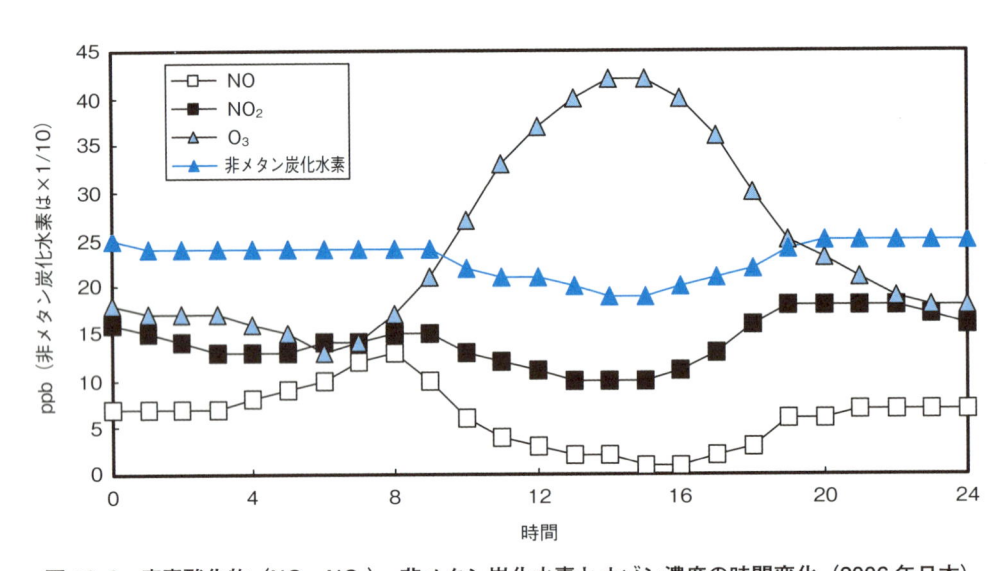

図 16-2　窒素酸化物（NO，NO_2），非メタン炭化水素とオゾン濃度の時間変化（2006 年日本）

ゼルス型光化学スモッグの発生は気温，風速，日射量など気象条件に依存するのが特徴である。

(4) 日本の大気汚染による公害

1960 年代に産業活動の活発な川崎，四日市でロンドン型のスモッグ事件が発生している。石油コンビナートから排出された二酸化硫黄が，住民に喘息や気管支炎といった呼吸器疾患をもたらした。1970 年代初夏に，関東地方でロスアンゼルス型の光化学スモッグが発生した。

(5) 越境汚染

大都市，工業地帯と無関係な離島，日本海側でも，酸性雨が観測されている事実を述べた。これは，気象条件によって窒素酸化物（NOx）や硫黄酸化物（SOx）が発生源から充分拡散せず，高い濃度のまま長距離移動する事を示している。

光化学スモッグについても同様で，産業活動の活発な中国沿岸部，朝鮮半島から光化学オキシダントが高い濃度で移動し，これまで報告のなかった九州南部，日本海側で光化学スモッグが発生している。

16-3　地球温暖化

16-3-1　地球の平均気温の変化

太陽から放射された光（電磁波）が地球に届き地表が温められるが，地球の日周運動によって昼と夜に気温差が現われる。一方，地表から輻射されるエネルギーは大気中の温室効果ガス（水蒸気，二酸化炭素）に90～95％が吸収される。この吸収されたエネルギー全体の80～90％が水蒸気，残りの10～20％が二酸化炭素にそれぞれ割り当てられる。特に気温の高い熱帯，温帯地方の夏では，水蒸気の濃度が高く，この地方の温室効果に占める二酸化炭素の割合はほとんど無視できる。

図16-3は，今から40万年前以降の長期にわたる南極の気温および二酸化炭素とメタンの濃度変化を示したデータである。気温のデータはこの測定値が得られた期間，3回の高温期とこれに続く寒冷期を繰り返したことを示している。これと同調して，二酸化炭素と

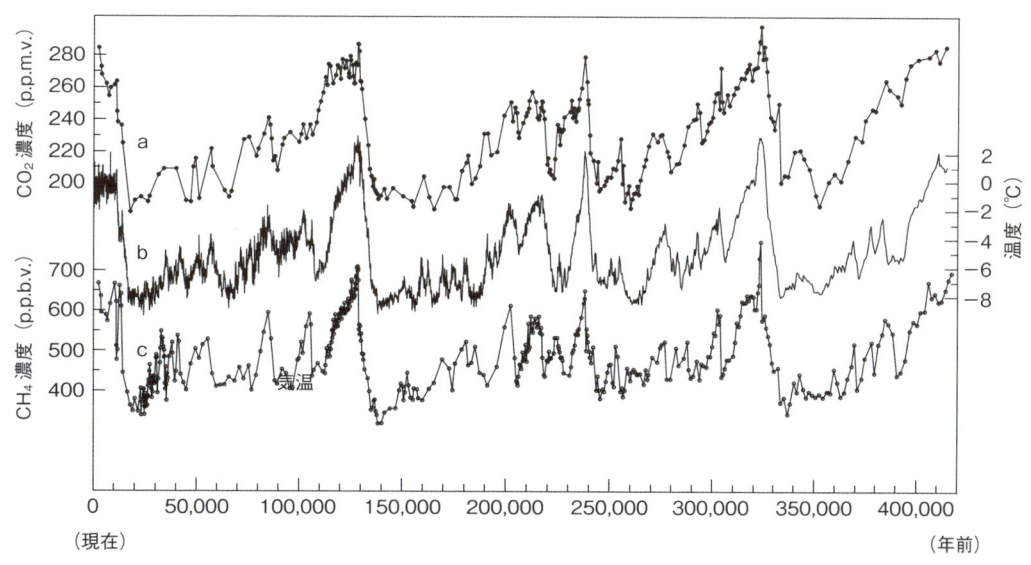

図16-3　推定される過去42万年間の二酸化炭素濃度，メタン濃度と南極の気温
（南極ボストーク基地の氷床コアから得られた。）
J. R. Petit, *et. al, Nature*, **399**, 431, (3, June 1999)

メタン濃度も周期変化している。16-1-1で海水が二酸化炭素を吸収し、二酸化炭素濃度の増加に対し緩衝作用を持つ事を述べた。気温の上昇が先行し、海水に溶けていた二酸化炭素とメタン濃度が海水温の上昇に伴う溶解度の減少によって低下し、その結果二酸化炭素とメタンが大気中に放出されると考えられる。さらに放出された二酸化炭素とメタンの持つ温室効果が気温の上昇をさらに支えると推定される。このように、現在の地球温暖化傾向の主な原因は、増加した二酸化炭素濃度と結論することはできない。

16-3-2　地球温暖化の要因

近年、大気中の二酸化炭素濃度の増加による地球温暖化説が有力である。しかし、図16-3で示される周期変動を示す変化幅の中に、注目される20世紀以降の二酸化炭素濃度の増加と気温上昇も収まってしまう。現在、地球温暖化の原因を結論づける証拠はないが、図16-3で示される気温の周期的変動は太陽の周囲を巡る地球の運動モデルを当てはめると説明できる。このモデルは、太陽から放射された光を受ける地球の受光能に周期性があることを示している。これによって、大気の温度が変動し、ひき続いて海水温が変動する。海水温の上昇は海水に溶けていた二酸化炭素とメタンを大気中に放出し、海水温の低下は二酸化炭素とメタンを吸収する。

16-4　ま と め

日本では1950年代からの高度経済成長期以降にさまざまな公害が頻発した。このうち大気汚染については、深刻な人体への影響から原因物質の特定と障害発生機構の解明が進んだ。この被害の反省から、日本を含めた先進国では大気環境は大幅に改善された。日本では1985年以降、自治体による大気汚染物質のモニタリングが実施され改善に効果をあげている。たとえば大気汚染物質のうち二酸化硫黄を例にとると、大気中濃度は1967年をピークに達し、その後しだいに減少している。国境を越えた汚染では、深刻な酸性雨を経験したヨーロッパで1979年に「長距離越境大気汚染条約」が締結され、改善にむけた各国の協力が得られつつある。今後の大気汚染を考えると、さしあたり人口の集中した都市と産業活動の活発な発展途上国の化石燃料を用いた旺盛なエネルギー消費が問題である。

参考文献

1) 篠田純男，那須正夫，黒木広明，三好伸一，「環境衛生の科学（第2版）」，三共出版（2010）

第 17 章　エネルギーと地球環境

17-1　はじめに

　エネルギーは，産業や国民生活を支える民生に必須のものである。今や 68 億人に達した地球人口を支えるエネルギー資源は，以前は石炭であり，現在は石油を中心とした化石燃料が中心となってきた。しかし，1980 年前後より，石油をはじめとしたエネルギー資源の枯渇問題に加えて，地球環境の保全が叫ばれるようになってきた。現在我々が直面している地球規模の問題の中で緊急な対応を求められる重要なものの 1 つに「地球温暖化とエネルギー問題」が挙げられている。私達人間は，エネルギーの安定供給を果たしながら，環境保全に努め，かつ経済成長を目指していかねばならない。そのためには，総合的なエネルギー対策を展開していく必要にせまられている。

17-2　エネルギーと日本

17-2-1　人類のエネルギー使用と展望

　10 万年以上昔から人類は火を利用して暖を取り，食物を煮たり，焼いたりと加工処理してきた。さらに，風力，水力といった自然の力や牛馬の力を農作物などの動力源として用いてきた。18 世紀後半に J. ワットによって，石炭をエネルギー源とする蒸気機関が発明され，最初に英国で**産業革命**を引き起こした。そして近代資本主義を誕生させ，交通・通信等の急激な発展を生み出した。20 世紀にはいると，石炭と石油を中心としたエネルギー使用量が飛躍的に増加した（図 17-1）。1900 年以降の世界の一次エネルギー消費量の推移をみていくと，第 2 次世界大戦以後から 1980 年代にかけての高度経済成長期には，エネルギーの消費量は高い伸びを示し，その主力は石炭から石油に移行していった。さらに，天然ガスや原子力のみでなく，その他の一次エネルギー資源の利用も進み始めた。

　図 17-2 に，国や地域別にみた**一次エネルギー**消費量について，1971 年から 2030 年までの実績と予想値をみていくと，中国，インドを初めとするアジアにおける将来の消費量は，急激な増加が予想される。アメリカ，欧州やアフリカ，日本を除く他の地域ではすべて 2030 年まで増加し続けていくことが予想されており，2005 年の世界のエネルギー消費量（103 億トン）に対して，2030 年にはその 1.6 倍の 165 億トンに達するとみられる。その中で，日本の消費量のみが 2030 年までに現在よりもわずかに減少すると推定されている。我が国が，1970 年代のオイルショック以来他国に先がけて省エネに努めてきた成果

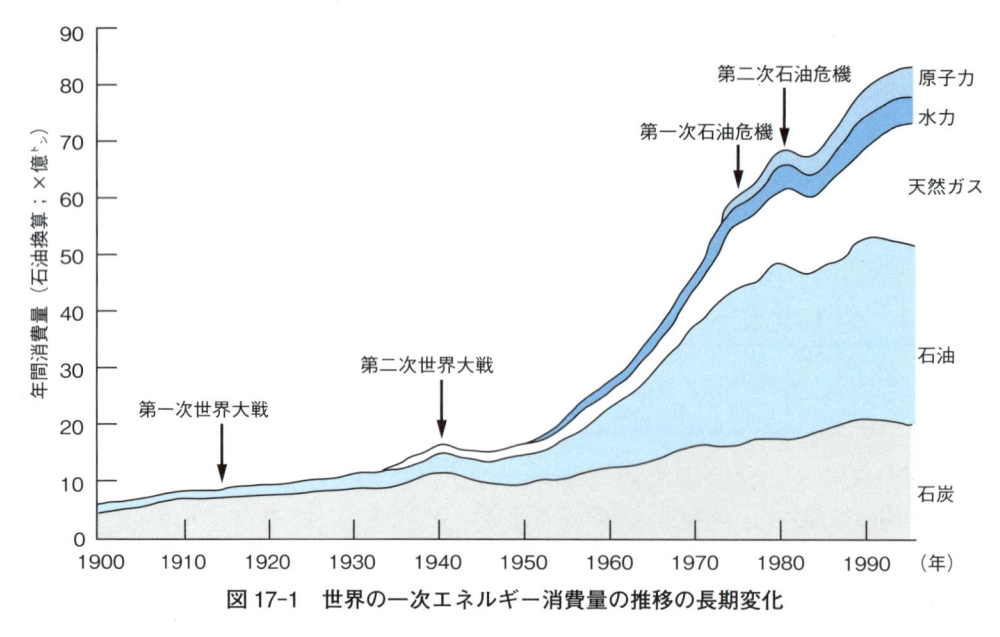

172　第 17 章　エネルギーと地球環境

図 17-1　世界の一次エネルギー消費量の推移の長期変化

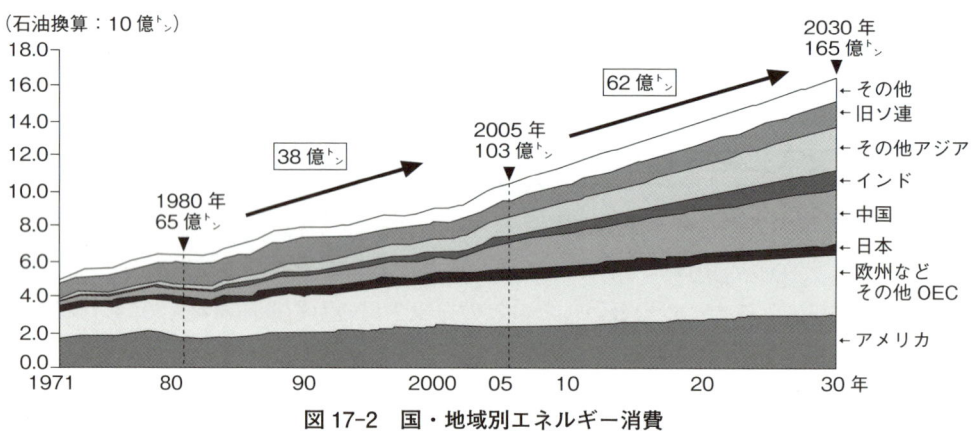

図 17-2　国・地域別エネルギー消費

がここにきて出てきたといえよう。

17-2-2　エネルギー資源の分類

　エネルギーは一次エネルギーと二次エネルギーに大きく分けられる（表 17-1）。
　一次エネルギーとは，化石燃料，天然ガス，太陽熱，光，風力，地熱，潮汐力，バイオマス（薪，トウモロコシ）などといった未加工エネルギーをさすが，その一次エネルギーはさらに二つに分類される。一つは石炭，石油，天然ガスなどといった化石燃料やウランなどのような核燃料であり，利用した後は再利用できないエネルギー資源を「非再生エネルギー」という。これらの非再生エネルギーは，やがては資源の枯渇へとつながるし，使

表17-1 一次エネルギー資源と二次エネルギー資源

	一次エネルギー資源		二次エネルギー資源
非再生エネルギー	化石燃料	石炭 石油 天然ガス	電気，液化ガス，水素，コークス，木炭など
	核燃料	ウラン	
再生可能エネルギー	水力		
	地熱		
	太陽	熱 光	
	風力		
	潮汐力		
	バイオマス（薪など）		

用後に生じた廃物（廃棄物）などが新たな環境問題を引き起こすことになる。

　もう一つは太陽光，風力，水力やバイオマスなどといった半永久的に繰り返し利用できるエネルギーのことで，「再生可能エネルギー」という。

　一方，「二次エネルギー」とは一次エネルギー資源を加工したり，変換して作られた電気，液化ガス，水素などをいう。

17-2-3　主要諸外国と我が国のエネルギー情勢と対策

　先にも述べたように，1950年以降現在に至る世界のエネルギー消費量の急激な増加により資源の枯渇が従来以上に心配されるようになってきた。石炭，原油，天然ガスおよびウラン（U）といった主なエネルギー資源の可採年数を表17-2に示した。

　まず，確認埋蔵量については石炭がずば抜けて多く，石油換算にして7,200億トンほどであるため可採年数は約300年であり，次いで原油と天然ガスが約70年である。ウランについては，今後50年程度しか供給できないと推定されている。つい最近まで天然ガスと石油もその可採年数は約50年といわれていたが，米国でシェール（頁岩）とよばれる岩盤に含まれる天然ガスと石油の採掘法を確立した事から可採年数がほぼ1.5倍位延びたのである。日本が将来に期待をかけている原子力エネルギーはU235を利用する軽水炉に依存する限り，50年程度の可採年数しか期待が持てない。しかし，後述するようにU238をエネルギー源とする高速増殖炉を用いた方法が使用可能となれば，これから数百年以上も原子力エネルギー使用が可能となる。

　表17-3に，2007年に主要先進国（6か国）が発電に用いた一次エネルギーの割合を示した。それによれば，イギリスやイタリアは天然ガスが最大であり，米国とドイツおよび日本は石炭が最も多くの割合を占め，フランスは原子力が最大となっている。発電には天然ガス・石炭・原子力それに石油といった非再生エネルギーが主要エネルギー資源である

表 17-2 世界のエネルギー資源の埋蔵量と可採年数

資源	埋蔵量※	可採年数
石炭	～7,200 億トン	300 年
原油	～1,300 億トン	～70 年
天然ガス	～1,000 億トン	～70 年
ウラン	～300 億トン	50 年[a] 100 年[b] 数百年[c]

※単位は石油換算
a) U^{235} のみ使用
b) U^{235} に Pu^{239} を加える＝プルサーマル法
c) 高速増殖炉法

表 17-3 主要国の発電電力量の構成（2007 年）（単位：％）

	日本	アメリカ	ドイツ	フランス	イギリス	イタリア
原子力	23.5	19.4	22.3	77.9	16.1	0.0
水力	6.6	5.8	3.3	10.3	1.3	10.6
天然ガス	25.8	21.2	11.6	3.9	41.9	56.0
石炭	27.7	49.0	49.3	5.0	35.3	16.1
石油	13.9	1.8	1.8	1.1	1.2	11.5
その他	2.6	2.9	11.7	1.8	4.3	5.7
合計（億 kWh）	11,003	43,001	6,368	5,745	3,983	3,141

ことがわかる。

　1973 年の第一次と 1979 年の第二次国際石油危機では、それまで石油に対するエネルギー依存度の高かった我が国を含めて世界中が大きな影響をうけた。当時の我が国は、政治的に不安定な中東諸国からの石油輸入がほとんどであったので、1973 年以後中東を中心とする石油輸出国機構（OPEC）への依存度を減らす努力がすすめられた。さらに 1979 年の第二次国際石油危機以降には、石油に替わるエネルギー資源を利用することや、さまざまな国からできるだけ多くの種類のエネルギー資源の輸入をめざすなどの努力がなされ、それは現在まで続けられている。

　2005 年度の原油、液化天然ガス（LNG）、石炭、ウランなどの主要エネルギー資源の我が国の輸入量の国別比較を表 17-4 に示した。輸入が最も多い国はサウジアラビア、次いでアラブ首長国連邦、3 位イランで、中東からの輸入量が全体の 80％近くを占めている。世界の原油埋蔵量も中東地域が 62％を占めると推定されており、石油資源の生産地と我が国の輸入量は、今後も中東地域が主となることはほとんど変わらないと推定されている。

　一方、**石炭輸入量**では、最も多いのはオーストラリアからであり、次いでインドネシア、3 位に中国の順となっており、原油の場合と全く異なっている。

表 17-4　我が国のエネルギー資源の主な輸入国

	1 位	2 位	3 位
原　油	サウジアラビア	アラブ首長国	イラン
石　炭	オーストラリア	インドネシア	中国
天然ガス (LNG)	ロシア	カナダ	ノルウェー
ウラン	カナダ	オーストラリア	カザフスタン

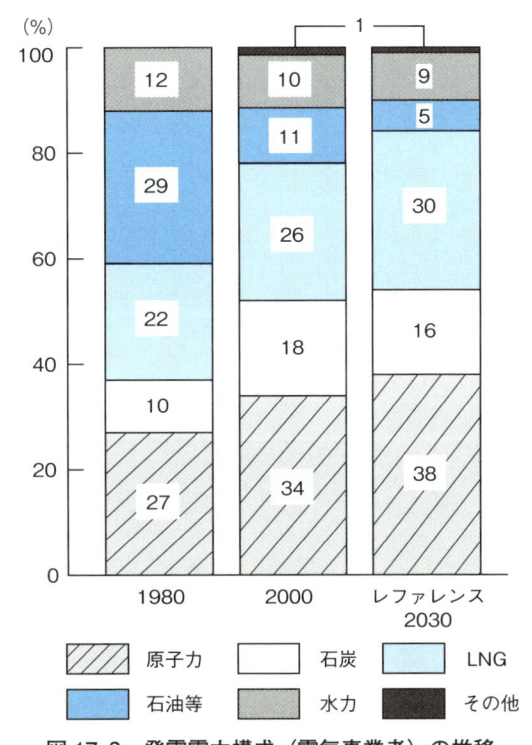

図 17-3　発電電力構成（電気事業者）の推移

天然ガスの主要輸入国は，ロシア，カナダ，ノルウェーの順である。日本はそのほとんどを液化天然ガス（LNG）としてこれらの国々から輸入している。**ウランの輸入**先は 1 位カナダ，2 位オーストラリア，3 位カザフスタンの順となっている。

以上の結果からは，我が国のエネルギー資源の輸入先が，片寄らないようにするという供給国の多様化をめざす政策が反映されてきているといえよう。

先にも述べたように 1973 年の第一次石油危機以降，原油への依存度を低くするための我が国の石油代替えエネルギーへのシフトの試みの例として，図 17-3 に 1980 年から 2030 年までの**発電電力量に対するエネルギー資源の構成変化**を示した。図には示さなかったが，1973 年当時は圧倒的に石油に依存しており，全体の 71％ほどであった。1980 年には，原子力が 27％（1973 年度は 3％），LNG22％（1973 年度は 2％）となり，そして石油は 29％へと激減した。2000 年には石油は 11％に減り，また原子力は 34％，石炭は

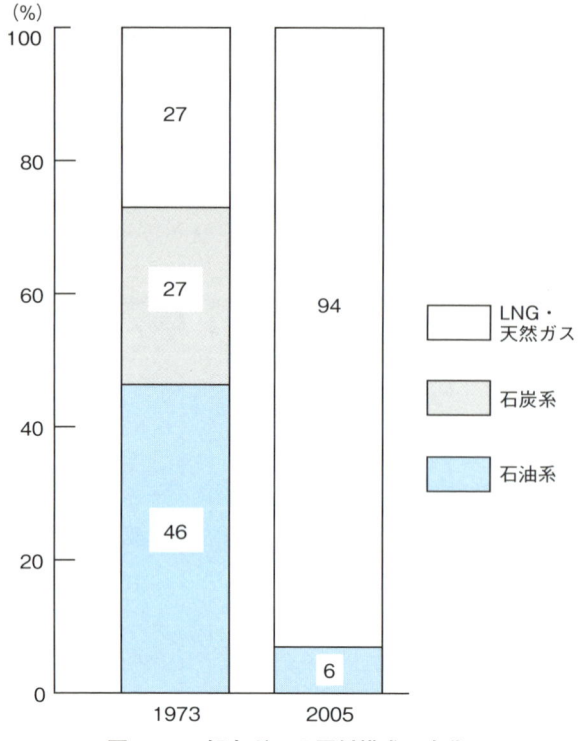

図17-4　都市ガスの原料構成の変化

18％へと増加した。2030年にはLNGは30％，原子力が38％と，両者で全体の68％のシェアまで増加するのに対し，石油の割合はわずか5％を示すにとどまると想定されている。

都市ガスの原料構成変化を1973年と2005年で比較すると，1973年46％を示した石油は2005年には6％，石炭は27％から0％へと激減したのに対して，天然ガス・LNGは，1973年27％だったものが，2005年には94％へと大幅に増加した（図17-4）。現在の都市ガスの主成分であるLNGは，メタン（CH_4）を約85％，エタン（C_2H_6）を15％含んでいる。従来よりも2倍位火力が強い上に燃焼後の二酸化炭素発生量は石炭や石油よりも少なく，環境に優しい燃料といえる（図17-5）。このように，「発電」や「都市ガス」の原料構成をみると，石油の占める割合を減らすのに成功しているといえよう。

しかし，2030年の一次エネルギー全体構成についてのプランでは，石油は現在よりも10％程度減少した38％と40％台をわずかに切る程度であり，まだまだ重要なエネルギー源となっている（図17-6）。

一方，我が国の消費エネルギーの部門別の年次推移を図17-7に示した。三部門のうち，産業部門のエネルギー消費量は石油危機以降ほとんど変化していないが，民生部門と運輸部門の消費量はずっと増加を続け，三者の比率は石油危機時の4：1：1から2006年度には2：1：1.4まで変化している。ところで，民生部門は家庭部門と業務部門の二つの部門

17-2 エネルギーと日本 177

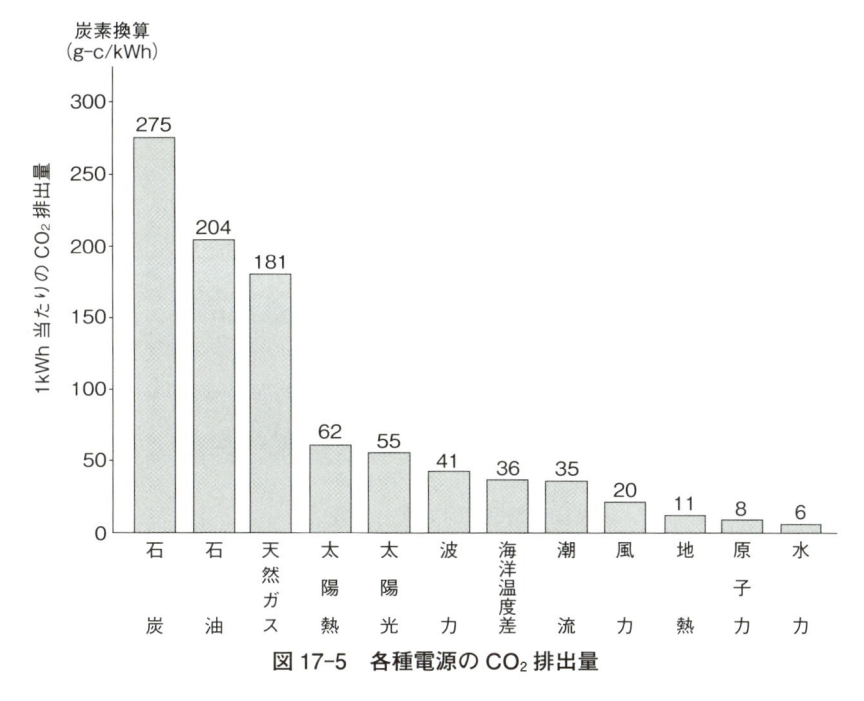

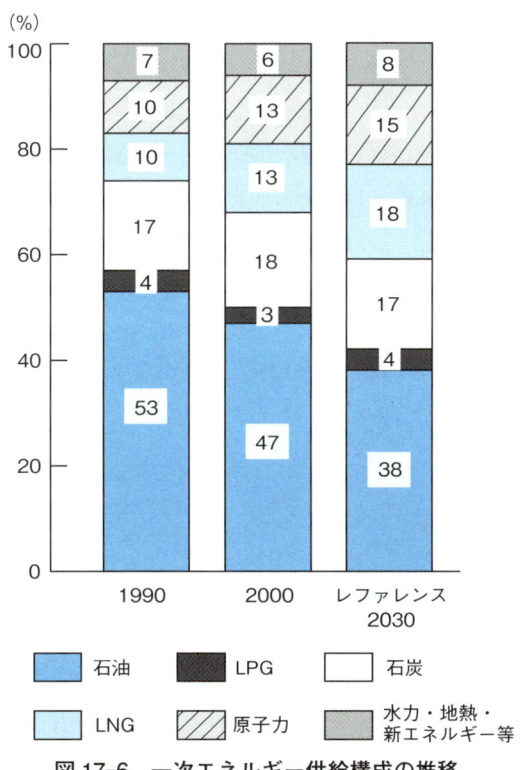

図 17-5 各種電源の CO_2 排出量

図 17-6 一次エネルギー供給構成の推移

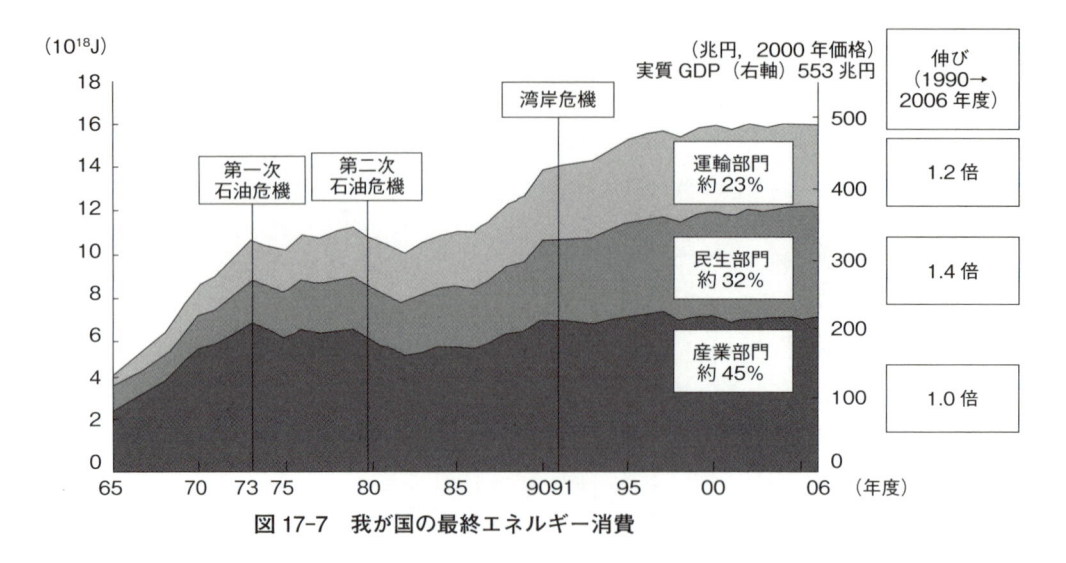

図 17-7 我が国の最終エネルギー消費

から成っており，2006年度のエネルギー消費全体の32%を占めている。「家庭部門」はその中の42%を占めている。残りの68%は，「業務部門」が占めることになる。「業務部門」とは，企業の管理部門等の事務所やビルそれにホテルやデパートといった第3次産業等をさしている。「家庭部門」の消費エネルギーは給湯（34%），暖房（31%），動力・照明など（19%），厨房（16%），冷房（1%）等で占められている。運輸部門は，2006年度にはエネルギー全体の23%を消費しているが，その中には自家用車の消費エネルギーが入っており，「運輸部門」の消費エネルギーのうち約30%を占めている。

私たちは，できる限りマイカーの使用を控えて公共機関を極力利用するように努めることや，マイカーの買い替えや新規購入の際には，ハイブリッド車や電気自動車，天然ガス自動車，メタノールやエタノール車などといったエコカーを選んでほしいものである。また，政府もこういったエコカーの購入者に対して今迄以上に補助金等の配慮を考えなくてはならない。こういった石油エネルギーの節約に努めることが，ひいてはCO_2やNO_x，SO_xといった地球温暖化物質や酸性雨の抑制につながることにもなる（図17-5）。ちなみに，我が国のマイカーは今や7千万台，さらに各家庭で無駄な給湯，冷暖房（特に暖房），照明等の節電に取り組む姿勢を常に忘れないで，日々の生活を送りたいものである。

17-3　化石エネルギー

17-3-1　石　　油

石油は，19世紀半ば米国中南部で発見された。常温常圧の状態で液体のため，容易に輸送が可能であることや，石炭と異なり燃え殻や灰が残らないことから，20世紀の急速なモータリゼーション化に伴い，その需要は急速に増大した。石油の残存確認埋蔵量はサ

ウジアラビア，イラク，イランなどの中東地域に偏在しており，全体の62％を占めている。

先にも述べたように，我が国においても一次エネルギー供給構成に占める石油の割合は49％（2001年度）と，最も重要なエネルギー源である。しかも，政情が不安定な中東への依存度は1973年に78％であったが，石油危機後の1987年には67％へと下がったが，それ以降にはまた増大している。脱石油化が進められてきたとはいえ，現在でも，石油は世界のエネルギー需要の39％を賄う最大のエネルギー供給源である。

製油所において沸点の差を利用した分留，水素化などによって，石油からはLNG，ガソリン，ナフサ，ジェット燃料，灯油，軽油，重油などが製造される。さらに，減圧蒸留と種々の精製工程を得経て，各種の潤滑油も製造される。この工程でパラフィンやアスファルトが副次的に生産される。このように各種自動車や飛行機の燃料のみでなく，プラスチックをはじめとして私達の生活は石油を原料とする製品に囲まれている。採油法技術の進歩により可採年数が伸びたとはいえ（表17-2），限りある石油資源をエネルギー源だけに利用することは，将来的に許されなくなってくると考えられる。

17-3-2 石　　炭

太古の地球上は，現代よりも温暖で雨量も多く，広大な樹木が繁茂して森林を形成していた。石炭は数億年から数百万年まえの太古の植物が集積し，地熱と地圧を受け，種々の物理化学的な変化を経て生成されたものと考えられている。

世界全体の採掘可能な石炭の埋蔵量は9,845億トンとされている（2001年）。石炭埋蔵量の多い国は米国，旧ソ連，中国等で，石油と比較しても石炭は世界各地に分散しているのが特徴である。可採年数も300年と，石油や天然ガスと比較して数倍長い。ただし，石炭は燃焼すると酸性雨や地球温暖化の原因となるNOx（酸化窒素），SOx（酸化硫黄）やCO_2を大量放出するため，これらの処理が今後の課題として残されている（図17-5）。日本は，世界に先がけて石炭の燃焼に由来する酸性雨のおさえこみ技術の開発に成功しており，この技術を海外の諸外国に伝えると同時に，今後もさらにこの問題に取り組んでいかなければならない。

世界全体の石炭生産量は，2001年には47億トンに達し，世界の一次エネルギー消費の26％をまかなっている。我が国でも，石炭は一次エネルギー全体の18％を占め，石油に次ぐ重要なエネルギー源である（図17-6）。

17-3-3 ガ　　ス

ガスの種類には，石油ガス，天然ガス，メタンハイドレート等がある。石油ガスには，原油を生産する際に得られる「天然石油ガス」と天然ガス田から採掘した「天然ガス」，それにメタンハイドレートの3種類がある。メタンハイドレートは17-10-3で説明する。

(1) 天然石油ガス（石油ガス＝LPG）

天然石油ガスはプロパン（C_3H_8），プロピレン（C_3H_6），ブタン（C_4H_{10}），ブチレン（C_4H_8）等を主成分とする炭化水素であり，常温常圧では気体である。天然石油ガスは，地下の高圧状態では原油中に溶解しているが，地上に噴出して圧力が低下すると原油から分離したガスとなる。現在では，原油採取段階で発生する天然石油ガスを液化し，液化石油ガス（Liquefied Petroleum Gas=LPG）専用船による輸入が主体となっている。

(2) 天然ガス・**LNG**

一般に，天然ガスといわれるものは地層中にすでにガスと水とが分離していて，ガス田からはガスのみが噴出する。天然ガスの主成分はメタン（CH_4）で水素の成分が多く含まれているため，燃やした場合に酸性雨の原因となる二酸化炭素（CO_2）の排出が石炭や石油などと比べて少ない特徴がある。また，CO_2 と同じ酸性雨の原因物質である酸化硫黄（SO_X）排出がほとんどないといった特徴も持っている。海外から天然ガスを日本に輸入する場合，－160℃くらいに冷却して液化天然ガス（Liquefied Natural Gas=LNG）として専用タンカーで運んでくる **LNG** は輸送中に一部が気化するが，大型LNGタンカーはその気化した天然ガスを燃料にして動いている。石炭や石油と比べて比較的クリーンなエネルギー資源であり，今後，地球環境問題への対応のためや発展途上国などでエネルギー需要の増大に伴い，我が国のみでなく世界中で需要が増大すると考えられている。さきにも述べたとおり，アメリカが今まで不可能であったシェールという岩盤に含まれている天然ガスと原油の採掘技術を新たに開発したので，当分の間は十分に供給できることとなった（表17-2）。

17-4 原子力エネルギー

我が国では，茨城県東海村で1963年10月26日に日本原子力研究所の動力試験炉（JPDR）が運転を開始してから，休止中の分を除いた52基の軽水炉をはじめとする原子炉で発電が行われ，我が国の発電全体に占める割合は2000年には34％に達した（図17-3）。この48年以上にわたり，住民が直接に被害を受ける事故は発生していなかったが，2011年3月11日に東北太平洋沖地震による津波の影響で，福島原発の原子炉4基が炉心溶融の状態となり，甚大な放射能汚染をもたらした想定外の大惨事となった。政府は全国の原子炉を停止させ，新たな安全基準による安全性が確保されない限り再稼働を容認しないことにした。この事故後，国民の間でも原子炉の再稼働に慎重な意見が多くなっている。ここでは，原子力発電の概要を学び，再稼働や廃炉に関する諸問題を考える。

17-4-1 原子の構造と核エネルギー

原子力発電の燃料に用いられる**天然ウラン**には質量数238（U238），235（U235），234（U234）の3種類の**同位体**（アイソトープ）が存在しており，それぞれの同位体の存在比

表 17-5　元素の同位体

元　素	同位体	天然存在比（％）	放射性同位体
水素（H）	$^{1}_{1}H$	99.985	
	$^{2}_{1}H$	0.015	
	$^{3}_{1}H$	極微量	○
炭素（C）	$^{12}_{6}C$	98.90	
	$^{13}_{6}C$	1.10	
	$^{14}_{6}C$	極微量	○
酸素（O）	$^{16}_{8}O$	99.762	
	$^{17}_{8}O$	0.038	
	$^{18}_{8}O$	0.200	○
ウラン（U）	$^{234}_{92}U$	0.01	○
	$^{235}_{92}U$	0.72	○
	$^{238}_{92}U$	99.28	○

は99.28%，0.72%，および0.01%以下である。同位体とは原子中の陽子の数は等しく，中性子の数が異なるものをいい，化学的性質は同一である。ある元素の同位体のうち，放射線を放つ（＝放射能を持っている）ものを**放射性同位体（ラジオアイソトープ＝RI）**という。放射線には，α線（高速のHe原子核），β線（高速の電子），γ線（エネルギーの大きい電磁波）などがある。一方，放射線を放出しない元素を「安定同位体」という。それらの例をまとめて表 17-5 に示した。

U235に低速の中性子（熱中性子）を衝突させると原子核が分裂し，U235の半分程度の質量からなる二つの核種である。Ba（バリウム）140とKr（クリプトン）90の周辺の多くの人体に有害な放射性核種（実に200種），および～3個の高速中性子（$^{1}_{0}n$）を作り出すと同時に約200 MeVという巨大なエネルギーが放出される（17-1式）。この高エネルギーを少しずつ取り出して利用するのが原子力発電である。

$$^{235}_{92}U + ^{1}_{0}n \longrightarrow \sim ^{143}_{56}Ba + \sim ^{90}_{36}Kr + \sim 3\,^{1}_{0}n + \sim 200\,\text{MeV} \qquad (17\text{-}1)$$
　　　熱中性子　　　　　　　　　　　　　　　　高速中性子

（200 MeV＝200メガ電子ボルト，1 M＝1メガ＝100万，1 eV（電子ボルト）＝23 kcal）

熱中性子とは速度の遅い中性子のことで，平均2.2 km/秒の時速をもつ。また，**高速中性子**とは核分裂反応で生じたばかりの中性子のことで大きなエネルギーを持ち，その速度は約300 km/秒と熱中性子の150倍近い。

なお，1 gのU235が核分裂反応を起こした時に発生するエネルギーは8.87×10^{10} kJ（＝2.2×10^{10} kcal）という膨大なものとなる。この高エネルギーを発電に利用するのである。これを1 gの灯油の燃焼熱と比較すると，約200万倍にもなる。

(17-1) 式の反応で生成した3個の高速中性子が引き続き新たに3個のU235の原子核に衝突すると，それぞれが (17-1) 式に従って核分裂反応を引き起こす。さらに9個の高速中性子を放出すると同時に～200 MeV×3＝～600 MeVの巨大エネルギーを産出する。このように，次から次へと連続して起こる反応を連鎖反応といい，核分裂に基づく連鎖反

応を**核分裂反応**という。この連鎖反応を急激に起こさせる（約10万分1秒）のが**原子爆弾**であり，制御棒や減速剤を加えてゆっくり反応させるようにしたのが**原子炉**である。

核分裂反応の起こりやすさは同位体によって大きく異なり，U235の原子核は速度の低い熱中性子を吸収するだけで核分裂できる。U238は速度の高い中性子（高速中性子）を照射した時のみ，核分裂反応を起こすことができる。U238を利用した高速増殖反応による原子力発電は，17-3-4で後述するように未だ実用段階に入っていない。

なお1945年に米軍により我が国に投下された**原子爆弾**は，**広島ではU型**が，**長崎ではPu（プルトニウム）型**が使われた。

17-4-2　原子力発電のしくみと原子炉の様式

原子力発電は火力発電と同様に熱エネルギーを利用し，発生させた高圧水蒸気でタービンをまわして発電させるものである。核燃料ウランの核分裂を制御しつつ，連続的に反応させ，そこで生じる莫大な熱エネルギーを利用して発電する。核反応を進行させる反応容器となる**原子炉**は，70〜150気圧，290〜330℃以上の条件に耐える圧力容器と容器内部の四つの構成要素（**燃料棒，減速剤，制御棒，冷却材**）からなっている（図17-8）。なお，原子爆弾はこのような核分裂反応を制御する構成要素を必要としない。

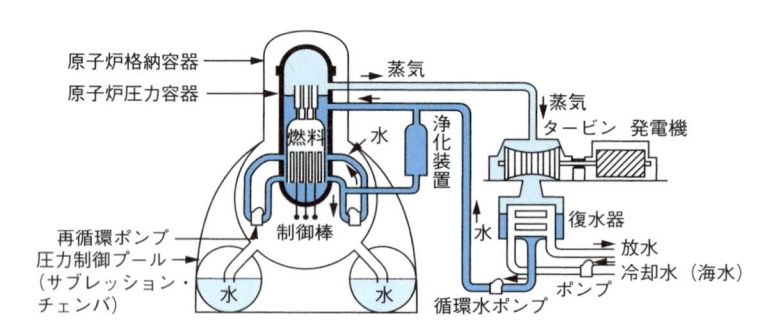

図17-8　沸騰水型原子力発電

燃料棒とは，天然ウランに含まれるU235を天然の0.72％から約3％に濃縮した後，焼き固めてつくった酸化物のペレットをジルコンの化合物でできた筒に充填したものをいう。燃料棒を一定数集合させると，臨界に達し，核分裂反応が起こる。

核分裂反応で生じた高速中性子の速度を落とすための「減速剤」として，水＝軽水（H_2O），重水（D_2O），黒鉛などが用いられる。原子炉は用いた減速剤の種類によって軽水炉，重水炉，黒鉛炉などとよばれる。核分裂反応を低下および停止するために，原子炉中を飛び回っている中性子の数を減らす役目をするのは「制御棒」であり，中性子の吸収能力の大きいカドミウム（Cd）やホウ素（B）化合物（炭化ホウ素など）が用いられる。

核分裂反応によって生じた莫大な熱を，タービンを回す水蒸気に伝える役目をする「熱

表 17-6　福島原発事故前後の原子炉稼働状況

	2011 年 3 月の基数	2018 年 2 月の基数
運転中	55	5
建設中	2	
計画中	11	
再稼働認可済み		9
再稼働申請中		12
休止・未申請		18
計画・工事中止		6★
廃炉・解体中	1★	19★
稼働中・稼働の可能性がある原子炉の合計	68	14〜44

★がついている数字は合計に含まれていない。

伝達物質」には，軽水（H_2O）やヘリウム（He）などが用いられる．これらの熱伝達物質は同時に燃料棒を冷却する役目をするので，「冷却材」ともよばれる．

　我が国では原子力発電に沸騰水型原子炉（図 17-8）と加水型原子炉が用いられており，いずれも核分裂反応で生じた熱エネルギーは軽水に吸収される．「沸騰水型原子炉」では，沸騰した軽水をそのまま蒸気にしてタービンを回す．一方，「加圧水型原子炉」では，炉心を通り抜け熱エネルギーを吸収した軽水（一次冷却水）の熱交換機で二次冷却水に伝え，これが水蒸気となってタービンを回し，発電する．

17-4-3　我が国と諸外国の原子力発電所の現状と将来

　福島原発事故の前は，我が国の原子力発電所は 55 基（4958 万 kW）が稼働していたが，将来，さらに 11 基を含めた合計 68 基（6,681 万 kW）までの稼働が計画されていた．しかし，事故後の現在ではわずか 3 基となった（表 17-6）．福島原発事故はチェルノブイリ事故に匹敵するほど甚大な影響を日本社会に与えたため，原子炉推進政策は，一時的にしろ，大幅な変更を余儀なくされた．

　一方，世界を見ると原子力発電の推進は国ごとに大きく異なっている．米国では，1979 年のスリーマイル島原子力発電所の事故以来 30 年ぶりに原発の新規建設を検討し，30 基以上の建設が予定されている．トランプ大統領も再興と拡大を表明している．1986 年のチェルノブイリ原発の大事故で建設を控えていたロシアは，現在 25 基建設や計画を推進している．

　アジアでは，中国は倍増する勢いで積極的に進め，世界第 2 位の原発大国に向かっているだけでなく，海外にも原発プラントを輸出している．インド，パキスタン，韓国，台湾，ベトナムも火力発電では，カバーしきれない電力需要を原発に依存する考えが数字に現れている．

　欧州では，ドイツが原子力発電所の撤廃宣言をしているが，2010 年になって現在使用中の原子炉の使用廃棄期限を約 20 年延長すると発表した．温室ガス削減やクリーンエネルギーへの変換は試みているが，火力発電や隣国の電力供給に依存する割合が高い．逆に，原発依

存度が全電力の76%と高いフランスでは，現在建設中の原発は1基のみであり，その依存度を50%にまで削減する考えを示している。ただ，最近，その実施計画を延期した。英国は，2基の原発を計画中である。温室ガス削減を目指して原発数を新設する考え方が強い。

現在，400基前後の原発が稼働している世界では，2030年頃までには600基を超える勢いで建設や計画が進んでいる。

米国は，1979年のスリーマイル島原子力発電所の事故以来30年ぶりに原子力発電所の新規建設を検討し，30基以上の建設が予定されている。1986年のチェルノブイリ原発の大事故で建設を控えていたロシアは40基程度の建設を予定し，アジアではインド，中国，ベトナムも多数の原発設置を予定している。

他のアジア，中東の多くの地域の国々も化石燃料の将来の見通しの困難さから新設を計画している。欧州では，ドイツが原子力発電所の撤廃を宣言しているが，最近（2010年）になって，現在使用中の原子炉の使用廃止期限を約20年延長すると発表した。また，英国が2017年に新しい原子力発電所建設を予定しており，デンマークや東欧圏諸国も原子力発電所の新設を予定している。今のところ，総数で120〜150基の原子力発電所建設が2030年頃までに予定されている。

過去10年で新設されたのは21基にとどまっていたのと比べると，原子力発電所新設に向けての大幅な見直しが始まったといえる。

17-4-4 原子力発電の新しい計画

ウランを核燃料として1回限りしか利用しないのであれば，石油よりわずかに長い50年程度でウラン資源は枯渇すると考えられている（表17-2）。したがって，日本のみならず諸外国も核燃料リサイクルを将来の重要な課題として位置づけている。核燃料のリサイクルは，(1) 使用核燃料中にまだ含まれているU235の利用はもとより，核分裂によって新たに生成されるプルトニウム239（Pu239）を取り出し，核燃料として再利用すること（プルサーマル法），(2) 安定同位体のU238に「高速中性子」を照射して核分裂反応を起こさせてPu239を製造してU235とともに核燃料として利用すること（高速増殖炉法）の二つからなっている。

(1) プルサーマル計画

安定同位体のU238の一部は，原子炉の運転中のU235の核分裂により生じた高速中性子によりPu239に変わる。たとえば，100万kW発電所を1年間運転する際に用いられるU燃料は約30トンであるが，この際，燃料棒中に約200 kgのPu239が生成する。生成したPu239はU235よりも核分裂反応をおこしやすいので，再処理によって取り出したPu239を現在用いられているU235燃料に5〜8%混合し，それを軽水炉型原子力発電所の燃料として利用するというものである。ここで用いられる「プルトニウムとウランの混合酸化物燃料」の英訳「Mixed Oxide Fuel」の略称を用いてMOX燃料といい，その利用計画は「プルサーマル（プルトニウムを原子炉で熱に変える）計画」とよばれる。

我が国では，2010年度までに16〜18基の原子力発電所でプルサーマルを実施する計画を打ち出しており，現在国内の3か所で稼働中である（2010年）。

この方法はすでにフランスで実用化されており，我が国が世界で2番目ということになる。この方法を用いると，U 235の使用可能年限は50年延びて100年位になると推定されている。

(2) 高速増殖炉

今までに述べてきた軽水炉型原子力発電とは異なり，高速増殖炉はウラン燃料（U238）を燃やして発電しながら，同時に，消費するU238以上の量のPu239を生産することができるという夢のような原子炉なのである。この型の原子炉は，一次エネルギー資源の乏しい日本にとって将来の究極の原子炉として期待されている。

高速増殖炉では，炉心の周辺部におかれた燃料のU238がプルサーマル計画の場合と同様に核分裂反応で生じる「高速」中性子によって増殖反応を起こしてPu239になり，新たな核燃料となる仕組みをもっている。「高速増殖」の名称はここから由来する。しかし，実用化への困難さから，日本を除いた欧米諸国はこの研究からすべて手を引いた。

しかし，これといったエネルギー資源を持たない我が国は，「プルサーマル計画」と「高速増殖炉計画」の両方をあわせた「核燃料利用サイクル」を想定している。この二つの方法を併用して原子炉内で生成するPu239まで利用することに成功すれば，Uの使用可能年数が一挙に数百年まで伸びると試算されている。一方，1995年に我が国の実験用高速増殖炉「もんじゅ」において，ナトリウムが漏洩するという事故が発生した。この事故による，従業員や周辺住民への放射性物質による影響はなかったが，安全管理などの面で多くの課題を残した。結局，「もんじゅ」は廃止措置となった。

17-4-5 原子力発電の問題点

(1) 使用済みの放射性廃棄物の保管と処理

Sr90やCs144など200種類にも及ぶ強い放射能を持つ高レベル放射性廃棄物が保管されたままになっている。それは膨大な量であり，処理が終るのはいつのことか見当もつかない。ただ保管しているだけのような状態である。我が国の使用済み核燃料再処理工場は青森県六ケ所村に設置されているが，しばらく故障したままであった。漸く試験操業を終えて，近く稼働を始める予定となった。

(2) 廃　　炉

原子力発電所は老朽化に伴い，30〜50年でその役目は終わる。我が国ではこれまでに日本原子力発電所の動力試験炉（HDR）の解体撤去を1996年に完了している。商業炉では1998年3月に茨城県東海村の東海1号炉が廃炉となり，2001年12月から解体作業が始められており，作業終了は2020年前後の予定である。福島原発の廃炉作業に苦労しているわが国だけでなく，世界的にも廃炉処分が大きな問題となる。

(3) 原子炉の安全性

原子炉施設は平常時においては勿論のこと，施設内の事故やトラブルおよび地震などに対する安全対策は十分とられている。しかし，1979 年の米国スリーマイル島原発事故や 1986 年のソ連チェルノブイリ原発の大事故は，想定外の事故であった。2011 年 3 月の福島原発事故も未曾有の大震災による津波がひきおこしたトラブルである。このような大事故が起こったときには，どのように対処するのかという問題は，まだ十分に解決されていない大きな問題として残っている。

(4) 放射線と健康

原子力施設の事故により放射性物質が環境中に放出した場合，放射性物質は直接，あるいは食物を経て人体内に取り込まれる。取り込まれた放射性物質は一部の組織に濃縮され，その部位で放射線を出し続ける。これを内部被爆といい，人体に及ぼす影響が著しく大きい。特に，白血病を初めとする発ガン等が多い。チェルノブイリ原発事故の後には，放射性ヨウ素 I 131 による小児甲状腺ガンが多発し，多くの生命が失われた。

なお，シーベルト Sv（J/kg 単位）は「線量等量」である。

　　線量等量＝人体への電離放射線量×吸収線量量＝被爆線量

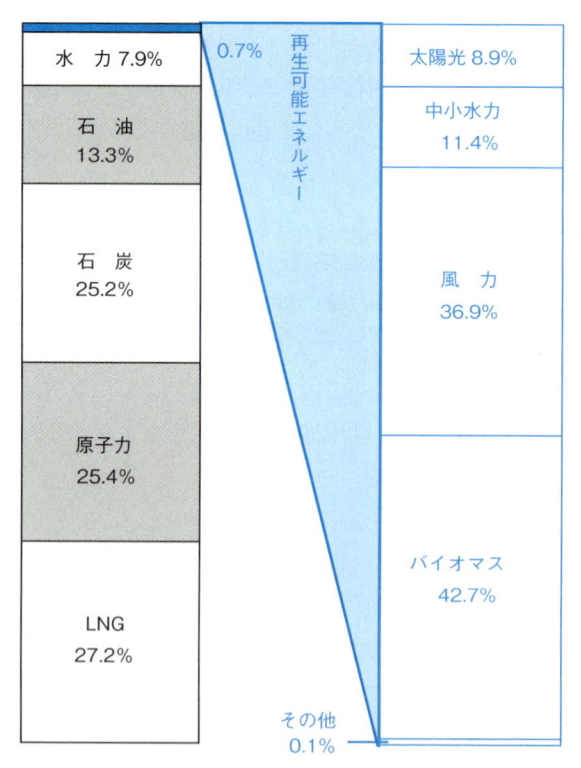

図 17-9　日本の発電量に占める新エネルギーの割合

17-5　再生可能エネルギー

　先にも述べた原子力エネルギーに加えて，もう一方の中心として期待されているのが水力や太陽の光と熱，地熱やバイオマスに代表される自然エネルギー（再生可能エネルギー）である。これらは国内で得られる再生可能エネルギーであることも大きな魅力であり，しかも二酸化炭素を放出せず，また環境を汚さないことから，クリーンエネルギーともよばれている。

　再生可能エネルギーは現時点では従来型発電に比べて発電コストが高いことに加え，大容量発電に向かないとか出力が安定しないといった難点がある。現在，日本の総発電量に占める再生可能エネルギーの割合は，水力発電の7.9%を除くとわずか0.7%に過ぎない（図17-9）。

17-5-1　水　　力

　水力エネルギーの特徴としては，それが水の位置エネルギーであるため，貯蓄可能であることが挙げられる。そのため，自然エネルギーであるにもかかわらず，比較的安定で密度の高いエネルギーである。それは，降水や地下水や積雪となって貯蔵され，少しずつ広範囲の場所から川に集まってくるからである。また，水力エネルギーは人工的に貯めておき，需要の変動に合わせて使うことができる。

　日本全体の包蔵水力（開発可能な発電水力資源の量）は1,350億kwhで，大規模な地点がほとんど開発しつくされ，小規模な地点が多く残されている。

　水力エネルギーは主に発電に使われており，全発電力の約10%を占めている（図17-3）。水力発電は機構が単純で高温部分がなく，故障が少ない。また，数分間で機動・停止が可能で，出力調整もすばやくできる。そのため，朝方の需要急増，昼休みの需要急変への対応，緊急時の予備力としても用いられている。水力発電はクリーンで純国産・再生可能なうえに，上述のような特色をもつ反面，ダム上流に砂がたまるために起きる洪水氾濫，濁水の長期化などさまざまな問題もかかえている。とはいえ，水力発電は今後も全発電量の10%程度を占めていくであろう。

17-5-2　太陽光発電

(1)　太陽ネルギー　―太陽光発電―

　太陽は半径が地球の約109倍，表面温度が6,000°K（80万℃）の高温の天体で，今後50億年間は核融合反応による光と熱を安定供給し続けると考えられている。しかし，太陽光発電の実用化につながる理論の発展や技術開発は，1940年から50年代という比較的遅い時期になってアメリカにおいて進められた。1954年に米国ベル研究所で単結晶シリコンを用いて直接電気を取り出す太陽電池が発明された。

　太陽電池が初めて利用されたのはアメリカにおける宇宙開発であり，1958年には通信

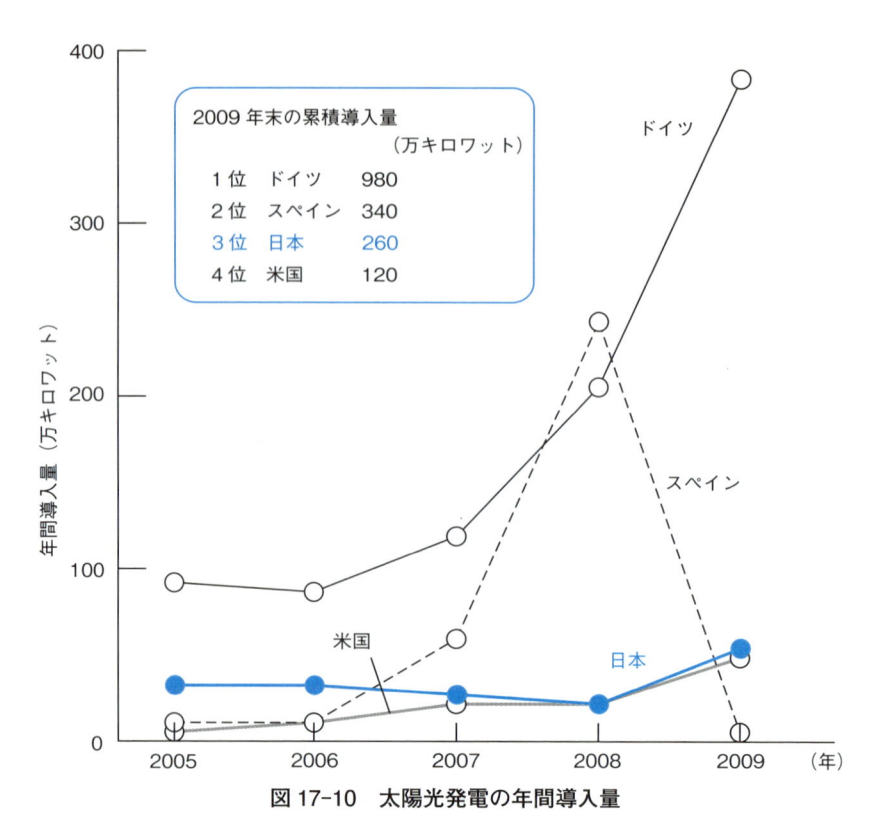

```
         2009年末の累積導入量
                      （万キロワット）
         1位  ドイツ     980
         2位  スペイン    340
         3位  日本       260
         4位  米国       120
```

図17-10　太陽光発電の年間導入量

用の電源として太陽電池を搭載した人工衛星が打ち上げられた。民生用機器への利用は1960年代に入ってから始められたが，現在のように普及しはじめたのは1980年代に入ってからであり，電卓などの身の回りの電気製品の電源から電力会社の配電系統に接続するところまで開発が進められてきた。太陽光は，次代エネルギー資源のエースとしての今後の開発が最も期待されている。

(2) 原理と特徴

シリコン（Si）にリンを少量入れて結晶化すると自由電子をもつn型半導体ができ，1個少ないホウ素を入れると電子の不足したホール（正孔）をもつp型半導体ができる。このp型半導体とn型半導体を接合したもの（pn接合）が太陽電池の基本的構造である。pn接合型半導体のn型半導体部分に光を当てると，外部回路に電圧が発生し，電子の動きと反対の向きに電流が流れる。これが太陽電池である。

(3) 太陽光発電システム利用の現状

太陽光システムは以下の二つに分類される。

　i　集中型発電システム　　太陽発電を集中して行う大規模発電所のことである。我が国は1980年から10数年にわたる試験を行って集中型の発電方式は有望でないと結論を出し，以降は需要家庭ごとに太陽電池パネルを設置する分散型の発電システムへと政策を転換することとなったが，最近は海外の諸国でこの発電方式が注目を浴びている。我が国で

も今後再度注目を浴びることになるであろう。

　ⅱ　**分散型方発電システム**　　電力会社の発電系統に接続しているもの（系統連系型）：一般住宅の屋根やビルの屋上などに太陽電池パネルを設置して利用する方式で，1994年から我が国の家庭や公共施設で導入されるようになった。我が国は，この方式の導入当初の1994年から2003年に至る10年間の国別導入量ならびに太陽電池の生産量で共に世界の1位を誇ってきた。日本が累積導入量と生産量の世界1位を走り続けられたのは，世界に先駆けた住宅用太陽光発電導入者への補助金による補助育成制度があったからである。

　一般家庭には，年間で3.0～4.5 kWの使用可能な太陽光発電施設が導入されると見込まれているが，その1 kW当たりのシステム価格と購入者への補助金の年次推移のデータがある。1994年の補助金は約90万円とほぼ50％の補助があったが，2000年を超えたあたりから補助金額が減っていき，2005年度の補助金はわずか2万円へと減額された。その年をもって廃止となってしまった。この2006年からの補助金打ち切りが，日本の太陽光電力導入の伸びを止める決定的要因となった。2005年度には，累積導入量でドイツは日本を抜いて1位となり，ついで，スペインも2007年には年間導入量で日本を抜いて2位となった。しかし，2009年にはスペインは市場が崩壊して7万kWに激減したため，我が国が再び2位となった（図17-10）。

(4)　再生可能エネルギー普及促進に向けた我が国と諸外国の補助制度

　現在の太陽光発電コストは1 kWhが約46円と家庭用電気料金の23円のほぼ2倍であるが，これを原子力発電なみの7円へと大幅に下げる目標を掲げている。ちなみに，1 kWh当たりの概算は，原子力7円，火力7～12円，水力11円，風力で10円である。現在人類が利用している主要なエネルギー（化石エネルギーや原子力エネルギー等）に替わる環境に優しい再生可能エネルギーの導入普及のためには，これらのシステム導入価格や発電コストを出来るだけ安くするための補助金を出すなどの政府の援助が必須である。

　現在我が国を含めた諸外国の政策等を以下に述べる。

　1)　FIT（固定価格買い取り制度）

　日米を除く他の多くの国は，FITにより再生可能エネルギー（太陽光発電，風力，バイオマス等）を導入した家庭等の余剰電力を一定の高価格，1 kWh（＝1キロワット時）を～70円と日本の2～3倍で買い取ることを電力会社に「義務」づけている。導入家庭は余剰電力を会社に販売して利益を得ることができるため，安心して再生可能エネルギーによる発電施設を導入できる。そのおかげで，導入する家庭や企業が急増したのである。今までは，1 kWh23円で買い取っていた我が国も，2009年11月より1 kWh48円の高値で買い取ることになった。2011年以降のシステム導入家庭が再び延びることは期待できる。

　2)　RPS（新エネルギー利用特別措置法）

　我が国は2006年度に廃止された「補助金制度」に代わるものとして，2003年度に一定割合の再生可能エネルギー利用を電気事業者に義務づけたRPSを制定した。そして2006

年度のRPS目標値を0.5％とした。2006年度以降の太陽電池の導入設置実績の伸びが鈍かったのは，システム導入補助金廃止に加えて，このRPSの0.5％という目標値が低すぎたのではないかと考えられている。その証拠として，すべての電気企業がこの目標値を軽くクリアしていたことが挙げられている。2014年度のRPSによる電力会社の再生可能エネルギーの利用義務量として約160億kWh（2006年の3.6倍以上）が予定されている。

3）システム購入補助金制度

この制度は我が国独自のものであり，日本が2004年までの太陽光発電導入量世界一を誇る最大の要因であった。2006年我が国の太陽光システム導入補助金の廃止後の購入停滞に慌てた日本政府は太陽光発電施設購入家庭への導入助成金を2008年度補正予算で復活させた。復活した導入助成金は1kW当たり7万円で，2009年度からさらに4年間補助を続ける予定でいる。また，太陽光発電設備に対する補助金制度は，東京都をはじめとする全国で約310の自治体が独自に展開し始めており，国の補助金と併せると導入費用の約50％の補助金が出されることとなり，今後は再びシステム導入家庭の伸びが相当みこまれる状況といえる。

たった1時間の太陽光で地球上の人類が使用する1年分をエネルギーに相当するといわれる太陽光をねらわない手はない。将来石油が枯渇する時代にそなえて，欧州では『太陽は現代の油田である』という考えに立っている。すなわち日差しの強い北アフリカで発電して南欧に電気を送る「スーパー送電網」計画や「サハラ砂漠の太陽光」の利用さえねらっている。石油によりかかりきっていた米国ですら，宇宙に巨大な太陽光発電装置を打ち上げて地球に送電するシステムを2060年までに商業化する報告をまとめている。また，米国はこの後に述べるように「バイオマス発電」と「風力発電」の導入量でも現在世界一位となっている。再生可能エネルギーの中で現在最も注目されている太陽電池生産および太陽光電力の普及導入に向けて，我が国も全力をあげて立ち向かわなくてはならない

17-5-3　風　　力

風車の発明は，紀元前2,000年頃と考えられている。ギリシャのクレタ島では白い帆をはった独特の風車を今でも見ることができる。

風の運動エネルギーを電気に変換する風力発電を最初に行ったのは，1881年デンマークにおいてであった。20世紀に入っても研究開発を熱心に進めたのは，やはりデンマークであり，1903年までに10kWあるいは20kWの出力容量を持つ風力発電機が72台生産された。

我が国に最初に風力発電への関心が向けられたのは，1973年の第一次石油危機によってである。地球環境問題が深刻に扱われるようになるにつれ，その無公害性から再び注目されるようになった。風力発電は環境負荷物質を発生することがほとんどない無公害性の極めてクリーンなもので，地熱発電などと同様に純国産の再生可能な自然エネルギー源である。

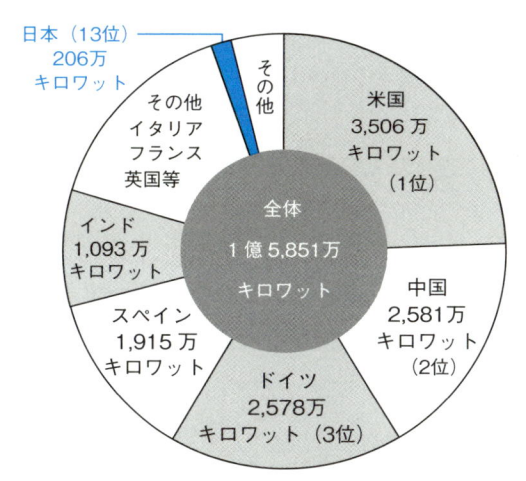

図17-11 風力発電の2009年末の累積導入量

しかし，風力発電はエネルギー源が風であるため，電力生産が「風まかせ」であって，計画的な発電が難しいという弱点を持つ。年間を通じて同一方向からある一定以上の風が吹く場所に設置したとしても，設置利用率は20％が限度といわれている。風が吹いている時に蓄電池に電力を蓄えて，風がない時はそれを利用する試みも進んできた。

図17-9に示したように，2007年度の我が国の発電量に占める再生可能エネルギーは水力発電を除くとわずか0.7％であり，そのうち36.9％が風力エネルギーによる発電量である。再生可能エネルギーの生産量ではバイオマスの42.7％に次いで2番目である。我が国の都道府県別風力発電の導入率は，北海道と青森が高く，以下秋田，鹿児島県の順となっている。北海道は，新エネルギー全体の導入率でも5％と全国平均の7倍であり，日本で最大を示している。

2009年末までの国別風力発電累積導入量を図17-11に示した。1位は米国で急速に普及率を増し，3,506万kWに達して，近年1位を続けていたドイツを2008年から抜いた。経済産業省によると1,000万kWでほぼ500万世帯分の電力をまかなえる計算になるので，米国では風力のみで約1,750万世帯に電力を供給できる計算になる。米国のエネルギー省は2030年までに国内電力量の20％を風力でまかなうことを検討している。1世帯が年に6ドルを負担すれば，そういった風力エネルギーに関する問題点は克服できるとしている。次いで中国，3位ドイツ，4位スペインの順であった。日本は，2000年以降は8位～10位で推移してきたが，2006年に13位に落ちてから，2009年度も206万kWとずっと13位に低迷している。国土の面積の狭さや風力発電に適した地形の制約などで今後とも米国のようにはいかないと考えられている。

しかし，最近は我が国も風力発電導入に力を入れ始めており，経産省は，太陽光発電同様に1kWhを48円で買い取ることを電力会社に義務づけるFIT（固定買い取り制度）を導入する検討をしている（2010年）。この案は，太陽光，風力，地熱，バイオマス，水力

の5種類の新エネルギーから生じる余剰電力を買い取る仕組みである。また，環境省の検討会は2030年までに風力発電を2,000万kWにするように提案しており，1,000万戸分の供給が可能となる計算である。

欧州のでは，風力発電に適した立地条件を持つ場所が段々減ってきて頭打ち状態となってきた面もあり，風力発電に熱心に取り組んできた国々が風力発電から太陽光発電導入に力を入れ始めている。

風力発電は景観を妨げるとか，鳥が巻き込まれて死ぬとか，風車の周辺の住民からは騒音公害となるなどの苦情もある。数年前に宮古島の設置した欧州製の風車が，台風で3基倒壊して9基すべて使えなくなってしまったが，2008年には，ようやく完全復旧した。台風の風速は毎秒80m位であったという。その他にも，最近倒壊する同様の事件があった。また，筑波市では，会社と大学が設計立案して建設したが，風力の試算違いで実用にはほとんど役に立たず訴訟騒動となった。一方，最近では台風が襲来したときは地表部分の発電機を横に寝かせてしまう方式も考案されており，実際に採用されている。

17-6　バイオマスエネルギー

地球上では大気中のCO_2の含有量が0.036%（360 ppm）と他の温室効果ガスよりも圧倒的に多いので，地球温暖化に対する影響はCO_2が最も大きく67.3%になる。それ故に，1997年の京都定義書は，おもなCO_2発生源である化石燃料エネルギーの使用制限を打ち出している。

バイオ燃料（バイオマス）は，それらの原料である植物の生産過程でCO_2と水（H_2O）から光合成反応によりブドウ糖（$C_6H_{12}O_6$）を作り，それを生物発酵させてエタノール（C_2H_5OH）エネルギー源として使用するものである。使用後は，CO_2とH_2Oになることから，CO_2排出がゼロと算定されるので，クリーンな燃料として近年注目を浴びている。

$$CO_2 + H_2O \xrightarrow{光合成} ブドウ糖 \xrightarrow{生物発酵} エタノール \xrightarrow{燃焼} CO_2 + H_2O + エネルギー$$

しかし，このエネルギー源としてのバイオマス研究は始まったばかりであり，立ちはだかるいろいろな困難を克服していかねばならない。

17-6-1　バイオエタノール

世界のバイオエタノール生産量は2000年以降急増しており，2007年には約5,000万キロリットルとなっている。特にアメリカ（約2,400万キロリットル），ブラジル（約1,770万キロリットル）での普及拡大が顕著である。ブラジルではガソリンにエタノールを混合（20～25%）することが義務づけられており，米国では2005年のエネルギー政策法によって輸送用燃料としての再生可能エネルギーを利用することが義務づけられたため，普及が進んだ。しかし，近年のガソリン価格急落により設備稼働停止や倒産に追い込

まれる業者も出てきており，苦しい状態となっている。

一方，京都議定書に基づき，日本政府はバイオエタノールを主とした自動車燃料の生産量を2010年度に年間50万キロリットル，2030年度には現在のガソリン消費量の約1割に当たる600万キロリットルに引き上げる目標を打ち出している。バイオエタノールの原料として用いられているものは，規格外の米や小麦，トウモロコシ，サトウキビなどが中心でさらに，食品廃棄物や製材所端材，建築廃材と多様な原材料を用いている。

我が国ではガソリンにバイオエタノールを混合して使用されているものは2種類ある。まず「E3」と「E10」ガソリンとよばれるものである。E3，E10というのは，ガソリン中にバイオエタノールを直接3%混合する（E3）か，あるいは10%混ぜる（E10）というもので，環境省が推進している。ちなみに，ブラジルでは100%バイオエタノール車を実際に走らせている。すなわち，CO_2排出ゼロの車である。

もう1つは，「ETBE」と呼ばれる方式を経産省と石油元売り業界が進めている。この方式は，製油所からできてくる石油ガス生成成分のイソブテンをバイオエタノールに反応させた化合物としてガソリンに混合して用いるものである。E3やE10と違い，石油由来のイソブテンによるCO_2排出がカウントされる。日本の石油元売り業界は，E3，E10方式に反対している。その理由は，この方式が普及するとガソリン販売が急減しかねないと心配している為と考えられる。

沖縄県宮古島の「バイオエタノールアイランド構想」は環境省の構想であり，宮古島を走る車両約2万5千台全ての燃料をE3でまかなうという予定で進められてきた。

しかし，石油元売り会社がE3ガソリンの供給を拒否しているため，現時点では，宮古島市内19の給油所中の2か所のみがE3供給を行っており，その利用車は公用車の300台程度にとどまっている。同様のケースが大阪府の堺市や岡山県でも発生している。

このような環境省と経産省・石油元売り業界との対立が続いている限りは，2010年に原油換算で年50万キロリットル使うという目標達成は不可能である。経産省と業界が何としても環境省に歩み寄って，バイオエタノール普及に力を合わせなければならない。

17-6-2 その他のバイオエネルギー

現在のところ，バイオエネルギーは細菌により植物を発酵させて得られるエタノールを利用するのがほとんどである。最近，「バイオブタノール」の生産利用が可能となってきた。ブタノールは，エタノールと比べて蒸発しにくいばかりか，ガソリンとの混合における耐水性も高く，金属腐食問題も少ない。このため，既存のガソリン供給の流通系を利用しやすいなどの特長を持っている。

英BP社，米デュポン社はクリーンなバイオディーゼル燃料（BDF）の原料となるジャトロファ（ナンヨウアブラギリ）の栽培を行っている。ジャトロファは食用には適さない干ばつに強い植物で，農地として価値の低い土地でしかも少ない農業用水で栽培できる。インドやアフリカ，東南アジア等で今後3～4年間で100万haを作付ける計画で戦略を

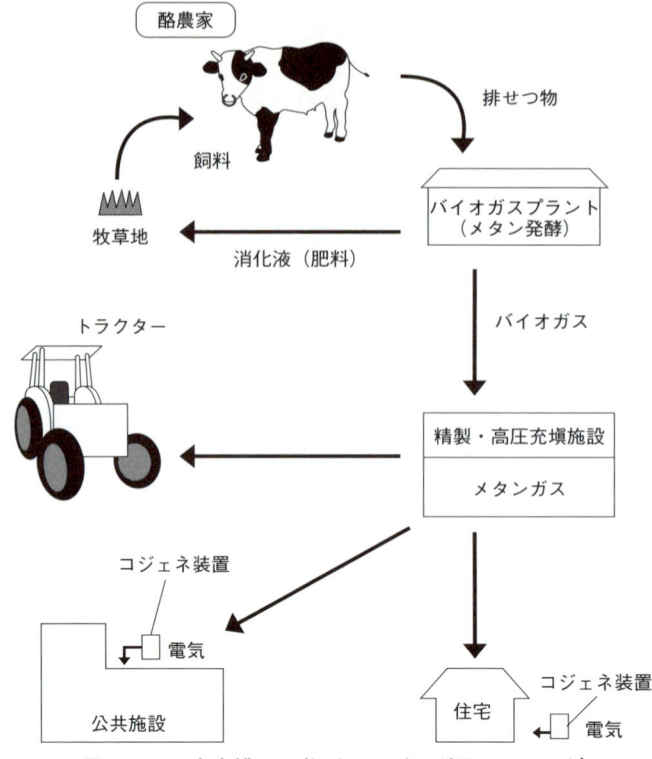

図 17-12　家畜排せつ物バイオガス利用のイメージ

練っている。バイオディーゼル燃料（BDF）のバイオ原料としては，その他に廃食用油やパーム油なども挙げられる。

　微生物のメタン発酵菌を利用して家畜排泄物（糞尿）よりバイオガスとしてメタン（CH_4）を取り出す実証実験が北海道や九州で行われている（図 17-12）。家畜排泄物から得られた CH_4 を牧草のロール作りや牧草刈りに使うトラクターの燃料として使用したり，余ったメタンガスを公共施設や一般家庭の住宅用の「電気」や燃料源（都市ガスと同成分に調整する）として温水等に利用するなど，コージェネレーション（コジェネ）が可能となる。しかも酪農家にとってメタン発酵で臭いがないうえに，残った発酵処理液（消化液）は，牧草の肥料になるという一石二鳥以上のメリットがある。このシステムの実用化に北海道開発局と十勝支庁足寄町が，酪農家の牛糞尿を利用して成功させた。オーストリアでは 2007 年に，ウィーン郊外の農村で豚糞尿を原料としたメタンガスのスタンドを開設した。

　最近，鶏糞の細菌発酵によりエタノールを生産させることに，北海道旭川市のポートリー養鶏場，北海道大学，中部飼料 K.K. の共同研究グループが成功した。

　K. K. イワクラ（北海道苫小牧市）が開発したもので，間伐材などの木質バイオマスと石炭を原料として粉砕して混ぜ合わせ，高温高圧で板状に成型した新燃料である。通常のボイラーにも利用でき，2011 年には年産 2 万トン規模で事業化する予定である。その価

格は石炭より数割上乗せした程度になる見込みである。

一方，バイオエネルギーにもかなりの問題点が残されている。たとえば，家畜飼料に利用されていたトウモロコシだけでなく，その代用として使われるようになった小麦の相場までがバイオマスの需要急増により上昇してしまった。世界に6億人といわれる飢えた人々がいるのに，バイオエネルギーのためにさらに飢えた人が増加していく恐れがある。人間の主食となる小麦，トウモロコシ，米さらにテンサイ（ビート）等のバイオエネルギーへの利用は極力抑えなければならない。

さらに，バイオマスの需要増によって，密林を焼き払ってトウモロコシ畑にしてしまうという「緑の破壊」も南アフリカ，ブラジル，アジア等で顕著になっている。また，他の新エネルギー同様に原子力，LNG，石油といった燃料に近い低価格に少しでも近づけるためにはより一層の努力が要求される。バイオエネルギーの利用は端緒についたばかりである。

なお，バイオマスエネルギーの一つである黒液・廃材エネルギーについては17-9-2の廃棄物熱利用の項に記述した。

17-7　燃料電池

17-7-1　燃料電池の歴史

燃料電池は1839年に英国のグローブ卿によって発明された。水を電気分解すると水素と酸素に分かれる反応を逆に利用したものであった。同じ国のベーコンは，1950年代の終わりには5キロワットのアルカリ型水素酸素燃料電池の試験を行った。その後1960年代に入ると，アメリカの宇宙開発計画の人工衛星の電源として燃料電池の開発が進められ，1962年のアポロ宇宙船やスペースシャトルにはアルカリ型燃料電池が採用された。生じた電力とともに反応によって生成した水は宇宙飛行士の飲料水となり，燃料電池は一躍脚光を浴びることになった。開発メーカーは，宇宙開発で蓄積した技術を民生用の電源として開発を始めた。

日本では石油危機の影響もあり，1980年代に入ると電機メーカーを中心に発電効率の高い燃料電池の開発が進められた。このように燃料電池開発は，基礎的な研究開発の段階からいよいよ実用化の段階に達してきた。

17-7-2　特　　徴

火力発電の場合は，燃料の持つ化学エネルギーをいったん熱エネルギーに変換して，さらに機械エネルギーに換えた後，電気エネルギーにする。したがって，エネルギーの損失が大きく，その理論的効率の上限は40％程度である。それに対し，燃料電池の場合には「化学エネルギー」を直接「電気エネルギー」に変換するため，理論的には80％から100％に近い効率が得られることになる。

実際には，電池の内部抵抗などが原因で理想値は得られないが，それでもリン酸型の場合で約 40 %，溶融炭酸塩型で 45～55 %，固体電解型で 50 % 以上が期待され，火力発電などと比較するとやはり高い効率が得られる。

さらに燃料電池は発電に際して冷却水を必要としないので，蒸気タービンを利用する発電施設が海岸などに立地するのと異なり，使い方に応じて設置場所を比較的自由に選ぶことが可能である。また発電制御の違いはあるが，原子力発電所では，出力を細かく変動させるような運転に適していないが，燃料電池の場合には短時間で出力調整することができ，需要に応じた運転が可能である。さらに CO_2 をほとんど排出しない最もすぐれたクリーンエネルギーであるなど，利点が多い。

17-7-3 エネルギー生産の原理と方法

燃料電池の原理は，水の電気分解と全く逆の反応を利用したもので，どのタイプの燃料電池でも以下に示す化学反応で水素と酸素から電気と水を得ることができる。

$$H_2 + 1/2 O_2 \longrightarrow H_2O + \sim 0.65 \text{ V} \tag{17-2}$$

従来のマンガン電池やアルカリ電池は，一次放電すると寿命は尽きてしまったり，バッテリーなどの二次電池は放電と充電を繰り返さなければならない。それに対し燃料電池は燃料である水素と酸素を補給し続ける限り，連続して電気を取り出すことのできる装置で，水素と酸素を直接電気に変えるエネルギー変換器といえる。燃料電池は使用する電解質の種類によって四つに分類される。

(1) アルカリ型燃料電池（AFC）

先に述べたように，アルカリ型燃料電池は宇宙船アポロで使われ，またスペースシャトルにも搭載されている。アルカリ性水溶液として水酸化カリウム（KOH）を電解質に利用することで水素と酸素で発電する方式である。100℃以下の低温でも十分作動する安定した燃料電池である。生じる反応は

水素供給側の電極（陰極）：$H_2 + 2OH^- \longrightarrow 2H_2O + 2e^-$ (17-3)

酸素供給側の電極（陽極）：$1/2 O_2 + H_2O + 2e^- \longrightarrow 2OH^-$ (17-4)

全体の反応：$H_2 + 1/2 O_2 \longrightarrow H_2O + \sim 0.65 \text{ V}$ (17-2)

陰陽の反応で得られる電子（$2e^-$）が外部回路を通じて陽極に向かうことで電流が得られる。陽極で生成した水素イオン（$2OH^-$）は電解質の中を移動して陰極に到達する。

(2) リン酸燃料電池（PAFC）

リン酸燃料電池は実用化に最も近い燃料電池であり，技術開発はほぼ終了し，家庭やビル等で利用されている。電解質として酸，特にリン酸（H_3PO_4）を用いている。

最大 $\sim 0.65 \text{ V}$ の電圧が生じるのは他の燃料電池と同様である。したがって多くの電池をつないで目的の電圧を得る。なお燃料として用いる水素は天然ガス中のメタンを改質させて用い，酸素（O_2）は大気中のものを用いる。

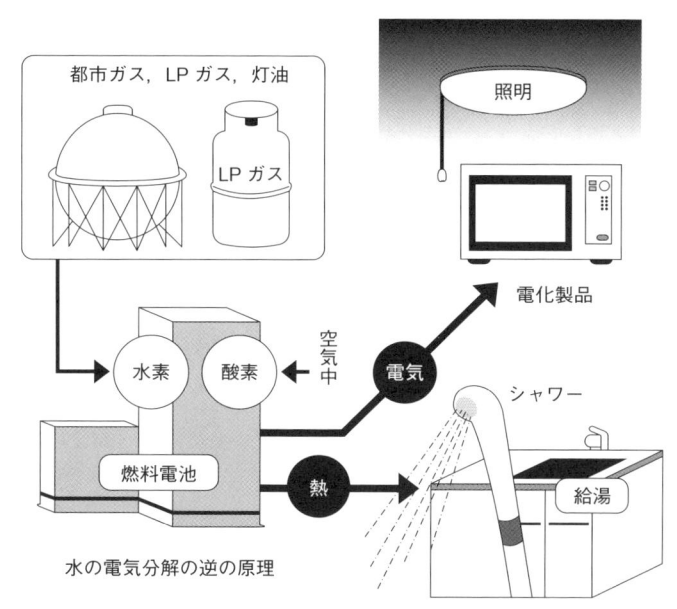

図 17-13 家庭用燃料電池の仕組み（コジェネ）

(3) 溶融炭酸塩型燃料電池（MCFC）

MCFCはリン酸型燃料電池に次いで実用化が期待される燃料である。電解質として炭酸塩を用い，600〜700℃程度の高温の溶融状態で運転することから，「溶融炭酸塩」とよばれる。電池自体の気温が高いため，燃料ガス（天然ガス，石炭など）を直接送り込み電池内部で燃料の改質反応を起こして水素を得ることもできる。電極反応物質は炭酸イオン（CO_3^{2-}）である。

この方式の燃料電池は，高いシステム発電効率が得られるなど多くの利点を持っており，しかも外部への排出物が少なく，環境に対する影響という点で他よりも優れている。

(4) 固体電解質型燃料電池（SOFC）

SOFCは第3世代の燃料電池といわれており，研究開発途上にある。電解質として固体を用いるもので，現在のところジルコニア（二酸化ジルコニウム：ZrO_2）を用いている。

この燃料電池の特徴は，電解質が固体であるために構造が比較的簡単になること，溶融炭酸塩型燃料電池と同様，反応物質として一酸化炭素も使える点である。

このほか，固体高分子型電池（PEFC）などもある。

17-7-4 我が国の燃料電池普及

2006年度の温暖化ガス（CO_2）排出量を分野別にみていくと，産業部門は，第一次オイルショック前の1973年度と比べて減っているものの，前述の通り「運輸」と「民生」は30％もの増加を示した（図17-7）。原油価格が高騰し，石油・石炭といった化石燃料を大量に使う生活スタイルの見直しを迫られている折，新エネや省エネの普及を「民生」と

「運輸」部門を中心とした抜本的対策を今から講じていかないと，経済成長と温暖化ガス削減の両立は困難になると経産省はみている。そのために，経産省は 2009 年度予算に CO_2 の排出がほとんどない家庭用の燃料電池コージェネレーション（コジェネ＝「熱」と「電力」の併給）システムを導入する世帯を対象に購入補助金を盛り込むという地球温暖化対策を明らかにした。ただ，現在の 1 台当たりの購入価格（システムコスト）は，500万円程度で太陽光発電の約 2 倍と高価であり，2010 年度の設置目標は全国で 120 万台である。その頃までには，設置価格コストを 100 万円以下にしたいとメーカーは考えている。

図 17-13 に家庭用燃料電池の仕組みを示した。水素（H_2）は都市ガス，LPG，灯油などから取り出すことになるが，現在石油・ガス会社が家庭に試験的に設置して利用データを集めており，その実験結果が 2007 年に発表された。それによると 1 世帯当たり 1 年間のエネルギー使用量は，燃料電池の場合火力発電の 15 ％程度（灯油 200 リットル分）減らす効果もあることが実証された。最近，我が国ではオール電化住宅が急激に増えてきているが，燃料と電気の両方にコジェネとして使用できる燃料電池は太陽光と共にこれからの期待される新エネルギーの主力である。

17-8　地熱発電

　地熱の源は，マグマなど地球が内包しているエネルギーである。地熱を電気エネルギーに変換して，そのエネルギーを多面的に利用できるようにするのが地熱発電である。具体的には，地表から浸透した雨水などが地熱によって加熱され，高温の熱水として貯えられている地熱貯蔵層から熱水・蒸気を取り出し，タービンを回し電気を起こすシステムである。発電資源として用いられる熱水の温度は 200～250℃ の範囲のものが多い。地熱発電を最初に手がけたのは，日本と同じ火山国のイタリアであり，1904 年に約 500 ワットの発電が行われた。我が国では 1966 年に実用規模の地熱発電が開始され，現在 18 基，約 55 万キロワットの地熱発電所が運転しており，総発電設備容量の 0.2％ に相当する。世界において地熱発電を行っている国はアメリカの約 300 万 kW を筆頭に 21 か国を越え，総発規模は約 827 万キロワットである（2000 年現在）。

　地熱エネルギーは熱水あるいは蒸気として得られ，その中にわずかながら二酸化炭素（CO_2）を含むが，石炭や石油の燃焼に伴って排出される多量の CO_2 や SO_x，NO_x などの大気汚染物質はほとんどなく，クリーンなエネルギー源である（図 17-5）。

　資源としてみた場合，地熱はマグマなどに起因するエネルギーであり，枯渇することのない，生成可能なエネルギーである。しかも，地熱は国内で生産できる純国産のエネルギーでもあり，国際情勢に影響されることなく安定供給の可能な資源であり，今後の実用化の推進が期待されている。我が国の地熱発電量は世界 8 位に相当するが，2002 年以降新規発電所は建設されていない。

　地熱資源は火山地帯などに偏在し，しかも多くは山間部にあるので開発には多額の初期

投資が必要なことやまた地熱資源の存在箇所が国立公園や国定公園などに近い場所に多いことから，景観保護に対する配慮も頭に置き，それらの公園の近くの適地に発電所を新設できるような検討が始められている。

17-9 リサイクルエネルギー

今まで述べてきた化石エネルギーや原子力エネルギーは近い将来に枯渇が予想される。また，これらから地球温暖化を加速化させるのではと憂慮されている CO_2 放出をできるだけ抑制する必要もある。リサイクルエネルギーは新エネルギー，再生可能エネルギーと共に現在注目を浴びている。エネルギーとしてはまだまだ少ないが，これから伸びていくことは間違いない。

17-9-1 廃棄物発電

廃棄物発電は，廃棄物焼却に伴って発生する熱によってボイラーで蒸気をつくり，タービンで発電機を回すシステムである。二酸化炭素の放出はあるものの，発電に伴う追加的な環境負担がないことが特徴である。さらに火力発電と同様に安定した電力が得られる。

日本では，1965年に大阪で初めて導入された後，政府の助成措置もあり近年普及が進んでいる。いまやゴミ処理は，清掃事業としてだけでなく発電事業としても重要な役割をはたしている。また，廃棄物を熱分解し，有機物は可燃ガスとして回収するとともに，その他は再利用可能な資源として取り出すガス化溶融炉や廃棄物固形化燃料（Refuse Derived Fuel=RDF）による発電利用が注目されている。

廃棄物発電の発電コストは，火力発電の1～1.5倍と比較的経済性に優れ，近年大容量の発電設備の導入も増えつつある。我が国の廃棄物発電の2000年度における導入累計は103万キロワットで，新エネルギーの中でも大きな位置を占めているし，2010年の導入目標は500万キロワットである。しかし，全国約1,900か所のゴミ焼却施設のうち，発電を行っているのはわずかで10%にも達していない。また，廃棄物発電の発電率は10%前後と低いので現在も廃棄物発電技術の開発が行われている。

17-9-2 廃棄物熱利用と廃棄物燃料製造

バイオエネルギーとして家畜の糞尿等の発酵処理によるメタン（CH_4）生産や，間伐材や木片（チップ）等のエネルギー化については17-5-2に記した。バイオガスシステムは，家庭，レストラン，食品産業などから排出される生ゴミやし尿などを発酵させてガスを回収し，それを燃料として発電する。バイオガスの主成分はメタンであり，カロリーは都市ガスと同じである。日本全体で1日に排出される生ゴミ，し尿などをエネルギーとして利用した場合，計算上では約1千万人分のエネルギー消費の1日分が賄えることになる。

廃棄物燃料製造とは，RDF製造，廃プラスチック油化などであり，廃棄物発電や廃棄

物熱利用のために行われる。燃えるゴミを集めて細かく砕き，乾燥させ，添加物を加えて圧縮することにより作られる。その熱量は，石炭の約半分を有し，燃焼も安定している。取り扱いが容易でしかも単純焼却より高い燃焼温度が得られる。燃やしたときダイオキシンなどの有害物が少ないなどの長所を有している。

黒液とは紙パルプ産業において，木材チップからパルプ（セルローズ繊維）を製造する際に，リグニンなどの成分が化学反応によって生じた大量の黒色の有機物液体のことであり，ボイラーの燃料として発電に用いる。**「廃材」** は製紙工場で排出してくる樹皮等の廃材のことであり，小型のボイラーで燃焼させる。**黒液・廃材**からは2000年度には**原油換算490万キロリットルのエネルギー**が利用されている。紙パルプ産業で消費する**熱エネルギー**の実に**約30％は黒液・廃材**から得られている。黒液・廃材はバイオマスエネルギーなので，生成したCO_2は地球温暖化ガスとしてカウントされないことが特長である。

17-10　未使用エネルギー

未使用エネルギーには，海水，河川水，下水の水温と気温とのわずかな温度差を利用する温度差エネルギーや，工場などから排出される高温の廃熱，さらには超高圧地中送電線からの「廃熱」，「変電所廃熱」，「地下鉄廃熱」，「清掃工場からの廃熱」などの利用可能なエネルギーがある。これらの熱は，熱交換機やヒートポンプを使って，給湯や冷暖房などの地域熱エネルギーとして供給するほか，さまざまな活用法がある。具体的な未使用エネルギーの種類としては，①**生活排水や中・下水処理水の熱**，②**清掃工場の廃熱**，③**超高圧地中送電線からの廃熱**，④**変電所の廃熱**，⑤**河川水，海水，地下水の熱**，⑥**工場廃熱**，⑦**地下鉄や地下街の冷暖房廃熱**，⑧**雪氷熱による冷蔵・冷房**，⑨**温度差発電**などがある。

海水を用いた温度差発電を例として挙げてみよう。「**海水温度差発電**」の原理自体は簡単で，19世紀に提唱されていた。すなわち熱帯地方では太陽熱で暖められた30℃以上の表層の海水で－33.4℃と沸点の低いアンモニアを沸騰させて，その蒸気でタービンを回して電力を発生させる。使い終わったアンモニア蒸気は，深層から汲み上げた低温海水（約6℃）で冷やしてもとの液体にもどったアンモニアを再利用する。このサイクルを繰り返すもので，基本的には海水を用いて太陽エネルギーを電力に変換するというものである。エネルギー源の海水は無尽蔵である上に，保守仕様以外はコストがほとんどゼロということになる。我が国は実証プラントを用いて2005年に6.3キロワットの出力に成功しており，世界をリードしている。さらに，この方式には，海水から「淡水」を作るというすぐれた副産物があるため，この淡水を電気分解すれば質の高い水素を作ることもできる。人口2万人の太平洋ミクロネシアのパラオ共和国は，すべての発電をこの海水温度差発電に転換する方針を打ち出したし，インドは淡水化プラントとして転用して成功を収めた。産油国のサウジアラビアやクウェートでは，製油所の温排水を利用して淡水を得る計画を進めている。

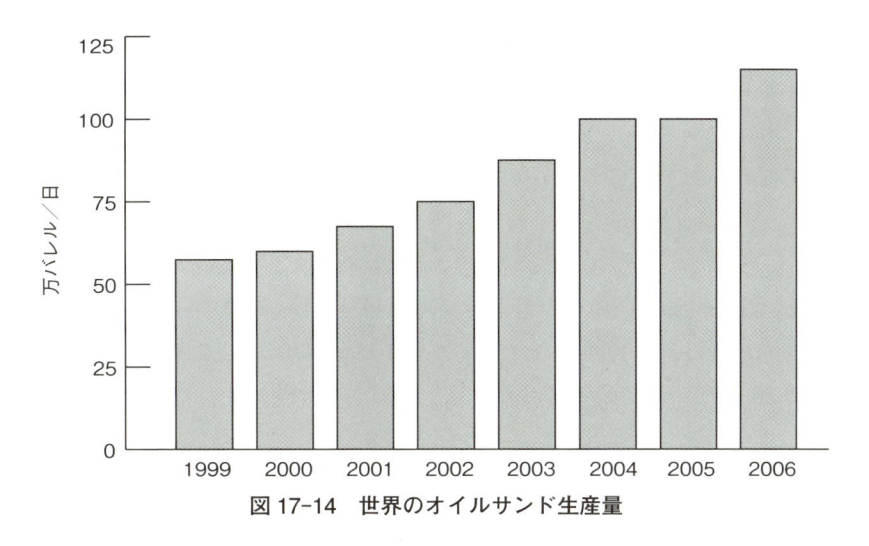

図 17-14　世界のオイルサンド生産量

　その他の方法の中では，特に雪氷熱利用がある。古くから北海道，東北地方，日本海沿岸部を中心とした降雪量の多い地域で雪室や氷室として農作物保などの冷蔵に利用されてきた。近年，地方自治体などが中心となった雪氷熱利用の取り組みが活発化しており，農作物保存用の農業用低温貯蔵施設，病院，老人介護保険施設，公共施設，集合住宅などの冷房用の冷熱源として利用されている。全国的にも，少しずつ利用が増えてきており，1991年に3.3万トンの雪氷が使われたが，2002年には7.2万トンと2倍以上に伸びている。この利用例としては，旭川市の科学館がある。さらに，札幌市では地下鉄の冷房廃熱を暖房として利用している。

17-11　石油代替えエネルギーと核融合エネルギー

　今後70年くらいしかもたないといわれる化石燃料に替わる石油代替エネルギーとしては，今までほとんど利用されていなかったオイルサンドやタールサンドなど石油成分と砂などの混合物やメタンハイドレートなどを利用することが考えられている。これらの物質のエネルギー化には新たな技術開発を要するために，従来の化石燃料よりも高価格となるのは当然予想される。したがって，従来の化石燃料が生産されている限りは，本格的生産利用はされないだろうが，将来を見据えた技術開発やそのための国の補助が必要とされるがオイルサンドなどはすでに企業化されて使われているものもある。以下に石油代替エネルギーの主なものについて紹介する。

17-11-1　オイルサンド

　オイルサンドとは地下層で生成した原油が地表近くに移動した後，地下水との接触や微生物による分解でタール状に高粘度化したものである。サウジアラビア，カナダ，ベネズ

エラ，ロシアなどに大規模な埋蔵が確認されている。オイルサンドから取れると推定される内蔵量は4兆バレルであるため，**現在の石油埋蔵量1兆1,000億バレルの3倍以上**を誇る大規模なものである。しかもその生産量は，1999年の日産約5万バレルから年々上昇をみせ，2007年には約130万バレルと20倍以上となっている。これは，現在の石油生産量7,500万バレルの17%を占めており（図17-14），2020年には現在の4倍近くになると予想されている。オイルサンド生産量はカナダがその大部分を担っている。中東と比べてカナダの政情が安定していることもあり，先進諸外国からこの開発事業への参画が相次いでいる。日本企業の新日石開発もカナダのアルバータ州に1992年以来進出している。現在は日産で36万バレル生産しており，世界的にトップをいく。これからが大いに期待される。

17-11-2 超重質油（タールサンド）

ベネズエラのオリノコ川流域で産出されるタール状の「**超重質油**」も今や注目を浴びている。ベネズエラにおける超重質油の採掘可能量は約2,350億バレルと巨大な量である。その開発はベネズエラ国営企業を中心に勧められており，日本企業の参入をめざして日本政府は模索している段階であるが，この超重質油も期待の石油エネルギー源である。

17-11-3 メタンハイドレート

メタンハイドレートとは，メタン（CH_4）ガスが水（氷）の分子の格子中に取り込まれた化合物であり，数百m以上の深海海底や凍土の下のさらに数百m下の岩盤内に存在するシャーベット状に固まった物質である。世界中のいたるところで次々と発見されている。世界では250兆m^3，日本近海では今の所7か所で6兆m^3の存在が推定されている。6兆m^3というのは，**我が国の天然ガス使用量**の実に**100年分**に相当する。メタンハイドレートは海底に存在する未知の微生物群により生産されているということが，日・米・独の三国の共同研究で明らかにされている（2008年）。

メタンハイドレードは，天然ガス資源よりもはるかに多量に存在しているため，エネルギー資源として有望視されているが，問題がないわけではない。採掘する時にメタンハイドレードが一気に深海より浮上してくると，気化してメタンガスになり大気中に放出されるので，「地球温暖化が急速に進行するのでは？」といった可能性を始め，長期間に渡る産出に向けた多くの技術的課題が明らかとなってきた。そのため，2009年度から予定していた日本近海での試験は2012年以降に先送りされ，ひとまず，アラスカで再度地中からの産出試験を実施しながら，海洋試験の準備を進める予定である。我が国にとって，メタンハイドレートにかける期待は非常に大きい。

17-11-4 核融合発電

2種類の原子核が融合して一つの原子核になる現象を核融合という。太陽を始めとして

宇宙に輝く星（恒星）は水素（H）やヘリウム（H_e）などの軽い原子の原子核が核融合した際の膨大なエネルギーによって輝いている。すなわち，太陽は核融合発電と同じ核融合炉といえる。この核融合を容易に実現できるのは，水素原子によるもので，以下の化学反応により 17.8 Mev という巨大なエネルギーが放出されている。

$$\ _{1}^{2}\mathrm{H}(\mathrm{D}) + \ _{1}^{3}\mathrm{H}(\mathrm{T}) \longrightarrow \ _{2}^{4}\mathrm{He} + \ _{0}^{1}\mathrm{n} + 17.8 \text{ MeV} \tag{17-5}$$

D はデュートリウム（重水素）であり，T はトリチウム（3重水素）の略である。$_{1}^{3}\mathrm{H}(\mathrm{T})$ は海水には含まれないが同じ海水中に含まれるリチウム（$_{3}^{6}\mathrm{Li}$）から得ることができる。

したがって，核融合反応に用いる D と T は海水より無尽蔵に取り出せることになるわけである。核融合炉内では（17-5）式に従って，中性子 $_{0}^{1}\mathrm{n}$ が生じ，その中性子を $_{3}^{6}\mathrm{Li}$ に照射することによって 3 重水素（$^3\mathrm{H}$）が生成される。これを再度（17-5）式の反応に用いることによって核融合のエネルギーをいつまでも取り出し続ける事ができる。

しかも，化石燃料の燃焼による CO_2 の放出問題や原子炉の運転に伴う放射性廃棄物は発生しない。一方，多量の揮発性で放射性を持つ T を扱うことや核融合反応で高速中性子 $_{0}^{1}\mathrm{n}$ が生じることには十分な注意を払わなければならない等の課題がある。

現在，日本，EU，ロシアの国際協力体制で，**ITER（イーター）**とよばれる核融合実験炉の建設計画が精力的に進められている。この ITER は，熱出力 50～60 万キロワット，建設費 5,000 億円程度の炉で，2013 年頃の完成を目指している。建設地には，日本，フランス，スペイン，カナダが立候補しており，現在選定作業が進められている。日本からは，青森県六ケ所村が候補地になっている。

17-12　コージェネレーション（コジェネ）

コージェネレーション（コジェネ）とは一つのエネルギー源から電気と熱など**二つ以上**

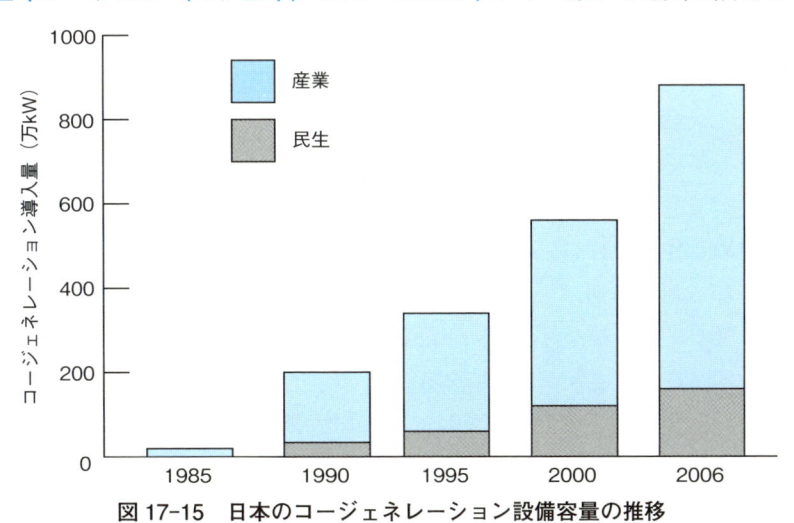

図 17-15　日本のコージェネレーション設備容量の推移

の有効なエネルギーを取り出して利用するシステムのことをいう。たとえば，石油ガスやバイオマスから得たガス（メタン）を燃やして得た熱で，ピストンエンジンやガスタービンによる発電を行うだけでなく，その発熱は給湯や冷暖房用の熱源にも利用するという技術である。電熱両エネルギーの併用が可能な上に，需要地に近いところに発電施設を設置できるため，送電ロスが少ない利点も持つ。従来は，30％程度だった総合エネルギー効率を70～80％まで上昇させて，エネルギーを無駄なく利用することは，大きな省エネにつながる（図17-12, 17-13）。燃料は石油，天然ガス，バイオガスの他に石炭やLP（液体プロパン）にまで広がっている。

　我が国におけるコージェネレーションの設備容量は，産業用を中心として着実に増加している。民生用では店舗，病院，ホテルなど電気・熱需要の多い施設に，産業用では製薬，化学，エネルギー（ガス，石油），紙・パルプ産業などを中心に広く導入されている。具体的には1985年に民生で約4万キロワット，産業で約18万キロワットだったが，2006年には民生で約160万キロワット，産業で約720万キロワットと順調に伸びている。これからもさらに普及していくエネルギーシステムであるといえる（図17-15）。

17-13　地球温暖化とその対策

17-13-1　地球温暖化とアレニウス

　19世紀半ばの産業革命以降現在に至るまでの人類のエネルギー消費は，急激な上昇を示してきた（図17-1，図17-2）。人類が化石燃料を使用した後のCO_2を主とした大量の排出ガス（温室効果ガス）が地球温暖化を加速させているという。地球には本来温度機能があり，この役割を果たしているのが地球を取り巻く大気である。地球に届く太陽エネルギーのうちの3割は反射されるが，残りの7割を地球の大気と地表が吸収する。昼間に太陽から受け取ったエネルギーを夜間に赤外線や遠赤外線として放出しているが，大気中に存在するCO_2などの温室効果ガスは地表から放出された赤外線を吸収する。赤外線を吸収したCO_2はこの赤外線をあらゆる方向に向かって放出する。放出された赤外線の一部はCO_2を主とした温室効果ガスの鏡に反射されるかのように再び地表に帰ってくる。すると地表にエネルギーが蓄積され，その温度は上昇することになる。結局，大気中に含まれるCO_2は地球をすっぽりと包んだ温室の働きをしていることになる。このCO_2のように，地球を暖める作用を持つ気体を温室効果ガス（green-house effect）とよぶ。温室効果ガスのおかげで地球表面は平均で約15℃という温度を維持できているのであり，温室効果ガスが大気中に存在しなければ，-18.5℃の低温となる。しかし温室効果ガスが増えすぎると，地球温暖化が起きることになる。

　地球温暖化に関する科学の歴史上では，最初に大気中のCO_2濃度と地表温度の関係を定量的に評価したのはスウェーデンの物理学者アレニウス（Arrhenius, 1859～1927年）（図17-16）である。1896年（明治29年）に *Phil. Mag.* に英文で発表された彼の論文は

図 17-16　アレニウス（1859〜1927）

50 頁以上にわたる力作であるが，この業績は日本ではあまり知られていない．当時すでに地球表面の平均気温は 15℃ とされていたし，大気中の CO_2 と水蒸気（H_2O）は，15℃ の輻射体から放出される熱線に対して「選択的吸収」を有することもわかっていた（フーリエ，チンダル等）．しかし，15℃ の輻射体からの熱線に関してこの 2 成分を含む気体の吸収に関する地球規模の大規模実験データは存在していなかった．アレニウスは，1890 年に発表された米国の天文学者 S.P. ラングレイの「月の温度」に関する観測データがこの問題に使えることに気がついた．そして論文中では CO_2 濃度が 2 倍になると 5〜6℃ 温度が上昇すると結論している．最近になるまでは，一般的にアレニウスの予測値は大きすぎるといわれていた．

しかし，最近の第四次 IPCC 報告（2006）のコンピュータシミュレーションでは「CO_2 濃度」が 2 倍になった場合を最悪状態として今世紀末の温度上昇を予測している．その場合には約 6℃ の温度上昇をするという結果が出されて，アレニウスの推定の正しかったことが証明された．さらに，1906 年のアレニウスのもう一つの著作「宇宙発展論」では大気中の温室効果ガスとして CO_2 の他に微量のオゾン（O_3）とメタン等の炭化水素類があげられており，CO_2 濃度の微量変化は「甚大な影響を来たす」とある．このアレニウスの画期的な論文に対しては発表直後に，アメリカのチャンバリンやオングストローム等の批判があったが，1985 年以前の地質学，気象学の 1,700 余りの論文や本のどれにもアレニウスの上記二つの論文の引用はまったくなされていない．彼の傑出した論文は当時の学者たちには理解できなかったのである．我が国においても，彼のこの業績を紹介している文献は，現在に至るも極めて少ない．

アレニウスは，「溶液の粘性」，「反応速度論」といった物理化学的研究に優れ，後に「宇宙構造論」の研究に力を注ぎ，地球温暖化の研究を行った．1903 年に「電離説」の研究によりノーベル化学賞を受賞した．アレニウスがあげた地球温室効果ガスは，水蒸気

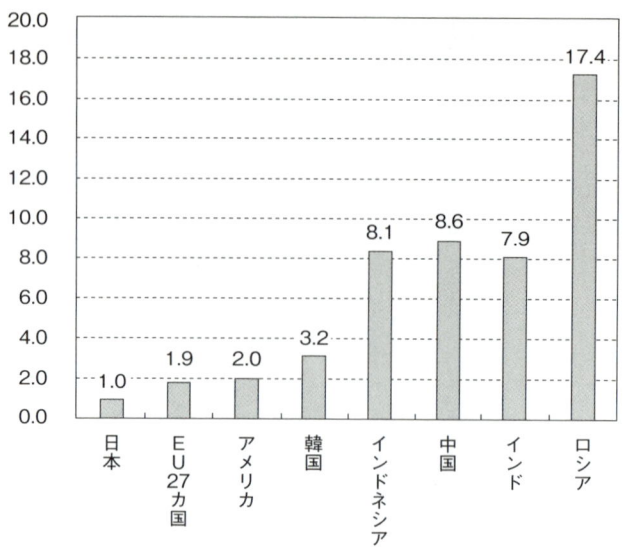

図 17-17　GDP 当たりの一次エネルギー供給の各国比較（2005 年）
（日本を 1.0 とした時の比較）

（H_2O），CO_2，CH_4 を含む炭化水素，オゾン（O_2）であったが，現在，自然界に存在する**温室効果ガスは，CO_2，水蒸気，オゾン，メタン（CH_4），及び彼の気がつかなかった一酸化二窒素（N_2O）**であり，これらが地球の自然の温室効果をつくりあげていることが明らかになっている。近年人間の活動がこうしたガスを大気中へ放出し，増加させてきた結果，もともとの「自然の温室効果」に，さらに「人間活動に起因する温室効果（人為的温室効果）」が加わり，地球の温暖化が引き起こされているのである。自然の温室効果ガスのみならず，**フロン類**（日本では製造抑制または中止）など本来地球上に存在しなかった人工ガスも加わって，地球温暖化はさらに加速している。

17-13-2　地球温暖化防止に向けて

「気候変動に関する政府間パネル（Intergovernmental Panel on Climate Change＝**IPCC**）」は，1988 年に設立された国際機関で，科学文献評価に基づいて 1991 年から現在まで 5 年ごとに気候変化に関するレポートを発表している。そこには地球の環境変化が報告されており，最近 50 年間に観察された温暖化のほとんどは，人間活動に起因するものであると述べている。大気中の CO_2 濃度は産業革命以前は **280 ppm（0.028%）** であったが，2000 年には **370 ppm** 程度に上昇している。

　人間活動により地球環境は大きく変化を受けている。特に産業革命以後に環境に負荷をかけてきた。我が国の**環境白書**（2000 年）では，この環境変化が地球温暖化，オゾン層破壊，森林の減少，土壌劣化，砂漠化，海洋汚染，化学物質の暴露・蓄積などを挙げている。地球環境の問題はもはや一国の問題ではなく，世界共通問題として取り組まなければならない。

気候変化枠組条約の正式名は「気候変動に関する国際連合枠組条約（United Nations Framework Convention on Climate Change=UNFCCC）」という。この気候変動枠組条約は 1994 年 3 月 21 日に発効したが，この条約の目的は「気候系に対して危険な人為的干渉を及ぼすことにならない水準において，大気中の温室効果ガスの濃度を安定化させること」（第 2 条）としている。

「気候変動枠組の締約国会議（Conference of the parties）」の第 1 回会合（COP1）は 1995 年 4 月にベルリンで開催された。1997 年 12 月には，第 3 回会合（COP3）が開催され，「京都議定書」が採択された。

京都議定書の最も重要な点は，「先進国は温室効果ガスの排出量について各国ごとに法的拘束力をもつ削減のための数値目標が設定され，目標達成のための国際的しくみとして京都メカニズムが導入された」ことである。一方，途上国に対する新たな義務については 2010 年の現在に至っても合意を得られていない。温室効果ガス（対象ガスとして CO_2，CH_4，N_2O，HFC，PC，SF_6 の 6 種類）の削減に関して，京都議定書付属書 I に掲げられている締結国（先進国と市場経済移行国）は，個別にあるいは協力して，2008 年から 2012 年までの期間中に全体として 1990 年の排出量の少なくとも約 5% を削減しなければならない（京都議定書第 3 条）。京都議定書は，「いつ，どこで，誰が温室効果ガスの削減を行ってもよい」とする京都メカニズムと呼ばれる方式を採用することで，実効性を高めている。ちなみに CO_2 量に換算した温室効果ガスの削減目標値は，日本は 6%，米国は 7%，EU は 8% であり，その他多くの先進国にも各々目標値が課せられている。2012 年までに我が国が目標値の 6% をクリアできるかどうかは，かなり苦しい状態のようである。その大きな原因の一つに 1970 年代のオイルショックにいち早く対応した我が国は 1990 年前に他国に先がけて省エネに懸命に努めて成果を出していたことがある（図 17-17）。それをほとんど考慮されることなく，一律に 6% 削減を他国と同様に課されてしまったことが苦しい状況を招いている。

参考文献

1) 鮫島邦彦，高橋史生編，「ニューフードサイエンス」，三共出版（2005）
2) 合原　眞，佐藤一紀，野中靖臣，村石治人，「人と環境―循環型社会をめざして」，三共出版（2002）
3) 佐藤正知，蛯沢重信，「地球環境サイエンスシリーズ⑥，エネルギーと環境」，三共出版（1998）
4) 日本原子力協会，「世界の原子力発電開発の動向 2017 年版」（2017）

第 18 章　有害化学物質による過敏症・アレルギー

18-1　免疫のしくみ

18-1-1　免疫とは

　私たちの身の回りには，細菌やウイルス，カビ，塵，その他，体に害を及ぼすかもしれないたくさんの要因が存在している。そのため，第 10 章でも述べたように私たちの体には，そのような敵から身を守るための生体防御機構が備わっている。

　敵から身を守るには，まずその侵入を防ぐことが大切である。私たちの体が敵と認識するのは，自分の体を構成している自己成分以外の成分で，免疫系では「非自己」とよばれている。私たちの体には非自己の侵入を防ぐ「バリアー」とよばれる構造が備わっている（図 18-1）。

　しかし，敵がバリアーを越えて私たちの体の中に侵入してくることもある。たとえば，皮膚の傷口や喉の粘膜の隙間から，細菌やウイルスなどが体内に侵入することがある。敵が体内に侵入してくると，体の中では敵と戦うシステム，すなわち免疫系のしくみが働き出す。これまでの研究から，免疫系にはさまざまな細胞や分子が関与していることが明らかになっている。免疫系によって非自己と認識され，選択的に排除される因子を「抗原」

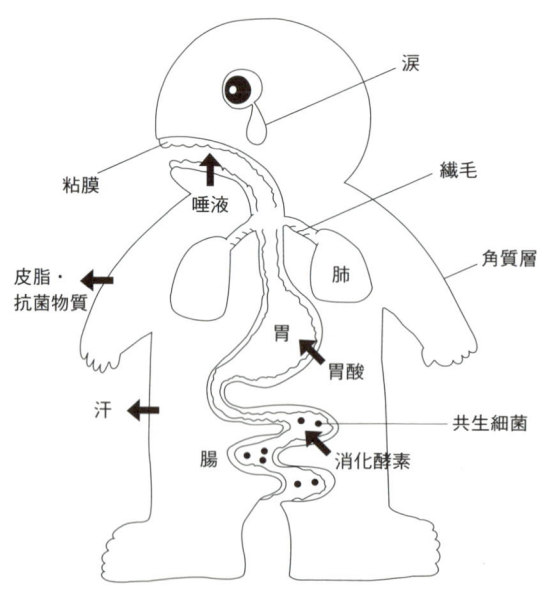

図 18-1　バリアーによる防御の例

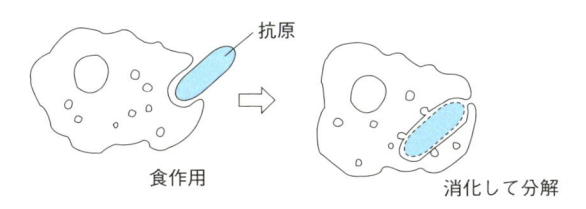

図 18-2　食細胞による食作用のしくみ

とよぶ。抗原となるのは，通常，高分子で複雑な構造を持った因子であり，具体的には細胞やウイルス，あるいはタンパク質，多糖などである。

　免疫系のしくみは，大きく自然免疫と獲得免疫とに分けられる。自然免疫とは，体という建物の入り口に常駐する守衛のようなもので，一方，獲得免疫とは，守衛では手に負えない敵が建物の中に襲来してきた時に動員される精鋭部隊と考えるとよい。

　自然免疫を構成しているのは，マクロファージやナチュラルキラー細胞（NK細胞）などの細胞と，リゾチームやインターフェロン，補体などの可溶性物質である（10-2-1および10-2-2参照）。非自己の抗原が傷口から体の中に侵入しようとすると，マクロファージは傷口に集まり，侵入者を選ばずとにかく貪食し（細胞に取り込み）消化することで体を守ろうとする（図18-2）。私たちがけがをしたときに傷口にたまる膿は，敵との戦いで戦死したマクロファージの残骸である。しかし，体内に入り込んだ侵入者を自然免疫系が防ぎきれない場合になると，精鋭部隊である獲得免疫系が出動することになる。

18-1-2　細胞性免疫と体液性免疫

　獲得免疫には大きく分けて細胞性免疫と体液性免疫の二つがあり（10-3参照），B細胞とT細胞とよばれる2種類のリンパ球が中心的な役割を果たしている（図18-3）。このうち，T細胞はさらに数種類のグループに分けられる。

　ウイルスなどの抗原が体内に侵入すると，まず抗原提示細胞（マクロファージなど）が侵入した抗原を取り込み，その情報をヘルパーT細胞とよばれるT細胞に伝える。ヘルパーT細胞は免疫を担当するリンパ球に対して抗原を攻撃する体制をとるよう指令（サイトカインという物質）を出すが，細胞性免疫では，その指令によりキラーT細胞（細胞障害性T細胞）とよばれるT細胞が活性化し，ウイルスが感染した細胞などを直接攻撃し，破壊する。細胞性免疫のしくみにより，ウイルス感染した細胞の他にも，ガン化した細胞や移植片などに対する免疫反応が起こる。

　一方，体液性免疫では，抗原提示細胞からの情報によりヘルパーT細胞が指令を出すと，B細胞とよばれる細胞がその指令（抗原刺激）を受けて形質細胞（抗体産生細胞）に分化し，「抗体」とよばれる武器をつくるようになる。抗体は，免疫グロブリン（Ig：immunoglobulin）ともよばれるタンパク質で，Y字型の基本構造を持ち，抗原に特異的に結合するという特徴を持っている（図18-4，表18-1）。ある抗原が侵入してくると，その

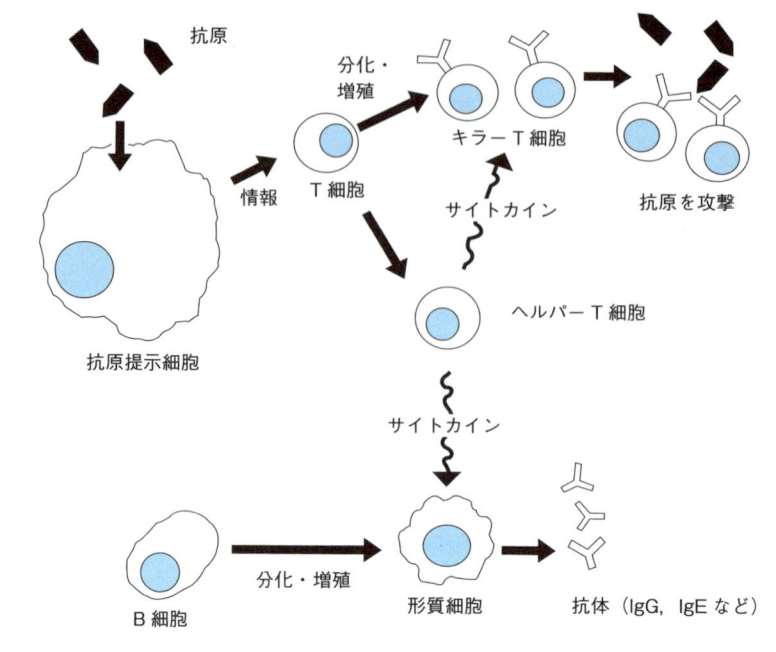

図 18-3　免疫のしくみ

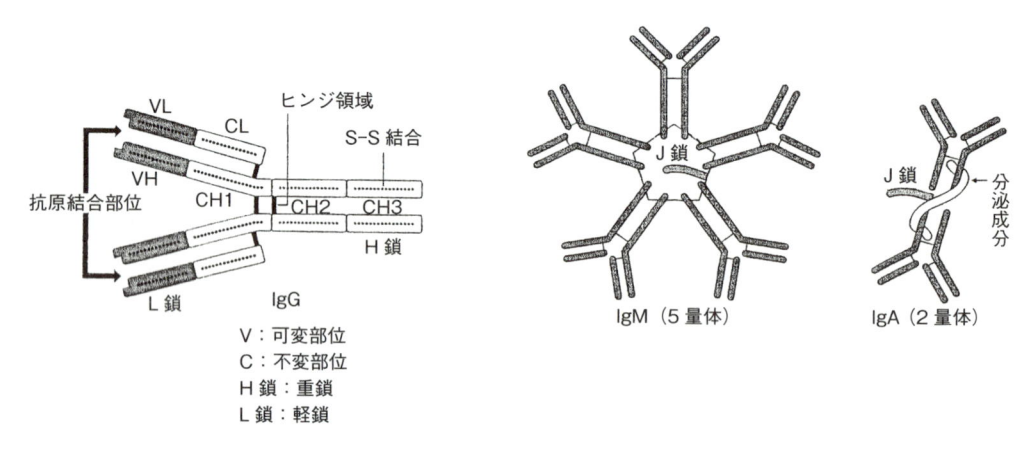

図 18-4　抗体の構造

抗原と特異的に結合する抗体が生産され，抗原と結合して働きを失わせたり，排除したりするのである。エイズ（AIDS）の原因となる HIV ウイルスは，獲得免疫系の司令官であるヘルパー T 細胞に特異的に侵入し，死滅させることで増殖する。結果として，司令官を失った免疫系は機能しなくなり，エイズ患者はいわゆる「免疫不全」の状態に陥り，さまざまな感染症を患うのである。

ところでもともと免疫系は「非自己」を認識し排除するシステムだが，自分自身の正常な細胞や組織に対して攻撃を加えてしまう例が知られるようになってきた。これを自己免

表 18-1 抗体の種類と特徴

クラス	基本4量体数	抗原結合（部位）数	全抗体中%	主な特徴
IgG	1	2	80	胎盤通過
				補体活性化能
IgA	1, 2, 3	2, 4	13	分泌抗体
IgM	5	5 (10)	6	強い抗原凝集力
				強い補体活性化能
IgD	1	2	0〜1	IgMと同時合成
IgE	1	2	0.002	マスト細胞に結合
				アレルギー反応

疫疾患とよび，関節リウマチや膠原病などが概当する．本来は選別され死滅するはずの自己反応性をもつT細胞やB細胞が生き残り，自分自身を攻撃する自己抗体をつくりだすためにおこると考えられている．

18-1-3　免疫記憶とワクチン

体の中に侵入した抗原に対して獲得免疫系が反応すると，獲得免疫系はその抗原の特徴を長い間記憶しており，再び同じ抗原が侵入した際に一度目より早く強い免疫反応を示すことができる．たとえば，麻疹（はしか）や水疱瘡に一度かかると，それらの病気に再度かかることはほとんどない．このようなしくみのことを「**免疫記憶**」とよぶ（図18-5）．このしくみを利用したものがワクチン（予防注射）であり，弱毒化した病原菌などをあらかじめ接種して病気に対する抵抗力をつけて感染症の予防や撲滅に役立っている．

一方，免疫の反応は抗原によって特異的に起こるしくみになっているので，免疫記憶は接触したことのある抗原に対してのみ形成される．そのため，麻疹にかかって免疫記憶がつくられた場合は麻疹に対する抵抗力はつくが，水疱瘡やおたふく風邪など他の感染症に対する抵抗力はつかない．

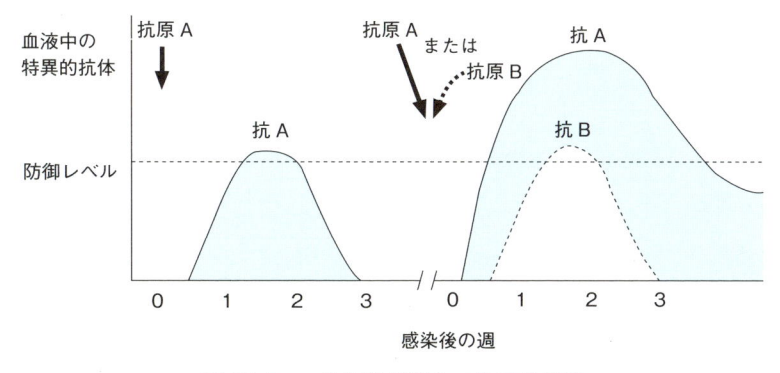

図 18-5　一次抗体応答と二次抗体応答
一次応答でのゆっくりした抗体の出現と，同じ抗原に2回目に接触した際のより速くより大きい応答を示している．

18-2 アレルギー

18-2-1 アレルギーとは

今まで述べてきたように，私たちの体には，外敵である非自己から身を守るための免疫のしくみが備わっている。しかし，時には身を守るための免疫のしくみが異常をきたしてしまうことがある。その一つが「アレルギー」である。

アレルギー（allergy）という言葉はギリシャ語の allos（異なる）と ergon（反応）という単語が組合わさってできたものである。すなわち，アレルギーとは通常と異なる免疫反応が起こっている状態を指している。

アレルギーを引き起こす抗原を，特に「アレルゲン」とよぶ。アレルゲンにはさまざまなものが知られている（表18-2）。なかでも，卵，牛乳，ダイズはしばしば食品アレルギーを引き起こす原因となり，三大アレルゲンとよばれている。

ところで，一口にアレルギーというが，その反応の違いから，現在では大きく分けて四つのタイプ（型）があることが知られている（表18-3）。このうち，Ⅰ，Ⅱ，Ⅲ型は主に抗体が関与するアレルギーで，Ⅳ型はT細胞が関与するアレルギーである。後述する食物アレルギーや花粉症などアレルギーとしてよく知られているものはⅠ型のアレルギーで，別名アトピー性疾患とよばれる。ここではⅠ型アレルギー発症のしくみについて説明する（図18-6）。

Ⅰ型アレルギーの場合，獲得免疫系のところでも説明したように，アレルゲンが体内に侵入すると，まず抗原提示細胞がアレルゲンを取り込み，その情報がヘルパーT細胞に伝わり，B細胞に指令を出す。通常その指令（刺激）によりB細胞から分化した形質細胞は，IgGやIgMという抗体を産生するが，アレルギーの場合はアレルギーに特異的な抗体であるIgEを産生するようになる。粘膜や皮膚，腸管などにはマスト細胞（肥満細胞）とよばれる細胞が存在し，その細胞の表面にはIgEと特異的に結合する受容体（レセプター）があり，産生されたIgEはこの受容体に結合する。アレルゲンが再び侵入すると，マスト細胞に結合していたIgEがアレルゲンと反応し，その刺激でマスト細胞か

表18-2 身のまわりの代表的なアレルゲンの例

衣（接触性アレルゲン）	下着，靴下，化粧品，石けん，シャンプー，腕時計，眼鏡，イヤリング，ピアス，ネックレス
食（食餌性アレルゲン）	魚類（サバ，カキなど），牛乳，卵（卵白），チーズ，米，ソバ，ダイズおよびダイズ製品，果物（バナナ，ピーナッツなど），食品添加物
住（吸入性アレルゲン）	ダニ（とくにコナヒョウヒダニ），ハウスダスト，カビ，ペット（ネコ，イヌ，小鳥などの毛）
医療（薬剤性アレルゲン）	抗生物質（ペニシリン，セフェム系抗生物質など），酵素製剤，ピリン系鎮痛剤，ワクチン
生活（吸入性アレルゲン）	花粉（スギ，ヒノキ，ブタクサ），昆虫（ユスリカ，蛾，蝶）

表18-3 アレルギーの分類

型	表現時間	関与する細胞や物質	疾患の例
Ⅰ型：アナフィラキシー反応	即時型	マスト細胞，好塩基球，IgE	喘息，じん麻疹，鼻炎，花粉症，アナフィラキシーショック
Ⅱ型：細胞融解反応	即時型	IgM，IgG，補体	Rh不適合，自己免疫性溶血性貧血，薬剤アレルギー，橋本病，バセドウ病
Ⅲ型：抗原・抗体　複合体反応	即時型	抗原・抗体複合体，補体，好中球	全身性エリテマトーデス，糸球体腎炎，薬疹の一部，食品アレルギーの一部
Ⅳ型：細胞性免疫反応	遅延型	感作リンパ球，リンホカイン	結核・真菌・ウィルス・その他の感染症，脊髄炎，脳炎，慢性関節リウマチ，全身性エリテマトーデス（SLE），橋本病など甲状腺炎，薬物アレルギーの一部，同種移植片拒絶

らヒスタミンやロイコトリエンなどの炎症物質が分泌される。それらの炎症物質は，粘膜や皮膚，腸管などに存在する血管の透過性を変化させ，結果として鼻水，涙，発疹，下痢などといったようなアレルギー特有の反応を引き起こすのである。さらに免疫には免疫記憶のしくみがあるため，アレルゲンが侵入するたびにIgEの産生，ひいてはアレルギーの反応が早く強く起こるようになり，アレルギー症状が悪化していくことになる。

Ⅰ型アレルギーに関わるマスト細胞は，もともと寄生虫などから私たちの体を守るために働いていたと考えられている。日本などでは，公衆衛生が整い寄生虫などの攻撃対象が少なくなったことにより，新たな反応としてアレルギーが増加してきたのではないかという説も出されている。

ところで，「アレルギー体質」という言葉があるように，遺伝的にアレルギーになりやすい人とそうでない人がいる。今までにアレルギーに関わる遺伝子は多数見つかっており，アレルギーはさまざまな要因が重なって発症すると考えられている。その例として，IgE抗体をつくりやすい性質，免疫の働きを制御する制御性T細胞の量的あるいは機能的異常，などが考えられている。今後，遺伝的な要因の解析が進むと，個々人のアレルギー体質に合わせた対症療法ができるようになるであろう。

18-2-2 食物アレルギー

食べ物がアレルゲンになる場合を**食物アレルギー**（食品アレルギー）とよんでいる。食物アレルギーは発症年齢が0〜2歳に集中しており，年齢と共に発症数は減少する傾向がある。しかし食物アレルギーが治癒しても，後述する花粉症や気管支喘息といった新たなアレルギーを発症することも多い。

食物アレルギーが乳幼児に多く発症する主な原因は，消化管内に備わった免疫反応を抑える三つのしくみ，すなわち，①消化酵素，②IgA抗体，③経口免疫寛容，がうまく働

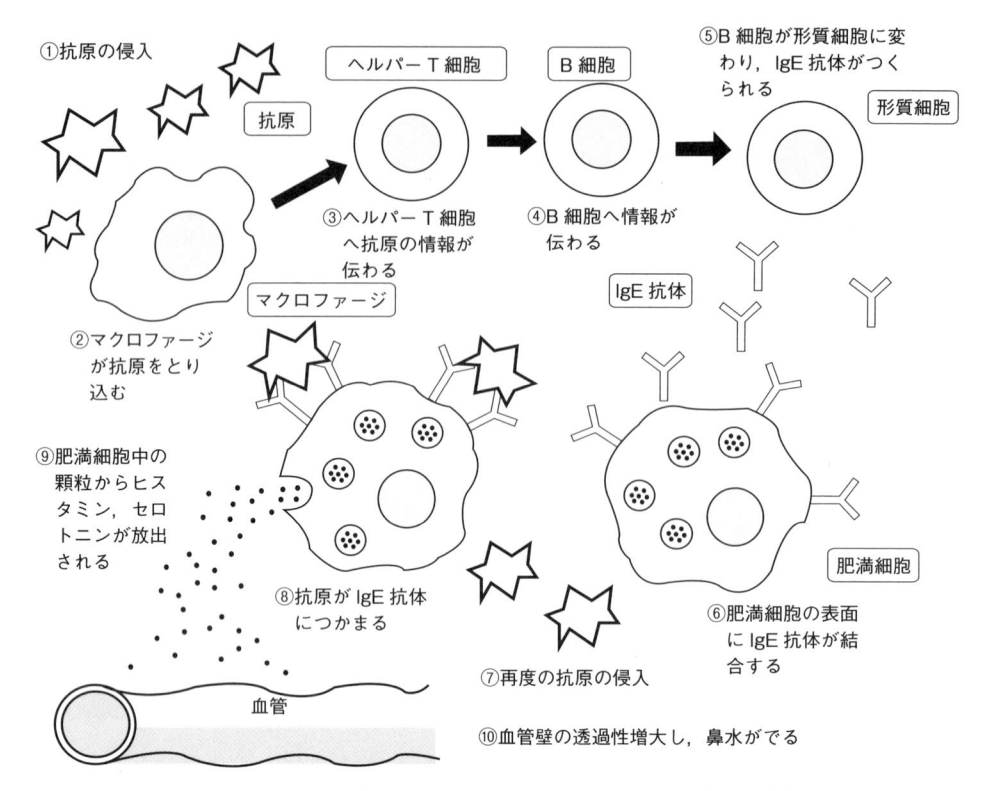

214　第18章　有害化学物質による過敏症・アレルギー

①抗原の侵入
抗原
マクロファージ
②マクロファージが抗原をとり込む
③ヘルパーT細胞へ抗原の情報が伝わる
ヘルパーT細胞
④B細胞へ情報が伝わる
B細胞
⑤B細胞が形質細胞に変わり，IgE抗体がつくられる
形質細胞
IgE抗体
⑥肥満細胞の表面にIgE抗体が結合する
肥満細胞
⑦再度の抗原の侵入
⑧抗原がIgE抗体につかまる
⑨肥満細胞中の顆粒からヒスタミン，セロトニンが放出される
血管
⑩血管壁の透過性増大し，鼻水がでる

図18-6　アレルギーのおこるしくみ（アレルギー性鼻炎の例）

かないためと考えられている。

　私たちが食べた物は消化管内で消化され，低分子の物質に分解された後，主に腸管で吸収される。前述したように，アレルゲンになるのは分子が大きく複雑な物質なので，消化されて低分子になった物質は，腸管で吸収されてもアレルゲンにはならない。しかし，乳幼児では消化管の発達が不完全なため，食べ物が十分に消化されないまま腸管で吸収されてしまい，アレルゲンになってしまうことがある。

　また，腸管に達した食物は，腸管の免疫系を刺激してIgAを産生させる。IgAは，腸管内で食物由来の未消化物質が腸壁から体内に侵入するのを防ぐ働きをする。しかし，乳幼児では，IgAを産生するしくみがまだうまく働かず，未消化物質が腸壁から侵入しアレルゲンとなってしまうのである。

　さらに，私たちの体には，「経口免疫寛容」というしくみも備わっている。これは，口から摂取したタンパク質に対して免疫系は活性化せず，したがってそのタンパク質を攻撃しない，というしくみである。たとえば牛乳の成分であるカゼインを，もし注射で体内に直接摂取するとアレルゲンとして認識されアレルギー反応が起こるが，口から食品として摂取した場合，経口免疫寛容のおかげで通常はアレルギー反応は起こらない。乳幼児ではこのしくみがまだ完全にできあがっていないため，免疫系が寛容を示さずアレルギー症状

がでてしまうのである。

　低年齢で食物アレルギーを発症すると，その後，気管支喘息，アレルギー性鼻炎，といったアレルギーを次々に発症していく傾向があることがわかっている。これを「アレルギーマーチ」とよぶ。低年齢での食物アレルギーを予防することは，その後のアレルギーの発症を抑える上で重要な鍵となるのである。

18-2-3　花粉症

　花粉症とはスギ花粉をはじめとした植物の花粉がアレルゲンとなって起こる症状である。原因となる植物はさまざまで，そのため，現在では1年を通じて花粉症を発症するケースもある。日本では1960年代からスギ花粉症が報告されていたが，近年患者数が激増し，今や国民病の一つとなりつつある。

　発症のしくみは，図18-6に示したとおりである。花粉がアレルゲンとなり，最終的に鼻水や目のかゆみ，涙などの症状が発症する。さらに，一度花粉をアレルゲンと認識すると，免疫記憶のしくみがはたらいてしまうため，花粉にさらされる度にアレルギー反応が早く激しく起こるようになり，症状が悪化する。すなわち，年を経るごとに花粉症が重くなってしまうのである。

　花粉症の対策としては，アレルゲンである花粉に接触しないことが最善である。また，最近では新たな対策として，経口免疫寛容のしくみを利用した治療法も試みられている。アレルゲンとなる花粉をカプセルに詰めるなどの方法で口から食品と同じように摂取する。すると，体はそれを食品と勘違いし，経口免疫寛容が働くようになり，体は花粉に対して免疫反応を示さなくなる，というものである。花粉症が国民病となった現在，このように新たなアレルギーの治療法が考案されてくることが期待される。

18-2-4　アナフィラキシーショック

　食物アレルギーによるアトピー性皮膚炎や花粉症の症状は，確かにとても不快でつらいものである。しかし，そうしたアレルギー症状はどんなにつらくても通常は命に関わるものではない。ところが近年，激しいアレルギー症状として，「アナフィラキシーショック」という症状が注目され始めている。アナフィラキシーショックはⅠ型アレルギーが全身で激しく起こった状態を指す言葉で，実は100年以上前に発見されていた。具体的な全身症状としては，血圧低下，呼吸困難，冷や汗，けいれん，浮腫などが急激に起こり，最悪の場合，死に至るケースもある。

　激しい反応がなぜ起こるのかについては，アレルゲンの種類や本人の体調など，さまざまな原因が考えられているが，まだはっきりしたことはわかっていない。ソバやピーナッツ，ハチ毒，ある種の薬剤などが，アナフィラキシーショックをもたらしやすいアレルゲンであるといわれている。かなり前になるが，小学生が給食に出たソバを食べてアナフィラキシーショックを起こし，死亡したことがニュースで報道された。もし，普段と違う激

しいアレルギー症状が見られたときには，すみやかに医師の診断を仰ぐことが必要である。

18-3 化学物質過敏症

　私たちが生活する環境には，たくさんの化学物質が存在している。たとえば屋外では自動車の排気ガスや畑に撒かれる農薬，室内に入れば建材や家具の接着剤，消臭剤や芳香剤，食事をとればさまざまな食品添加物，などあげているときりがないほどになる。それらの化学物質は衣食住の生活の中で，私たちの体の中にいつの間にか入り込んできている。

　近年，アレルギーとは別に，化学物質が引き起こす症状として「化学物質過敏症」という名称が知られるようになってきた。アメリカでは10人に1人が何らかの化学物質過敏症を発症しているという報告もある。しかし，この症状はその存在が認められるようになってきたものの，わからないことも多い。ここでは化学物質過敏症について説明する。

18-3-1　新築の家が病気をもたらす　－シックハウス症候群－

　化学物質過敏症が世間に知られるようになったのは，「シックハウス症候群」とよばれる化学物質による室内汚染の問題がとりあげられるようになったからであろう。シックハウス症候群とは，その名が示すとおり，住宅（住環境）に起因する化学物質によって体に現れる症状を指す。問題となる化学物質は多種多様であるが，特に建材や家具の接着剤として使われるホルムアルデヒドが注目された。昔の木造日本家屋に比べ，現代の住宅は気密性が非常に高くなっている。そのため，新築・改築住宅では，建材の接着剤に使われているホルムアルデヒドなどの化学物質が揮発し室内に充満することになるのである。ホルムアルデヒドは水に溶けるとホルマリンになる（小学校の頃，理科室の廊下にホルマリン漬けのカエルなどが並んでいるのをみた記憶があるのではないだろうか）。揮発したホルムアルデヒドは，涙や唾液などに溶け込み，目がチカチカしたり，喉がヒリヒリ痛んだりするといった症状を引き起こす。しかし，本当に恐ろしいのはそのような症状が出るよりももっと低い濃度のホルムアルデヒドである。低濃度のホルムアルデヒドに長い期間さらされる（専門的には「曝露される」という）と，次第にホルムアルデヒドが体内に蓄積していく。そして，一定の許容量を超えたところで突然，頭痛，めまい，呼吸困難，身体のかゆみ，けいれん，全身の疲労感など，さまざまな症状を引き起こすようになるのである（図18-7）。

　ホルムアルデヒドの他にも，シックハウス症候群の原因となる有機性室内空気汚染化学物質として，住宅用の塗料や建材などに含まれるトルエン，キシレン，ベンゼンなどが知られている。これらはWHOによる沸点に応じた分類から「揮発性有機物質（VOC：

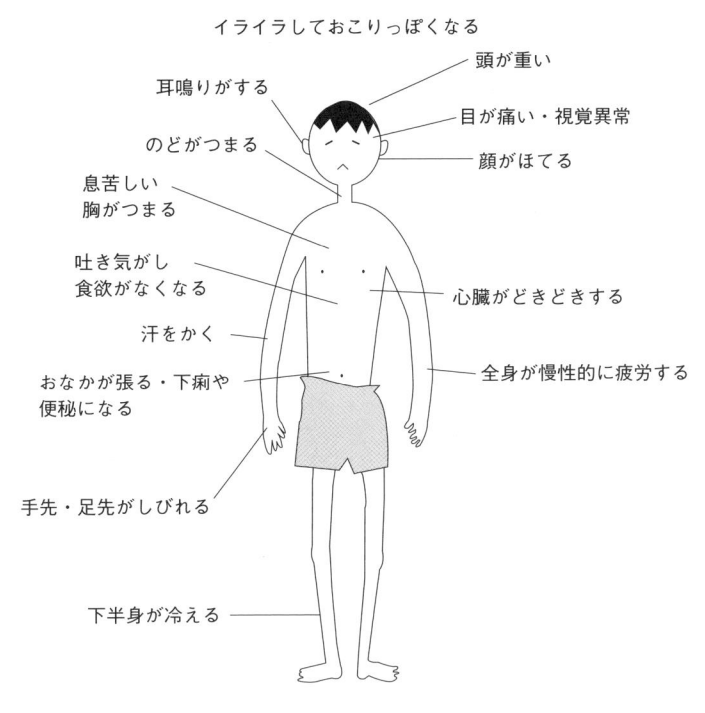

図18-7 化学物質過敏症の症状例

volatile organic compounds）」と総称されている。また，シロアリ駆除剤として使われているクロルピリホスも問題視されてきた。

このような事態を受け，平成15年には建築基準法関連法令の改正が行われ，建材へのホルムアルデヒドの使用規制及びクロルピリホスの使用禁止が決められた。

18-3-2 化学物質過敏症の原因因子

シックハウス症候群に代表される化学物質過敏症を引き起こす化学物質には，ホルムアルデヒド，クロルピリホス，VOC以外にもさまざまなものが知られている。

(1) 農　　薬

農薬は，農業で使われるだけでなく，生活の中のさまざまな場面で使われている。化学物質過敏症の観点から問題となる農薬としては，有機リン系殺虫剤，有機塩素系除草剤，ピレスロイド系殺虫剤があげられる。

有機リン系殺虫剤は畑に散布される農薬だけでなく，家庭園芸用の殺虫剤としても広く普及している。神経毒性があることが知られており，有機リン系殺虫剤を空中散布する地域では近視や視野狭窄が多く見られるという報告もある。毎日の食生活で食べる野菜や果物，観葉植物から，あるいは公園やゴルフ場で，殺虫や除草目的でまかれた有機リン系の化学物質が少しずつ私たちの体の中に溜まっていくのである。

ピレスロイド系殺虫剤は，昔の蚊取り線香の原料であった除虫菊の成分であるピレスリ

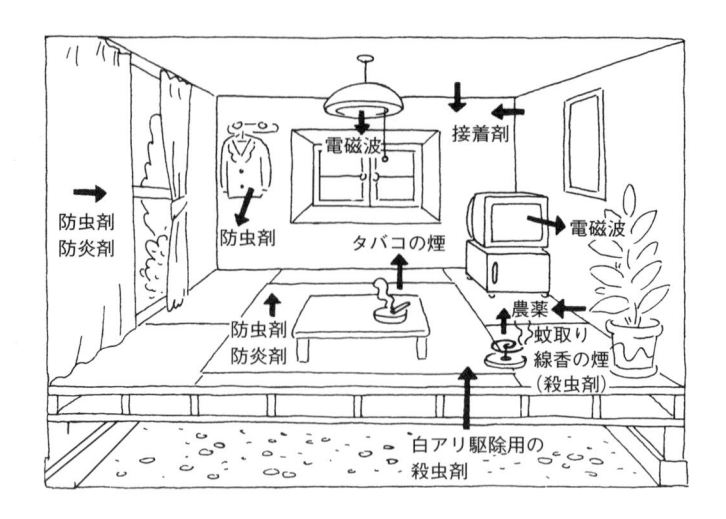

図 18-8 居間の環境問題の発生源
河村宏・辻万千子,「暮らしのなかの農薬汚染」岩波ブックレット (2004)

ンを化学的に合成した薬剤で，現在私たちが使っている蚊取り線香や電気式の蚊取り器の成分である。気密性の高いマンションなどで，夏の夜に窓を閉めて蚊取り線香をたくと，室内にはピレスロイド系殺虫剤が充満することになる。

(2) 食品添加物

日本は，世界有数の食品添加物使用国である。食品添加物は，食品の保存性や味・見た目などを高め，また，価格の安定化にも寄与するといった利点もあるが，当然問題点もある（20-3 参照）。食品添加物には，保存料，着色料，甘味料，着香料，などさまざまなものがあり，私たちはそうした化学物質を毎日摂取しているのである。

(3) 衣類に使用される化学物質

衣類は目的に応じて，加工の段階でさまざまな化学物質により，染色，防臭，抗菌，防虫，防炎，などといった処理がなされている。また，日常で使用している間にも，ドライクリーニングの有機溶剤にさらされたり，タンスの中で防虫剤の成分がしみこんだりしていく。こうした衣類を毎日使用することにより，私たちの体の中に化学物質が蓄積していく。

(4) その他

この他にも，たとえば大気を汚染する物質として，車の排気ガス，工場からの排煙，タバコの煙など，たくさんのものがあげられる。また，化粧品やシャンプー・リンス，染髪料や整髪料，飲み水の消毒薬，新聞や雑誌などからのインク，医薬品，など私たちの身の回りにはおびただしい種類の化学物質があることがわかる（図 18-8）。

こうした化学物質に長くさらされると，シックハウス症候群のところで説明したように一定の許容量を超えたところで突然，頭痛，めまい，呼吸困難，身体のかゆみ，けいれん，全身の疲労感，などさまざまな症状があらわれてくる。さらに，一度何らかの化学物

質に対して化学物質過敏症を発症すると，その後は，その物質以外の化学物質に対しても症状が現れるようになることが多い。これを多種化学物質過敏状態（MCS：multiple chemical sensitivity）とよぶ。前述したアレルギーでは一般的にそのようなことはない。すなわち，スギ花粉の花粉症だけがある人が卵やダイズなどアレルゲンになりうる他の食品を食べても，アレルギー症状を引き起こすことはない。化学物質過敏症ではMCSという状態が珍しくなく，したがって，一度化学物質過敏症になると，生活に大きな支障をきたすことになってしまう。

(5) 化学物質過敏症の治療と予防

前述したように，化学物質過敏症発症のしくみは，まだよくわかっていない。そのため，効果的な治療法も見つかっていない。化学物質過敏症に対して現在最も効果的なのは，化学物質過敏症にならないこと，すなわち日頃から化学物質を体内にとりこまないように考えて暮らすことである。また，万一発症してしまった場合には，化学物質を極力除去した空間で汗を流し，体に溜まった化学物質を体外に排出するしか方法がない。

第二次世界大戦以降，化学工業が発達し，さまざまな化学製品が開発され，私たちの生活は見違えるほど便利で快適になった。しかし，その影で化学物質過敏症のような新たな驚異が出現している。私たちの生活を根本から見直す時期が来ているのかもしれない。

参考文献

1) 大沢利昭・小山次郎,「免疫学の基礎（第3版）」, 東京化学同人（1997）
2) 多田富雄監修・萩原清文,「好きになる免疫学」, 講談社（2001）
3) 上野川修一,「からだと免疫のしくみ」, 日本実業出版社（1996）
4) 上野川修一,「からだとアレルギーのしくみ」, 日本実業出版社（1998）
5) 伊藤幸治,「環境問題としてのアレルギー」, NHKブックス（1995）
6) 岸本忠三・中嶋彰「現代免疫物語」, 講談社ブルーバックス（2007）
7) 「アレルギー疾患・自己免疫疾患などの発症機構と治療技術」, 独立行政法人科学技術振興機構ホームページ（2013）
8) 石川 哲,「化学物質過敏症ってどんな病気」, 合同出版（1993）
9) 宮田幹夫,「化学物質過敏症」, 保険同人社（2001）
10) ピーター・ラディツキー,「環境アレルギー」, 青土社（1998）
11) 田辺新一,「室内化学汚染－シックハウスの常識と対策」, 講談社現代新書（1998）
12) 柳沢幸夫・石川哲・宮田幹夫,「化学物質過敏症」, 文春新書（2002）
13) 河村 宏・辻万千子,「暮らしのなかの農薬汚染」, 岩波ブックレット（2004）
14) 「室内空気質健康影響研究会報告書～シックハウス症候群に関する医学的知見の整理～」, 厚生労働省ホームページ（2004）
15) 「改正建築基準法に基づくシックハウス対策について」, 国土交通省ホームページ（2003）
16) 「化学物質過敏症について」, 化学物質過敏症支援センターホームページ（2010）

第19章　新興感染症

19-1　はじめに

　日本では，明治時代に制定された旧来の伝染病予防法がごく最近まで有効であった。しかし，平成11年にそれまでの伝染病予防法は廃止され，新たな感染症法（感染症の予防及び感染症の患者に対する医療に関する法律）が施行された。平成13年および平成19年に相次ぐ改正がなされた。グローバル時代の今日，感染症が「克服された病気」から「人類の新たな脅威」と変貌してきたからである。

　現行の感染症法では，新たに出現した新興感染症（Emerging Infectious Disease）や過去に流行したものが再び出現する再興感染症（Re-emerging Infectious Disease）を含め，大きく5類と指定感染症に分類されている（表19-1）。最も重篤な感染症を引き起こすものは「一類感染症」に分類されており，エボラ出血熱，クリミア・コンゴ出血熱，痘そう，ペスト，マールブルグ病及びラッサ熱などの病原性ウイルスが含まれている。二類には，炭疽菌，野兎病菌，ペスト菌などに加えて，1類から二類に格下げされた重症急性呼吸器症候群のSARSコロナウイルスなどがある。さらに，感染症の大流行を物理的に阻止するため，特定感染症指定病院（平成21年現在3医療機関）や第一種感染症指定医療機関（平成21年現在32機関）が全国に設置された。非常時を想定したインフラストラクチャーや国際ネットワークも整備され，いちはやく情報の共有システムも構築された。これらの対応で流行阻止の大枠が整ってきたが，感染症の防災対策としてはまだまだ不十分である。

　2009年4月にメキシコで発生した新型インフルエンザはあっという間に世界的に流行し，人々に大きな衝撃を与えたことは記憶に新しい。感染防止の水際作戦を実施していた日本でも，同年5月に国内で発症例が見つかり，感染は全国に広がった。同年6月12日世界保健機関（WHO）ははやばやと世界的流行病（パンデミック）であることを宣言したが，感染拡大はその後も徐々に進行していった。このように，人類にとって新たな感染症がどこかで発生すれば，急速な拡大によって大流行する兆しがあり，いつパンデミックに発展するかは予測できない脅威になっている。

　本章では，SARS（重症急性呼吸器症候群：Severe Acute Respiratory Syndrome）やマールブルグ熱を中心に新興感染症について詳述し，現代の感染症問題を考える。さらに，大規模な感染が続くHIV（ヒトエイズ：Human Immunodeficiency Virus, AIDS），インフルエンザ，プリオン病などについても言及する。

表 19-1　「感染症の予防及び感染症の患者に対する医療に関する法律」による感染症の分類

一類感染症	エボラ出血熱，クリミア・コンゴ出血熱，痘そう，南米出血熱，ペスト，マールブルグ病，ラッサ熱
二類感染症	急性灰白髄炎，結核，ジフテリア，重症急性呼吸器症候群（病原体がコロナウイルス属 SARS コロナウイルスであるものに限る），鳥インフルエンザ（H5N1，H7N9）
三類感染症	コレラ，腸管出血性大腸菌感染症，細菌性赤痢，腸チフス，パラチフス
四類感染症	E 型肝炎，ウエストナイル熱（ウエストナイル脳炎を含む），A 型肝炎，エキノコックス症，黄熱，オウム病，オムスク出血熱，回帰熱，キャサヌル森林熱，Q 熱，狂犬病，コクシジオイデス症，サル痘，腎症候性出血熱，西部ウマ脳炎，ダニ媒介脳炎，炭疽，ツツガムシ病，デング熱，東部ウマ脳炎，鳥インフルエンザ（H5N1 を除く），ニパウイルス感染症，日本紅斑熱，日本脳炎，ハンタウイルス肺症候群，B ウイルス病，鼻疽，ブルセラ症，ベネズエラウマ脳炎，ヘンドラウイルス感染症，発しんチフス，ボツリヌス症，マラリア，野兎病，ライム病，リッサウイルス感染症，リフトバレー熱，類鼻疽，レジオネラ症，レプトスピラ症　ロッキー山紅斑熱
五類感染症	（全数届出感染症） アメーバ赤痢，ウイルス性肝炎（A 型肝炎及び E 型肝炎を除く），急性脳炎（ウエストナイル脳炎，西部ウマ脳炎，ダニ媒介脳炎，東部ウマ脳炎，日本脳炎，ベネズエラウマ脳炎及びリフトバレー熱ををを除く），クリプトスポリジウム症，クロイツフェルト・ヤコブ病，劇症型溶血性レンサ球菌感染症，後天性免疫不全症候群，ジアルジア症，髄膜炎菌性髄膜炎，先天性風疹症候群，梅毒，破傷風，バンコマイシン耐性黄色ブドウ球菌感染症，バンコマイシン耐性腸球菌感染症，風疹，麻疹 （定点届出感染症） インフルエンザ（鳥インフルエンザ及び新型インフルエンザ等感染症を除く），咽頭結膜熱，A 群溶血性レンサ球菌咽頭炎，感染性胃腸炎，水痘，手足口病，伝染性紅斑，突発性発しん，百日咳，ヘルパンギーナ，流行性耳下腺炎，RS ウイルス感染症，急性出血性結膜炎，流行性角結膜炎，細菌性髄膜炎，無菌性髄膜炎，マイコプラズマ肺炎，クラミジア肺炎（オウム病を除く），性器クラミジア感染症，性器ヘルペスウイルス感染症，尖圭コンジローマ，淋菌感染症，メチシリン耐性黄色ブドウ球菌感染症，ペニシリン耐性肺炎球菌感染症，薬剤耐性緑膿菌感染症
新型インフルエンザ等感染症	新型インフルエンザ，再興型インフルエンザ

2008 年 5 月 12 日施行
2020 年 1 月現在

19-2　SARS とマールブルグ熱

19-2-1　近隣の出来事，遠方の出来事

　2002 年，中国で SARS が発生した（図 19-1）。飛沫感染により強力な感染性を示す SARS は，致死率が平均 9.6％ほどと極めて高い。香港を中心とした大流行の兆しを心配して，多くの人々が海外旅行をとりやめた。奇跡的に日本は SARS の流行を免れたものの，当時は，隣国に端を発した SARS 感染が我が国を席巻するという最悪のシナリオを想定していた。

　一方，2005 年 6 月アンゴラでおきたマールブルグ熱の感染の流行は，SARS の喧騒とは状況が大きく異なっていた。死者が 422 人に達し，死亡率は 84％にもおよんだ。この

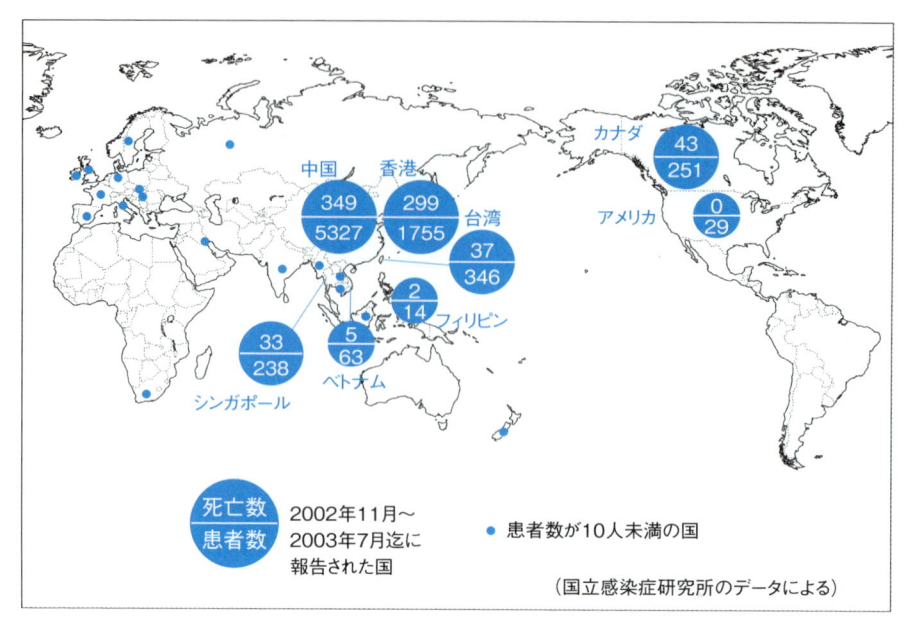

図19-1　SARSの国別発症状況

ように，極めて致死率の高いウイルス性出血熱であっても，日本では新聞の片隅に報道される程度であった。このアンゴラ南西部のウィジェ地方の感染症が他人事であったのは，「現実的には実害のない遠隔地でおこった稀な新興感染症」という見方が優勢だったからであろう。重篤な症状をもたらす感染症であるのに，この2つに対する見方が大きく異なるのはどのような理由によるのだろうか。

19-2-2　三つの感染経路

感染症の脅威は，感染経路によって大きく影響される。人類にとって最も危険な感染経路は，ヒトからヒトへの伝播が起こりやすい飛沫核感染（空気感染）である。病原体が空気中に長時間滞留すると，感染のチャンスが持続する。このような感染は，結核，麻疹，水痘などでみられる。状況によっても異なるが，感染者が滞在していた部屋に入室することでも感染はおこりうる。空気感染症の場合，患者は周囲よりも気圧の低い陰圧室に隔離されるべきであり，周囲の者には1ミクロン粒子を遮断するフィルターマスクの装着が求められる。

二つ目には，SARSやインフルエンザなどで認められる飛沫感染がある。感染者の咳によって分泌物が飛来すると，2メートル程度の範囲では感染が十分成立する。ただし，気道からの分泌物は秒の単位でしか滞空しなく，水滴として存在する。防護対策は通常のマスクが有効とされている。空気感染ほどではないけれど，飛沫感染は感染拡大が比較的おこりやすい感染経路といえよう。三つ目には，マールブルグなどで見られる接触感染がある。この場合，感染者と物理的な接触によって容易におこる。逆に，そのような接触がな

表 19-2　マールブルグ熱の発症

発生年	国	感染者	死亡者	死亡率%
1967	ドイツ，ユーゴ	31	7	22.5
1975	南アフリカ	3	1	33.3
1980	ケニア	2	1	50.0
1987	ケニア	1	1	100.0
1998～2000	コンゴ共和国	154	128	83.1
2005	アンゴラ	374	329	88.0
2007	ウガンダ	4	2	50
2008	米国（ウガンダからの輸入例）	1	0	0
2008	オランダ（ウガンダからの輸入例）	1	1	100

WHO Marburg haemorrhagic fever Fact Sheet November 2012 より引用改変

ければほとんど感染しないので，感染拡大の防止は比較的容易である。それゆえ，これらの感染経路の差異が，SARSとマールブルグ熱に対する脅威の差になったのである。

19-2-3　流行拡大型のSARSと地域限局型のマールブルグ熱

　中国広東省でSARSが発生したのは2002年11月であったが，飛沫感染により感染拡大が起こった。当初，中国当局がSARS発症を隠蔽した。そのため，香港，シンガポール，台湾など観光客の多い地域に密集した地理的条件が災いし，感染防止が後手に回る事態となった。実際，2003年3月カナダに飛び火したSARSは，香港のあるホテル滞在者を通じて発生した。そのホテルには広東省の病院で多くのSARS患者を診た医師が，ある結婚式に参列するために滞在していた。その間にSARSを発症し，他のホテル宿泊者も感染してしまったのである。

　もし，SARSのような流行拡大型感染症が北アフリカや地中海沿岸などで流行したとしたら，どういう事態に発展するであろうか。トリインフルエンザの流行範囲の拡大から想像されるように，かなりの恐怖心を私たち日本人も感じることであろう。今日のグローバル化した時代では，どのような警戒体制を強いても海外旅行者などによる感染症の持ち込みは高い可能性をもつからである。

　一方，表19-2には，接触感染するマールブルグ熱の発症例をまとめた。このウイルス熱は流行速度も極めて遅く，短い時間で次々に感染者が増大することはほとんどない。原因ウイルスの媒介生物種は明らかではないが，土着性が高いコウモリの可能性が考えられている。これらの条件を考えると，マールブルグ熱は地域限局型とみなされる。法令を遵守した物理的隔離は，日本のマールブルグ熱対策でも有効であろう。

　実際，マールブルグ熱と似たラッサ熱が日本に持ち込まれたことがあったが，その感染者は回復し二次感染者も出なかった。これは，マールブルグ熱と似た接触感染という特性も幸いしたと推測される。1967年ドイツでマールブルグ熱のワクチン製造過程で人為的な感染事故が発生した。細胞培養のために使用されたアフリカミドリザルを通じて製薬会社関係者37人が感染し，そのうち7人が死亡した。このような事故も含め感染症を未然に防止するためには，やはり治療薬やワクチンなどの整備が求められる。現状では，マー

ルブルク熱やエボラ出血熱のみならならず，SARS に対しても有効な治療薬が存在しない。それゆえ，法整備や感染対策が完全であっても，危うい状況にはかわりない。

19-2-4 感染拡大が起こったアフリカの事情

地域限局型マールブルグ熱が小規模な感染で終止することが多いのに，なぜアフリカでは感染拡大が起こってしまったのであろうか。通常，マールブルグ熱ウイルスは，接触感染によって全身の皮下組織に大量に侵入する。患者から分泌される体液にはウイルスが含まれ，感染性をもつ。アフリカの場合，感染経路は大きく2通りあることが判明した。第一には，家族や病院のスタッフ，あるいは呪術師などが感染患者や体液に直接触れることで感染した場合である。

第二のルートとしては，静脈注射や点滴などの医療器具などを媒介する感染であった。HIV 感染の経験から，患者体液が感染源とみなす考え方は一般的には理解されている。また，単回使用の器具はすべてディスポーザブルにすることが義務化されている。しかしながら，経済状態が常に逼迫している地域では，加熱滅菌処理できないプラスチック製注射器等をそのまま頻回使用することが多かったのである。また，ゴム手袋の不足や手指の消毒をしないまま，多くの患者と接することも日常的であった。

さらに，医療スタッフ数が極端に少ない状況で過酷な医療活動に従事せざるをえなかったため，感染防止の基本教育もほとんどなされなかった。経済状況の悪さが接触感染や血液感染を拡大させたと言わざるをえない。

19-3　地球規模で流行している新興感染症

19-3-1　HIV

新興感染症の代表格である AIDS（HIV 感染症）は，多くの国や地域で静かな蔓延が続いている（図19-2）。HIV は1981年の米国で忽然と発生したようにみえた。しかし，霊長類 SIV（サルエイズ：simian immunodeficiency virus）との類似性から，西アフリカのチンパンジーから種を超えてヒトへ伝播したと考えられている。つまり，孤発例は何千年も前から存在していたかもしれないのである。原因不明の奇病がごくまれに出現し，患者は人知れず死亡していたことだろう。

HIV 対策の初動段階では，同性愛者などのリスクを有するグループのみに発病する奇病として放置された。米国での流行拡大を政策上の過誤であると指弾する声もある。しかし，HIV ウイルスは1983年までに発見されており，巨額の研究費も投資された。1995年にはほぼ現行の治療法の原型が完成された。抗ウイルス療法の存在する病原性ウイルス疾患が圧倒的に少数であることを考えれば，科学的知見の積み重ねによって治療法も飛躍的進歩を遂げたといえよう。ただ，欧米社会の深みに侵入した HIV 感染症が社会に与えた衝撃は相当なものであり，標準予防策を導入するなど医療体制を刷新してしまうようなで

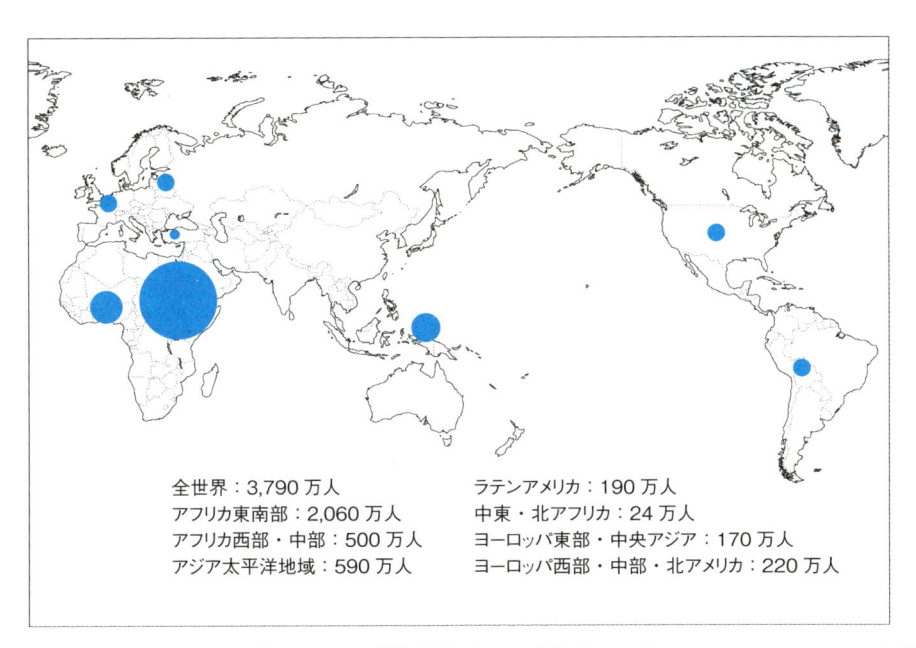

全世界：3,790万人　　　　ラテンアメリカ：190万人
アフリカ東南部：2,060万人　　中東・北アフリカ：24万人
アフリカ西部・中部：500万人　ヨーロッパ東部・中央アジア：170万人
アジア太平洋地域：590万人　　ヨーロッパ西部・中部・北アメリカ：220万人

図19-2　成人（15〜49歳）のAIDS感染者数（2018年）（2019年 UNAIDS Fact Sheet より）

きごととなった。製薬会社にとって利益を生む巨大マーケットであったことも研究に拍車をかけた。しかし，これらの治療薬の恩恵を受けられなかったアフリカのHIV感染者にとっては，1980年代までの不幸がずっと続いていたのである。

近年，オーストラリアのコアラにもHIVが広がっており，AIDSによる絶滅が危惧されている。21世紀の文明の中では，さまざまなペット動物にもそれぞれの感染症蔓延が危惧されている。

19-3-2 インフルエンザウイルス

インフルエンザウイルスは，抗原の種類によりA，B，Cの3種に分類される。さらに，HA抗原（ヘムアグルチニン＝赤血球凝集抗素；H1-H3）やNA抗原（ノイラミダーゼ＝；N1，N2）の組み合わせでタイプ分けされる。過去に大流行したウイルスでもこれらのタイプが明らかになっている。

毎年，A型の流行が注目を浴びるのは，ヒトだけではなく多くの温血動物にも感染するからである。このウイルスがしばしば変異を起こすため，さまざまなタイプが生まれる。たとえば，大きな変異を起こしたA型の家禽類（トリ）インフルエンザがヒトにも感染する性質をもつと，この両方に感染するウイルスはたいてい豚にも感染する。これら異なる生物種間で感染をくり返すと，さらなる変異ウイルスが生み出されることになる。

20世紀におけるインフルエンザの大流行を振り返ってみると，1918年スペイン風邪（H1N1；死者推定5,000万人），1957年アジア風邪（H2N2；およそ200万人），1968年香港風邪（H3N2，H2N3，トリH3亜型の3種遺伝子再集合体；およそ50万人）などがあ

226　第19章　新興感染症

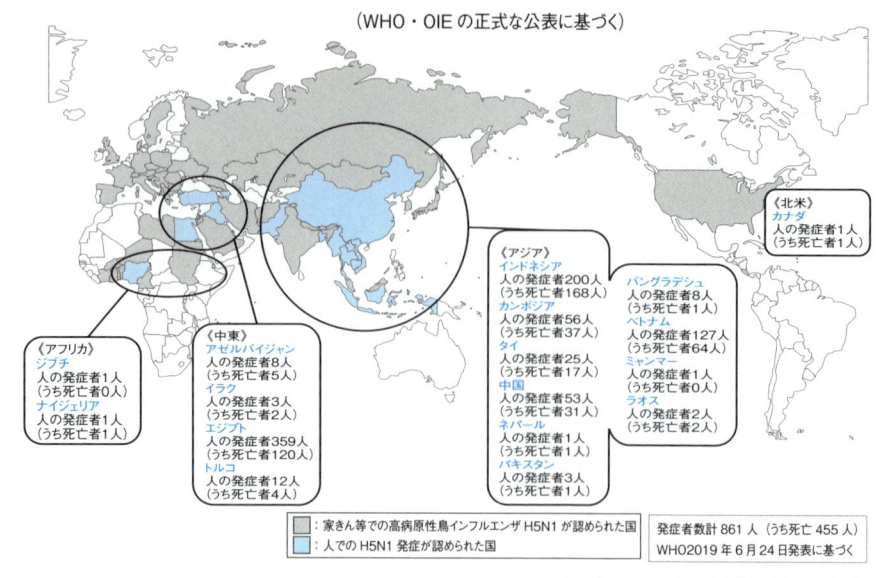

(WHO・OIEの正式な公表に基づく)

〈北米〉
カナダ
人の発症者1人
(うち死亡者1人)

〈アジア〉
インドネシア
人の発症者200人
(うち死亡者168人)
カンボジア
人の発症者56人
(うち死亡者37人)
タイ
人の発症者25人
(うち死亡者17人)
中国
人の発症者53人
(うち死亡者31人)
ネパール
人の発症者1人
(うち死亡者1人)
パキスタン
人の発症者3人

バングラデシュ
人の発症者8人
(うち死亡者1人)
ベトナム
人の発症者127人
(うち死亡者64人)
ミャンマー
人の発症者1人
(うち死亡者0人)
ラオス
人の発症者2人
(うち死亡者2人)

〈中東〉
アゼルバイジャン
人の発症者8人
(うち死亡者5人)
イラク
人の発症者3人
(うち死亡者2人)
エジプト
人の発症者359人
(うち死亡者120人)
トルコ
人の発症者12人
(うち死亡者4人)

〈アフリカ〉
ジブチ
人の発症者1人
(うち死亡者0人)
ナイジェリア
人の発症者1人
(うち死亡者1人)

■：家きん等での高病原性鳥インフルエンザH5N1が認められた国
■：人でのH5N1発症が認められた国

発症者数計861人(うち死亡455人)
WHO2019年6月24日発表に基づく

2019年7月23日 厚生労働省健康局結核感染症課作成

図19-3　鳥インフルエンザ（H5N1）の国別発症状況（2019年6月現在）（厚生労働省HPより）

る。日本でも2005年初夏に発生した。養鶏場でH5N2型の鳥インフルエンザが発生し，鶏が大量に処分される事件があった。このタイプは高病原性インフルエンザとして恐れられている。一方，2005年6月17日まででベトナム，タイ，カンボジアで計107人がH5N1インフルエンザに罹患し，54人が死亡した。このタイプの感染症はその後も続いている（図19-3）。

　家禽類のインフルエンザウイルスはH1からH9までのタイプをもっており，人類にとって新たなウイルスを生み出すリザーバー的役割をはたす。ただ，そのままではヒトに効率的な感染を示さないため，ヒトからヒトへの流行がただちに起こることはない。しかし，世界の至る所で養鶏や養豚などの畜産業が営まれており，ヒトを介した新種ウイルスの発生場所には事欠かない。新種インフルエンザウイルスとワクチン開発のいたちごっこは今後も続くであろう。

　2009年4月にメキシコで端を発した新型（豚）インフルエンザ（swine flu）は，A型H1N1のタイプに属する。大きな変異をもっているため，その亜型として分類されている。もともと豚感染が流行していた農場でヒトに感染してしまった。若い人達の間で感染力が予想以上に強かったため，この変異型ウイルスが瞬く間に世界中の広がったのである。同年9月末の時点で，新型インフルエンザ感染者は全世界で34万人以上になり，死者は4,100人を超えた。とどまることなく感染拡大が続いているため，実態調査を継続しない国も多くあった。実数では公表数字を遥かに上回る被害になったと推定される。ワクチンの生産が急ピッチでなされたが，感染が次第に終息していった。さらに，タミフルやリレンザなどのノイラミダーゼ活性阻害により感染拡大を効果的に防ぐことができた。冬

期になると，例年流行するインフルエンザ感染者数の増加が予想されるが，春先には，再び新型インフルエンザの感染拡大も予想される．すでにタミフル耐性ウイルスも出現しているため，変異型出現も大いに懸念される．

19-3-3　プリオン病

もともと羊には**スクレイピー**という**プリオン病**があった．また，死者に敬意を表してその脳を食べることから生ずるニューギニアの風土病クールー病や，百万人に一人の割合で孤発する急速進行性痴呆症である**クロイツフェルト・ヤコブ病**なども知られていた．

牛プリオン病（ウシ海綿状脳症；**BSE** = Bovine Spongiform Encephalopathy）は，畜産業の構造変化によってもたらされた（20-5-2 を参照）．1970 年代の英国では，草食動物である牛の飼料に羊や牛の肉骨粉をまぜ，成長を早める飼育方式がとられるようになった．その中にスクレイピー感染の肉骨粉が紛れ込んでいたことが原因で，1980 年代後半から英国を中心にBSE が多発した．1990 年代には，感染牛の肉を食べた若年者に変異型クロイツフェルト・ヤコブ病が発症し，その数は 140 人以上に達したのである．

プリオン病は感染肉に含まれるプリオンタンパク質が原因であることを 1980 年に Prusiner 氏が明らかにした．異常プリオンはタンパク質の立体構造を変化させており，その異常な構造が鋳型になって正常プリオンタンパク質の構造を変化させる．この変化が連鎖的にゆっくり続き，脳内で不溶性粒子が形成される．その結果，脳全体の神経細胞が死滅し，脳がスポンジのように軽くなって発病する．

食肉の安全性を確保するため，日本では BSE の予防に全頭検査を実施している．さらに，異常タンパク質の多い神経組織などを食肉製品から除去する政策がとられ，食肉が原因の発症は日本ではほとんど起こっていない．ただ，脳の外科的手術で用いられた牛硬膜が原因の発症例は，数十例以上にのぼった．

19-4　新興感染症の発生と伝播

19-4-1　新興感染症発症の歴史

表 19-3 に 1967 年以降に発生した主な新興感染症をまとめた．この期間に新規に同定された病原体 34 種類が列挙されている．1977 年に発見された**エボラウイルス**，レジオネラ肺炎，ハンタウイルス，キャンピロバクター（Campylobacter），1982 年の O157H7，HTLV-I，ライム病病原体ボレリア，1983 年の HIV，ヘリコバクター・ピロリ，1989 年の C 型肝炎など，多くの感染症が出現してきた．これらには，人類の営みが様々な形で関わっている．

新興感染症の多くは動物から種を超えてヒトに伝播してくる（**人獣共通感染症**）ものであるが，生態系の変化，ヒトの行動様式の変化，さらには，地球環境の変化などの要因が促進因子として働いている可能性がある．病原体を保有する動物や感染を媒介する昆虫類

表 19-3　1967 年以降に出現した主な新興感染症

発生年	病原体	病名・症状	発生地・発見地
1967	マールブルグウイルス	マールブルグ出血熱	西ドイツ，中央アフリカ
1969	ラッサーウイルス	ラッサ熱	西アフリカ，ガーナ，ナイジェリア，シエラレオネ
1969	エンテロウイルス 70 型	急性出血性結膜炎	ガーナ
1973	ロタウイルス	乳幼児下痢	世界中（米国で発見）
1976	エボラウイルス	エボラ出血熱	サハラ以南のアフリカ
1977	リフトバレーウイルス	リフトバレー熱	エジプト
1977	レジオネラ菌	在郷軍人病	米国
1977	ハンタウイルス	腎症候性出血熱	ユーラシア大陸
1977	カンピロバクター	下痢症	世界中
1978	溶血連鎖球菌	劇症型連鎖球菌感染症	米国
1980	ヒト T 細胞性白血病ウイルス	成人 T 細胞白血病	西南日本，カリブ海沿岸
1981	毒素産生ブドウ球菌	毒素性ショック症候群	世界中
1982	病原性大腸菌 O157H7	出血性大腸炎	北米
1982	ボレリア	ライム病	アメリカで発見
1983	ヒト免疫不全ウイルス	エイズ	世界中
1983	ヘリコバクターピロリ	胃潰瘍	世界中（オーストラリアで発見）
1988	ヒトヘルペスウイルス 6 型	突発性発疹	世界中
1988	E 型肝炎ウイルス	肝炎	開発途上国（世界中）
1989	エーリキア症リケッチャー	エーリキア症	米国
1989	C 型肝炎ウイルス	肝炎	世界中
1991	グアナリトウイルス	ベネズエラ出血熱	ベネズエラ（農村）
1992	ビブリオコレラ O139	新型コレラ	南インド
1993	シンノンブレウイルス	ハンタウイルス肺症候群	南北米大陸
1994	サビアウイルス	ブラジル出血熱	ブラジル
1994	ヘンドラウイルス	髄膜炎，脳炎	オーストラリアで発見
1995	ヒトヘルペスウイルス 8 型	カポジ肉腫	世界中（エイズ患者）
1996	変異型プリオン	新型クロイツヘルトヤコブ病（BSE）	英国
1997	トリインフルエンザ H5N1	インフルエンザ	香港
1997	エンテロウイルス 71 型	流行性脳炎	マレーシア
1998	ニパウイルス	髄膜炎，脳炎	マレーシア
1999	西ナイルウイルス	脳炎	北米，中東，欧州，アフリカ（最初の確認，1937 年ウガンダ）
2003	トリインフルエンザ H7N7	インフルエンザ	オランダ
2003	SARS コロナウイルス	重症急性呼吸器症候群	中国広東省
2009	豚インフルエンザ H1N1	新型インフルエンザウイルス	メキシコ
2012	MERS コロナウイルス	中東呼吸器症候群（MERS）	アラビア半島諸国
2013	トリインフルエンザ H7N9	インフルエンザ	中国，香港，マカオ，台湾
2019	COVID-19 コロナウイルス	肺炎	中国

の異常発生，あるいは，人間の住環境への移動によって出現することも考えられる．

19-4-2　環境や生態系の変化による伝播

　農地の開拓や産業構造の変化による生態系の変化が，新規病原体にヒトが接触する機会を増加させた．最近発見された感染症には，マレーシアのニパウイルス脳炎，アフリカのリバリフトバレー熱（Rift Valley fever）などがある．ライム病は元来多彩な臨床症状を

引き起こすが，中枢神経症状など深刻な病状を呈する。欧米でのライム病の流行では，森林再生に伴った鹿とマダニの増加が原因であると推測されている。鹿の個体数増加は，コヨーテなど捕食動物の激減が影響したためと考えられる。

　農作業の果たす役割も大きい。腎症候性出血熱の**ハンタウイルス**（ブニヤウイルス科）は水田に生息するネズミがキャリアーである。稲の収穫期にヒトに感染するので，中国では年間 10 万人以上が感染する。何世紀も前から知られていた病気であるが，病原体が韓国で同定されたのは 1977 年である。

　アルゼンチン出血熱のフニンウイルスはトウモロコシ畑のネズミから感染する。草原をトウモロコシ畑に転化していった農業推進が，宿主であるネズミを増加させ，ヒトとの接触機会を増やしたのである。今後も，農業開発などでヒトが潜在的病原体に遭遇する可能性は否定できない。

　人口密集地帯の公衆衛生状態や水道設備が不完全であるため発生する感染症もある。水道が使えないと，貯水槽に頼ることが多くなる。そのような水は不衛生になりやすいため，蚊やその他の媒介者を増やしたり，飲み水による経口感染症も増大させたりする。農業用水のためのダムや飲用水の貯水場から発生してくる蚊は，これまでも多くの災禍をもたらした感染症の媒介者である。アジアの水稲は日本脳炎をもたらす蚊が育つ。1987 年のモーリタニアのリフトバリー熱は，河川流域で発生した蚊が媒介となったウイルス感染症である。さまざまな住血吸虫も水を生息場所とする。また，公衆衛生が発達していたはずの米国でも，1976 年在郷軍人会が開かれたホテルで空調設備から飛散した水によってある感染症が起こった。この感染症で 29 人が死亡している。原因となる細菌は在郷軍人会の名前を取って**レジオネラ菌**とよばれるが，50℃の温泉でも繁殖する。消毒不十分な日本の温浴施設でも，レジオネラ発症はたびたび報告されてきた。

　自然環境の変化が新興感染症をもたらすことがある。ハンタウイルス肺症候群もその一つである。1993 年の春，例年になく温暖で湿潤であった米国南西部に宿主のネズミが異常に繁殖した。ハンタウイルスの宿主となったため，この感染症が一挙に広まった。海草類など多彩な海洋生物には**コレラ**が生息する。海流変化による水温上昇や富栄養化によって海藻類が異常増殖すると，魚介類に摂取されたコレラによってヒトコレラ腸管感染症が大流行することもある。

19-4-3　人為的な伝播

　人口の都市集中化現象が感染症の流行を拡大することがある。HIV は無症状期の長さと性感染症という伝播形式があるため，産業構造の変化に伴って人口の都市集中化現象が起こると，まずは局地的に感染が伝播した。次に，陸上輸送による人の移動範囲が広がると共に，遠方の地域まで感染が拡大していった。航空機の時代になると，急速に全世界的な流行を示した。この背景には性行為感染だけでなく，静注麻薬や汚染血液を用いた血液製剤など複数ルートによる感染伝播があった。

一方，民族の移動が感染症を伝播させることもある。中世や古代の東西交流によるペストの流行，奴隷貿易がアメリカ大陸にもたらした黄熱病，新大陸の「発見」に伴う天然痘，ガンジス川流域から世界に拡散したコレラなど，枚挙にいとまがない。大規模で緩徐な感染症は交易や戦渦に随伴して拡大していくのである。

2005年6月，インドネシアでは60人以上子供たちがポリオに感染した。イエメンでは280人規模のアウトブレイクが起こった。これらは，2004年ワクチン使用を禁止したナイジェリアで多くの患者が出たことに端を発する。メッカ巡礼によって多くのイスラム教国から巡礼者が集まり，そこで感染症に罹患することが原因となることもある。イスラム圏の東端に位置するインドネシアでも，メッカへ巡礼者や海外出稼ぎ労働者の帰国によって新たな感染症を持ち込む事態が発生した。

人類の歴史で，インフラ整備や公衆衛生手段の確立が，感染症の克服と平均寿命の延長に顕著な成果をあげてきたことは周知のとおりである。しかし，公衆衛生状態の低下を確実にもたらす要因がある。それは戦争である。サハラ以南のアフリカでは繰り返される内戦や紛争による絶望と貧困のなかで，難民の生活環境の劣悪化が感染症を蔓延させた。また，その事が原因となって極端なくらいの経済的困窮からなかなか脱却できない。このような悪循環が続いている地域では，HIVや結核やマラリアだけでなく，エボラ出血熱やマールブルグ熱，さらには，まだ人類が経験していない病原体による感染症も勃発・拡大する可能性は大いに存在する。

19-4-4 日本における感染拡大の可能性

アンゴラで生じたマールブルグ熱流行は，日本の医療機関では通常起こりえない。ただ，マールブルグ熱の初期感染には特徴的な症状がほとんどないため，感染に気づかず感染者に接触することはありえる。とはいえ，正確な診断が迅速になされ，特定病院への入院措置を講ずれば，感染拡大の危険性は極めて低くなる。前述したドイツでのマールブルグ熱感染事故がすぐに終息したのは，そうした対応が確実になされたからと言える。

しかしながら，もし，SARSが日本に持ち込まれた場合はどうであろうか。2003年にSARS感染者が250人程度となったカナダでは，その二次感染の40％以上は医療機関で発生した。まさに，病院内の感染管理体制の隙をついて飛沫感染が拡大したのである。また，感染力の強いインフルエンザが病院内で蔓延した場合も，感染対策には困難がともなうと予想される。ただ，医療従事者が予め予防接種を受けていれば，それほど大きな問題にはならないだろう。

19-5 感染症対策の問題点

治療や予防薬のないSARSには，どの国の医療機関であっても磐石ではない。SARSなどの治療薬開発は必ずしも困難ではないが，現在，製薬企業などは積極的に取り組んでい

ない。それには理由がある。HIV 治療薬の開発で知られる米国ヴェンチャー製薬会社は，「技術的なことより，利益に直結しない SARS 研究は投資対象としない」という主旨の発表をしている。SARS の感染者総数は 8,000 人ほどで，毎年のインフルエンザ罹患者や死亡者に比べてはるかに少ない。結核は全世界で 1 日に 8,000 人ほどの生命を奪っている。HIV はこれまで 3,000 万人以上の生命を奪った。2007 年末の時点で HIV 罹患者は約 3,300 万人以上であり，毎日 8,000 人を上回るほどの死者数であった。このような状況と比較すると，企業論理のみならず社会的な緊急性の度合いから判断しても，SARS 研究は優先順位の低い新興感染症研究と見なされがちである。

しかしながら，ワクチン開発に巨額の投資を望めない状況であっても，人類の安全を長期的に確保する視点は必要である。もし，最貧国の極悪な保健衛生状態を看過していれば，感染症の巨大培養器を地球に据えつけているに等しいからである。WHO などの国際協力によってエボラ出血熱のアウトブレイクを辛うじて抑えられていることは，この意味で大きな価値がある。

新興感染症対策が必ずしも十分でない状況には，大きな懸念が残る。何らかの新興感染症が一度発生しても，小規模な感染をおこしただけで収束することはよくある。このような感染症は収束したようにみえても，実は，それぞれの地域に根付いている。そのため，将来再び，大流行を引き起こす可能性は存在する（**再興感染症**）。事実，土着性の強いマールブルグ熱は，1998 年から 2000 年にかけてコンゴ共和国で 154 人の発病と 128 人の死亡を出した後に終息したが，僻地流行が地域コミュニティーをゆっくりと侵食している。また，近縁のエボラ出血熱は，2005 年 6 月に発生した後でも，コンゴ共和国で断続的に十数回の流行を見せていた。ところが，2014 年にはギニアをはじめとする西アフリカで 2 万 8000 人を超える死者を出す大惨事となった。

同様に，ヒトからヒトへの伝播が強い SARS なども再興感染症として大発生すれば，はかり知れない脅威とダメージを人類にもたらす可能性がある。それゆえ，SARS などを含めた感染症に対しては，公的サポートによるオーファンドラック開発研究として各国の協調が強く望まれる。

19-6　感染症対策の将来

人類の営みと地球環境のグローバルな変化は，相互に連関しながら地球生態系に著しい影響を与えている。多くの感染症は生物ないし生物類似の病原体によってもたらされるから，人類と環境との新たな関わりが感染症全体の動向に影響してくる。北米での**西ナイルウイルス**の広がりに言及するまでもなく，最近の地球温暖化は様々な病原性微生物の生息範囲を拡大させており，パンデミックな感染症の発生頻度や規模の増大が今後大いに懸念される。

交通手段の高速化や人間活動のグローバル化が進む現代のグローバル社会では，健全な

現代文明を享受している人達から極貧状態や公衆衛生破綻状態で暮らす人達までの間で感染症対策に大きな格差が広がっている。このグローバリゼーションと格差問題の両方を首尾よく舵取りしていくことは，新興感染症の征圧が前提となる。2010年4月宮崎県で口蹄疫ウイルスに感染した牛が見つかり，その後同県内で感染が拡大した。このウイルスは風で数十キロほどの範囲に飛散することもあるといわれているが，今回の原因は必ずしも明らかではない。ウイルスで汚染した飼料や感染牛の輸入などが感染を引きおこした可能性も考えられよう。さらには，ヒトは口蹄疫を発症はしないが，ヒトの移動がウイルスの拡散を招くこともありうる。2014年8月には都内の公園で蚊が媒介するデング熱に108名が感染した。

新興感染症や再興感染症に脅かされる度にその場しのぎの対策を行うだけでは，現代社会はもはや立ち行かない時代であることに気づかされる。2019年12月中国武漢市で起こった新型コロナウイルス（COVID-19）による肺炎（新型肺炎）は瞬く間に中国各地に広がりを見せた。2020年2月29日時点で感染者は8.5万人を超え，死者2,933人になってしまったが，致死率は3.4％程である。我が国でも，訪日中国人，中国武漢市からの帰国者，さらには，感染者を乗せたクルーズ船内などの影響で，218名を超える感染者（死者は5名）が認められた。政府は，新型肺炎の感染拡大を阻止するためはやばやとCOVID-19による肺炎を指定感染症とし，中国からの人の往来も制限した。

コロナウイルスといえば，2002年に起こったSARSや2012年のMERS（Middle East Respiratory Syndrome=中東呼吸症候群）の原因ウイルスとしてよく知られている。これらはそれぞれ10％や35％ほどの致死率であったことから，これらコロナウイルス感染症は脅威である。COVID-19は感染者の咳など（気道分泌物）だけでなく体液や便にも検出されることから，飛沫感染だけでなく接触感染も考えられる。そのため，マスク着用や手洗いを励行する基本的な予防策のみならず，人ごみを避ける工夫も大切なことであろう。まさに，人類はこれまでの教訓を生かし，将来を見据えた本格的な新興・再興感染症対策を早急に構築しなければならない。

参考文献

1) Emerging Infectious Diseases, Vol. 1, No. 1, January-March（1995）
2) Emerging Infectious Diseases, Vol. 11, No. 4, April（2005）
3) New England Journal of Medicine,（2005）；352, 2155
4) New England Journal of Medicine,（2005）；352, 2571
5) 西山　修，「世界史の臨界」，岩波書店（2000）
6) 厚生労働省検疫所のHP，https://www.forth.go.jp/topics/202001201520.html

第 20 章　食と農の安全

20-1　食に対する不安の増大

　近年，食に対する不安を抱かせる事件・事例が多発している。たとえば，日本におけるBSE（ウシ海綿状脳症）の発生は大きな注目を集め，人々の牛肉離れを引き起こした。結果として，国内産牛の全頭検査が義務づけられると共に，アメリカ産牛肉の輸入制限が行われた。この他にも，O157や鳥インフルエンザなどのように食物，水，空気などを通して感染する可能性のある感染症の発生が報告されている。また，ヒトには感染の恐れがないものの，口蹄疫は国内の畜産業に大きな打撃を与えた。

　一方，BSE検査が導入される前に処理された牛肉を政府が買い取って焼却処分をする措置に便乗して，食品会社が対象外の輸入牛肉を混ぜて買い取らせるという偽装工作を行ったことが発覚した。食品に関わる偽装としては，他にも原産国や原産地を偽るなどといった事件が跡を絶たない。さらに，消費者の健康を脅かすおそれのある事例として，日本では使用が禁止されている農薬や基準値を上回る農薬が外国産の野菜から検出された例や，日本で未承認の遺伝子組み換え作物が含まれる食品が販売されていた例，さらに乳業会社が期限切れの原料を使用して製品を製造・出荷したために実際に消費者に健康被害が出た例なども報告されている。

　このように，現在の日本では食に対する不安が広がっている。上述のような事件の起こる背景として，一つは企業などのモラルの低下が挙げられる。しかし，さらに大きな原因として，食する側（消費者）と食を供給する側（生産者）との距離が大きく開いてしまっていることがあげられるのではないだろうか。日本では今，食品は身近で気軽に手に入れられるようになっている。しかし，消費者はその食品の生産者，すなわち農家や食品加工会社ひいては原産地などのことをどれほど意識しているだろう。見栄えのよい食品がいつでも簡単に購入できる裏にかくれたさまざまなしくみ（農薬の使用・保存方法・添加物など）をどれほど理解しているだろう。

　ここでは，食の安全性に関する問題について，農業の現状も絡めながら概説していきたい。

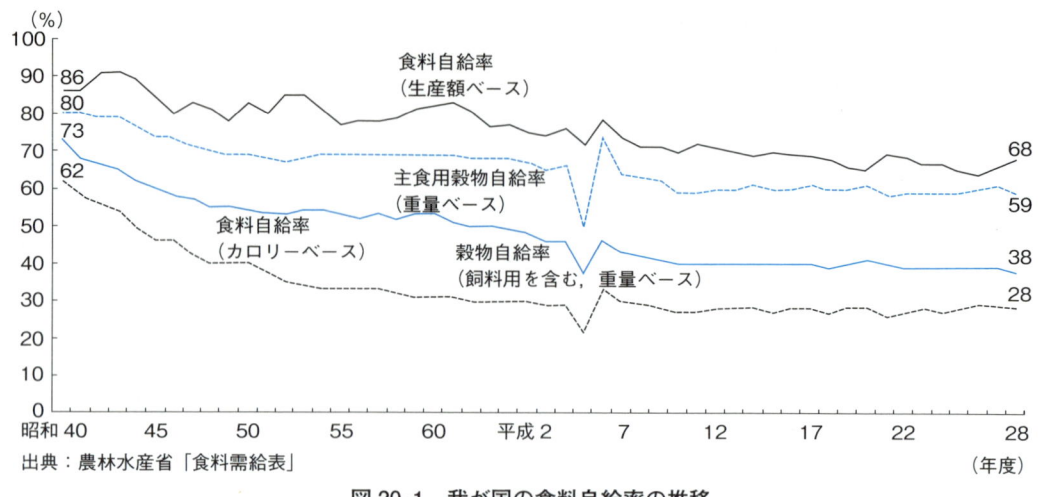

図 20-1　我が国の食料自給率の推移

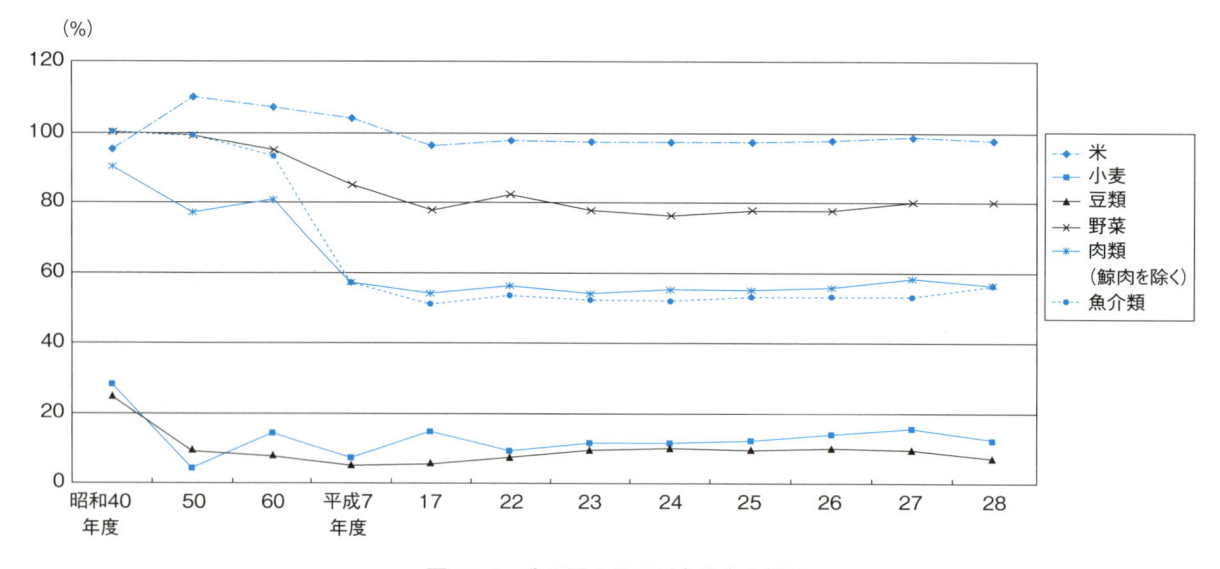

図 20-2　我が国の品目別自給率の推移

20-2　日本の食糧事情の現状

　日本は飽食の国であるといわれているが，実は食糧難の国であるといえるかもしれない。昭和 40 年では日本の食糧自給率（カロリーベース）は 70％を越えていたが，最近は 40％を下回るほどになっている（図 20-1）。つまり，私たちが毎日食べている食事の半分以上は海外からの輸入に頼っているのである。このように食糧自給率が大きく低下した背景には，単に日本国内の農水産業が衰退したということだけではなく，日本人の食生活が大きく変化したことがある。食事の欧米化に伴い，自給率の高い米の消費が減り，替わって畜産物や油脂類などの消費が増大してきた。また，1 年を通じ，安定して安価な食糧が

供給できるよう，外国から大量の食糧を輸入するようになった。図20-2はさまざまな食品の輸入依存度を表している。日本は海に囲まれ魚介類に恵まれているように思われるが，その魚でさえ現在では半分を輸入に頼っていることがわかる。過去には，モロッコでタコが不漁となり，大阪のたこ焼き業者の人たちが打撃を受けたというニュースがあった。日本で消費されるタコは，はるかアフリカで水揚げされているのである。同じように，エビはインドネシアなどで養殖され日本に輸入されているし，アサリは主に中国や北朝鮮から輸入されている。また，日本食の代表ともいえる豆腐・納豆・味噌・しょうゆ等の原料であるダイズをはじめとする豆類も9割以上を輸入に依存している。さらに野菜類などは，日本の端境期(はざかい)に季節の違う南半球の国々から，あるいは価格の安い中国や東南アジアから，輸入されている。

このように，日本は食料供給の半分以上を外国からの輸入に頼る，ある意味で食糧難の国なのである。

20-3　きれいで長持ちに潜む危険　－食品添加物－

前述したように，今や日本人の食卓に上る食品の多くははるか遠くの外国の産地から運ばれてくる。また，食品はおいしく食べられることが大切な要素であり，味や見た目も重要である。さらに価格競争が激しくなり，安価で安定した食品の供給も要求されている。そのような多様な要求の中，日本の食生活において欠かすことができなくなったものの一つが**食品添加物**である。

食品添加物とは，「食品の製造過程において又は食品の加工若しくは保存の目的で，食品に添加，混和，浸潤，その他の方法によって使用するもの」（食品衛生法第2条）と定義されている。化学的に合成された指定添加物だけでも300品目以上あり，それに天然添加物を加えると，800品目以上になる。

食品添加物の分類の仕方はさまざまであるが，一般的には使用目的により以下のように分類されている。

① 食品の品質低下の防止：保存料・殺菌料・防カビ剤・酸化防止剤など
② 食品の栄養価の保持・向上：栄養強化剤
③ 食品の製造に必要：乳化剤・増粘剤・膨張剤・製造用剤など
④ 食品の品質の改良：品質改良剤・小麦粉処理剤など
⑤ 食品の風味や外観の改善：調味料・甘味料・着色料・酸化料など

たとえば品質低下の防止の目的で食品添加物を使用することにより，食品が微生物によって汚染され食中毒を起こす危険を防いだり，腐敗により味や見た目などが劣化することを防いだりすることができる。また，食品の風味や舌触りなどを良くしておいしく食べられるようにするために食品添加物が使われることも多い。一方で，食品添加物の必要性，安全性に対する疑問の声があるのも事実である。

食品衛生法では，食品に使用してよい添加物及びその規格を定めている。また，使用に際しては使用基準，製造基準，保存基準，表示基準が定められている。それらに当てはまらない食品添加物は使用することができない。このうち表示基準とは，食品添加物を使用した食品には原則として使用した食品添加物を表示しなければならないというきまりである。私たち消費者は，食品を選択する際にそのような表示を判断基準とすることができるのである。

食品添加物の安全性については，さまざまな角度から検討されている。基本的には食品には一般の化学物質に比べて安全性の高いものが使用されている。また，同じ食品を長期間にわたって摂取することも多い。そのため，急性毒性（動物が致死する量。通常は50％の個体が致死する量（LD_{50}）として動物の体重1kgあたりの投与量で示し，毒性の目安にする）や亜急性毒性（28日ないし90日間繰り返し投与したときに生じる毒性）の試験も行われてはいるが，一番の目安となるのは慢性毒性試験（比較的微量の被験物質を長期間にわたって繰り返し投与し，影響を調べるもの）である。慢性毒性試験の結果から，長期間投与しても影響の見られない最大量（最大無作用量・最大無毒性量）が推定される。その他に，発ガン試験や変異原性試験（被験物質がDNAに影響を与え，遺伝子の突然変異や染色体の異常を起こすかどうかを調べるもの）なども行われる。こうした安全性試験に基づき，食品添加物については1日摂取許容量（ADI：最大無毒性量の1/100で，人が一生涯毎日摂取しても健康に影響がない量）というものが定められている。

通常，一つ一つの食品に関しては，使用される食品添加物はADIよりはるかに少ない量である。しかし，私たちが食べる食品はたくさんあり，それぞれに食品添加物が添加されていると考えると，一日に摂取する食品添加物の総量はかなりの量になると予想される。また，一つ一つの食品添加物の量がADIを下回っていたとしても，それらの添加物の相乗毒性がどうであるかについての安全性試験はまだほとんどなされていない。実際に使用されている添加物は多種多様であるが，そのうちの二つの組合せによる相乗毒性を調べるだけでも組合せは膨大な数になる。毎日の食生活の中で，相乗毒性を調べるのは事実上不可能であることが容易に想像できる。

前述したように，現代の日本にみられる遠距離からの輸送などを前提とした多彩な食生活を支えるためには，食品添加物のない状態というものは考えられない。もし品質保持に必要な添加物を加えなければ，外国から送られる食品の多くは腐敗し，たとえ冷蔵庫であっても長期間保存される食品は食中毒の原因菌が増殖しているかもしれない。しかし，第18章でも述べたように，食品添加物は化学物質過敏症の原因物質の一つとも考えられている。このような状況の中で私たちができるのは，「表示に注意を払い，少しでも添加物の少ない食品を選ぶ」といった対策ぐらいしかないのかもしれない。

20-4　遺伝子組み換え食品（GM食品）

20-4-1　遺伝子組み換え食品とはどのようなものか

　食品を安価でおいしく食べるという目的を達成する一手段として，近年新たに開発されたのが，**遺伝子組み換え食品**（GM食品：GMとはgenetically modifiedの略）である。GM食品は文字通り，バイオテクノロジーの技術で遺伝子を操作して生み出された新しい生物あるいはそうした生物のつくる物質を原料とした食品のことを指す。

　旧来の作物の品種改良では，良い性質を持った新しい品種を得るためには長い時間をかけて交配を繰り返すことが必要であった。また，良い性質とは，交配が可能な同じ種の植物が持つ性質のみであった。しかし，遺伝子組み換えでは，短時間で目的とする性質を持った作物をつくり出すことが可能であり，また，その性質は同じ種の植物を越えて広く生物一般から選び出すことができる。実際に，現在つくり出されているGM作物は，細菌の持つ遺伝子を組み込んだものが多い。

　農業の分野で開発されているGM作物には，現在のところ主なものだけでも以下のようなものがある。

① **除草剤耐性**：ある種の土壌細菌が持つ除草剤に強い性質を生み出す遺伝子を作物に組み込んだもの。アグロバクテリウムという細菌の遺伝子を組み込み開発された，ラウンドアップという除草剤に耐性をもったダイズが有名。除草剤を撒いてもラウンドアップダイズは枯れない。

② **害虫抵抗性**：ある種の土壌細菌の持つ殺虫毒素をつくる遺伝子を作物に組み込んだもの。枯草菌の一種であるBt菌由来の殺虫毒素は虫の神経を麻痺させる。この殺虫毒素を組み込んだトウモロコシなどの開発により殺虫剤を撒く必要がなくなる。

③ ウイルス抵抗性：ウイルスに対して抵抗性を示す性質を生み出す遺伝子を作物に組み込んだもの。作物の病気はウイルスが原因となっているものが多く，組み換え作物をつくることでウイルス病に強い作物になる。

④ 栄養強化：栄養成分をつくり出す遺伝子を組み込んだもの。βカロチンをつくる遺伝子を米に組み込んだゴールデンライスが有名。緑黄色野菜を食べなくても米からβカロチンが摂取できる。

⑤ その他：アレルギーを抑える作物，ワクチンの作用を持つ作物（食べるだけで予防注射と同じような効果がある），乾燥した地域や塩分濃度の高い地域でも育つ作物，など。

　こうしたGM作物・GM食品は，農業に効率化・高収量化をもたらすだけではなく，食糧危機を救う鍵とも考えられている。さらに発展途上地域の飢餓や衛生状態の悪さを救う手段ともなり得る。たとえばワクチンの作用を持つ作物は，衛生状態が悪く医療器具の乏しい地域において，人々の空腹を満たしながら病気の予防効果もある，いわば一石二鳥の作物と言える。

食品として利用する場合	飼料として利用する場合	花など
遺伝子組換え生物等の規制による生物の多様性の確保に関する法律（カルタヘナ法）		
実験室・温室等での研究開発* →	隔離ほ場での試験的な栽培 →	一般のほ場での栽培・輸入
遺伝子組み換え生物等の拡散を防止する措置（拡散防止措置：文部科学省・環境省令で定められた措置等）を執りながら実験等を行うことが必要	隔離ほ場での栽培について農林水産大臣・環境大臣の承認を受けることが必要（承認に当たって大臣は学識経験者の意見を聴取）	一般のほ場での栽培等について農林水産大臣・環境大臣の承認を受けることが必要（承認に当たって大臣は学識経験者の意見を聴取）
食品衛生法	飼料の安全性の確保及び品質の改善に関する法律	
厚生労働大臣による安全性の審査を受けることが必要（審査に当たって大臣は食品安全委員会の意見を聴取）	農林水産大臣による安全性の確認を受けることが必要（確認に当たって大臣は農業資材審議会及び食品安全委員会の意見を聴取）	
▼	▼	▼
商　品　化		

＊ 日本国内で遺伝子組み換え農作物を開発する場合

図 20-3　遺伝子組み換え作物の安全性評価の仕組み

20-4-2　遺伝子組み換え食品（GM 食品）の安全性

　GM 作物・GM 食品については，食品添加物の場合と同様，安全性について危惧する声も大きい。日本では GM 作物の安全性について，文部科学省，農林水産省，厚生労働省がそれぞれ厳密な審査を行っている（図 20-3）。そのような審査を経て，2010 年 7 月現在，ジャガイモ 8 品種，ダイズ 7 品種，てんさい 3 品種，トウモロコシ 70 品種，なたね 15 品種，ワタ 20 品種，アルファルファ 3 品種の計 126 品種が GM 食品として認められている。このように厳密な安全性審査を経てもなお危惧されている問題点とは，大きく分けると，食品としての安全性と環境においての安全性の二つに要約することができるであろう。

図20-4 遺伝子組み換え作物の作付け面積の推移

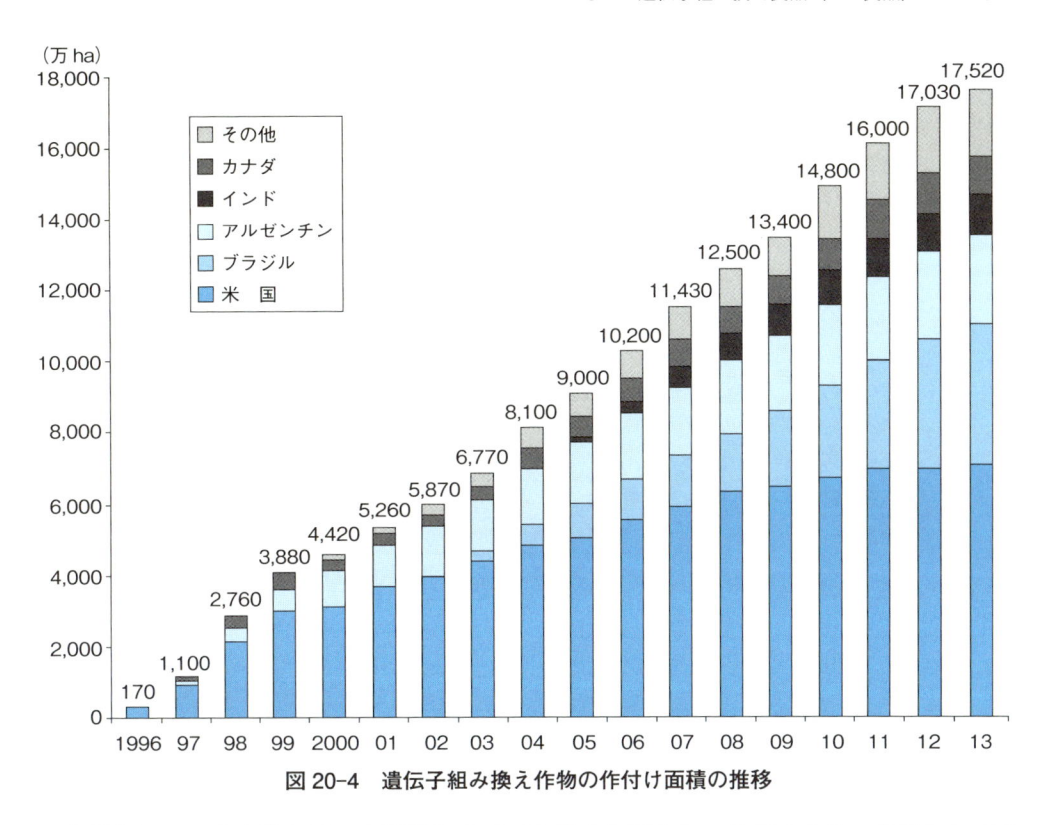

食品としての安全性とは，文字通り食べても安全か否かという点である。食品としての安全性については，厚生労働省が十分な検討を行い，審査に合格したGM作物のみが食品として私たちの口に入ることになっている。しかし，食品添加物のところでも述べたように，単品で毒性の認められない物質でも，他の物質との相乗効果により何らかの影響を及ぼす可能性が考えられる。遺伝子組み換えで作物に組み込まれた遺伝子からつくられる物質は，大半が細菌由来のものであり，従来私たちが食品としては口にしていなかったものである。そうした物質がどのような相乗毒性を持つかは未知であるといってよい。その意味から，GM作物が私たちにとって無害であるとは言い切れない。

一方，環境においての安全性については，すでにいくつかの問題提起がされている。あるGM作物が仮に食品として全く無害だったとしても，その作物を栽培する過程で花粉や種子などが畑の周囲に拡散し，自然界の植物と交配したり，自然界で繁殖したりしたらどうであろう。人間が人為的に組み込んだ細菌などの異種の遺伝子を持った作物が自然界に拡がることになる。たとえば除草剤耐性のGM作物が自然界に拡がったら，雑草が除草剤耐性を獲得してしまい，新たな除草剤を開発しなければならない事態が生じるであろう。また，害虫抵抗性が自然界に拡がれば，目的とする害虫以外の自然界の虫たちの生態系に影響を及ぼすことも考えられる。以前，オオカバマダラという蝶の幼虫が害虫抵抗性のGM作物（トウモロコシ）の花粉のついた食草を食べることで多くが死滅するという報告が出されたことがある。この論文に対しては，その後，実際の圃場での花粉の飛散量

ア　分別生産流通管理が行われている遺伝子組み換え食品の場合（義務表示）

(1) 品名	大豆加工食品
(2) 原材料名	大豆（遺伝子組み換え）
(3) 内容量	50 グラム
(4) 品質保持期限	2010.6.1
(5) 保存方法	10 度以下で保存
(6) 製造者	ABC 株式会社　東京都千代田区××町

イ　遺伝子組み換え食品と非遺伝子組み換え食品の分別生産流通管理が行われていない場合（義務表示）

(1) 品名	大豆加工食品
(2) 原材料名	大豆（遺伝子組み換え不分別）
(3) 内容量	50 グラム
(4) 品質保持期限	2010.6.1
(5) 保存方法	10 度以下で保存
(6) 製造者	ABC 株式会社　東京都千代田区××町

（参考）分別生産流通管理が行われている非遺伝子組み換え食品の場合（任意表示）

(1) 品名	大豆加工食品
(2) 原材料名	大豆（遺伝子組み換えでない）
(3) 内容量	50 グラム
(4) 品質保持期限	2010.6.1
(5) 保存方法	10 度以下で保存
(6) 製造者	ABC 株式会社　東京都千代田区××町

注）例示は JAS 法で定められているものを含む。

図 20-5　ダイズを主原料とする食品の表示例

や蝶の生息域，幼虫の出現時期などを検討した結果，実際には無視し得る程度のものであると結論づけられた。しかし，現在 GM 作物の世界における栽培国及び栽培面積は年々増加している（図 20-4）。GM 作物が全世界的に生産されるようになり，花粉が飛散するようになった時でも周囲の自然界への影響が無視し得る程度のものであるとは，誰も断言できないであろう。

20-4-3　遺伝子組み換え食品（GM 食品）の表示

　このように，GM 作物・GM 食品が 100％安全だと言い切れない状況の中では，私たちには「GM 食品を買わない・食べない」という選択肢があり得る。そのため，日本でも 2001 年 4 月から食品衛生法が改正され，GM 食品の表示が義務づけられた。表示は GM 食品であるもの（原材料に GM 作物を使用しているもの），GM 食品かどうか不明なもの（不分別という：原材料の生産段階で GM 作物が混入している可能性があるもの），及び GM 食品でないもの，の 3 種に分けられ（図 20-5），このうち GM 食品でないものについては，表示の義務はない。しかし，実際に店頭で食品の表示を見ても，GM 食品である，

表 20-1　表示義務の対象外

区　分	食　品　例	理　由
食品中において，組み換えDNA及びこれにより生成したタンパク質が除去分解されているもの	しょうゆ，ダイズ油，コーンフレーク，マッシュポテト等	遺伝子組み換え食品か否かが技術的に検証困難であることや，組換えDNA及びタンパク質が除去，分解されている場合
主な原材料となっていないもの	「全原材料中重量が上位3品目以内で，かつ食品中に占める重量が5%以上のもの」以外	含有量がごく小量な場合まで表示を義務づけることは現実的でないため

あるいは不分別である，という表示のものを見つけることはほとんどない。一方，ダイズを例に取ると，その9割以上を輸入に頼っており，さらに輸入先の8割以上がアメリカである。2009年アメリカでは，遺伝子組み換えダイズ（ラウンドアップダイズ）の作付面積が85%を越えている。この数値を単純にかけあわせただけで（90%×80%×85%），日本国内で食品に使用されているダイズの過半数が遺伝子組み換えダイズであることがわかる。では，遺伝子組み換えダイズはいったいどこに使用されているのであろう。実はGM食品の表示には例外がある（表20-1）。これによると，100%組み換えダイズを原料としていても，しょうゆやダイズ油などには表示をしなくてもよいことがわかる。また，GM作物がその食品の主要な原材料でなければ，表示の義務はない。これらはもちろん，安全性や食品の製造販売上の便宜から定められたものであり，表示がないことで安全性の問題や違法性があるというわけではない。しかし，組み換えダイズを使用しているという表示がない食品を選んでいるから組み換えダイズを食べていないと考えるのは間違っているのである。

20-5　家畜はつくられる

20-5-1　クローンウシの生産

バイオテクノロジーの進歩により，作物だけでなく畜産の世界でも遺伝子操作が行われ，新たな家畜がつくり出されている。ここではおもにクローンウシについて解説したい。

通常の交配では，肉質のよいウシどうしをかけあわせても，産まれる仔ウシがすべて肉質のよいウシになるとは限らない。また，肉牛を産ませるためには通常は母ウシは肉牛である必要がある。しかし，体外受精の手法と**クローン技術**を用いると，こうした制約をこえて遺伝的に均一な肉牛を多数つくることができる。

クローン技術のうち，まず**受精卵クローン**の技術を使う方法を説明したい（図20-6, a）。肉質のよい雌ウシと雄ウシからそれぞれ卵と精子を取り出して体外受精を行う。得られた受精卵が16〜32個に分割したところで割球を分離し，それぞれから核を取り出してレシピエントとなる未受精卵に移植する。その後発生した胚を仮親の子宮に戻し，仔ウシ

第20章 食と農の安全

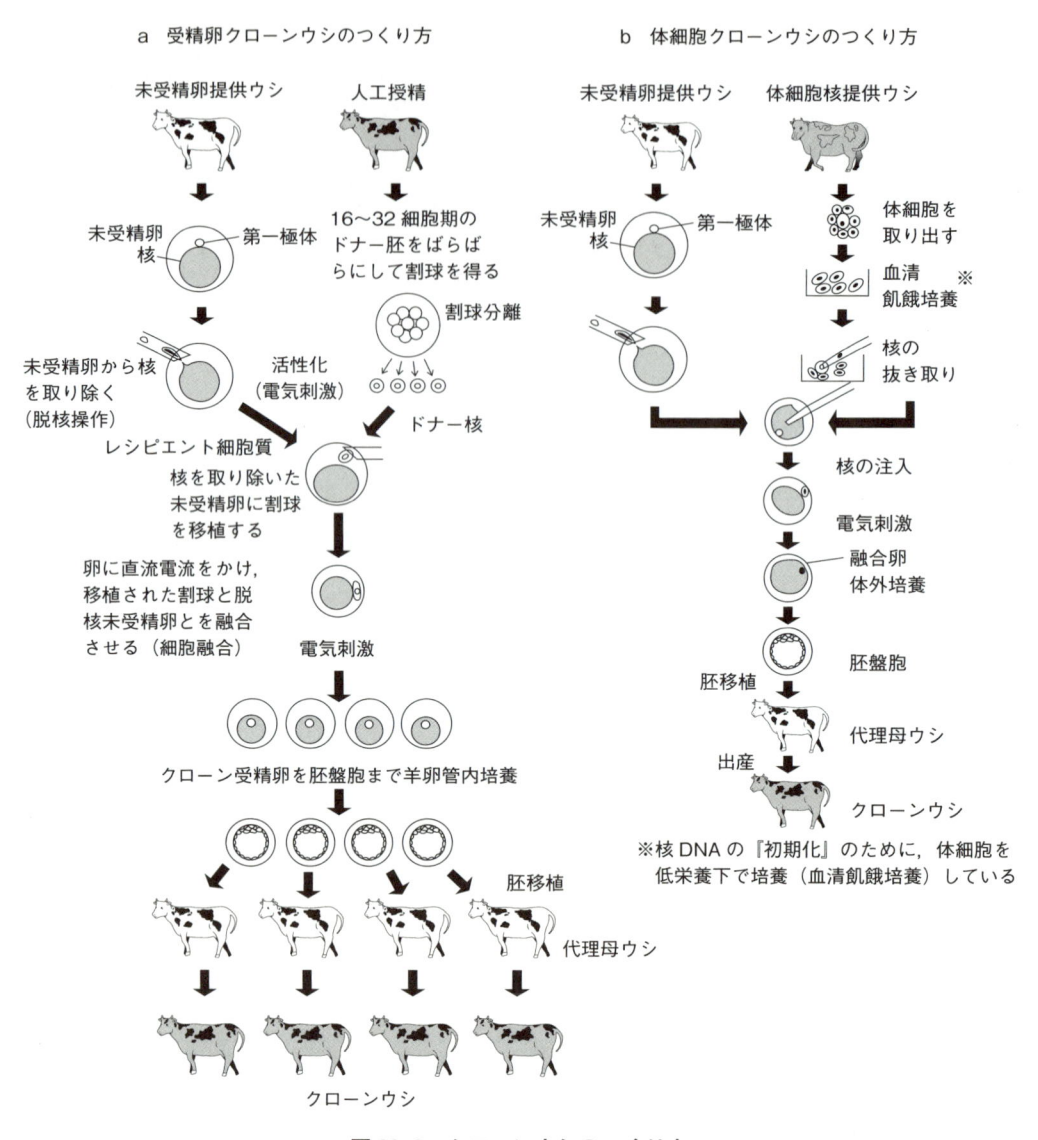

a 受精卵クローンウシのつくり方

未受精卵提供ウシ／人工授精

未受精卵核—第一極体

16〜32細胞期のドナー胚をばらばらにして割球を得る

割球分離

未受精卵から核を取り除く（脱核操作）

活性化（電気刺激）

ドナー核

レシピエント細胞質
核を取り除いた未受精卵に割球を移植する

卵に直流電流をかけ，移植された割球と脱核未受精卵とを融合させる（細胞融合）

電気刺激

クローン受精卵を胚盤胞まで羊卵管内培養

胚移植

代理母ウシ

クローンウシ

b 体細胞クローンウシのつくり方

未受精卵提供ウシ／体細胞核提供ウシ

未受精卵核—第一極体

体細胞を取り出す

血清飢餓培養 ※

核の抜き取り

核の注入

電気刺激

融合卵体外培養

胚盤胞

胚移植

代理母ウシ

出産

クローンウシ

※核DNAの『初期化』のために，体細胞を低栄養下で培養（血清飢餓培養）している

図20-6 クローンウシのつくり方

を得るという方法である。この方法を用いると，よい性質を共通に持ったウシを一度にたくさん得ることができる（人間で言えば一卵性多生児である）。また，未受精卵の提供元や仮親に安価な乳牛を用いることができるので，肉牛の母ウシを使わなくて済み，コスト削減にもなる。

しかし，前述したように，肉質のよいウシどうしをかけあわせても，必ずしも肉質のよい仔ウシが得られるとは限らない。そこで，導入されたのがクローン羊ドリーで有名になった**体細胞クローン**技術である（図20-6, b）。体細胞クローンとは，すでに性質のわかっている成体の細胞の核を利用してクローン動物を作製することである。肉質のよいウ

シ（ドナー）の細胞から核をとり，それをレシピエントとなる未受精卵に移植し，発生した胚を仮親の子宮に戻して仔ウシを得る。この場合，生まれてくる仔ウシはすべて，核を提供した肉質のよいウシと遺伝的に同じ性質を持つため，必ず肉質のよいウシが得られることになる。またこの場合は，ドナーの他に，未受精卵を提供する雌ウシ及び仮親になる雌ウシがいればよく，雄ウシが存在しなくても仔ウシが得られることになる。

日本国内では，2009年3月末で，受精卵クローンウシが722頭，体細胞クローンウシが571頭生まれている。このうち，受精卵クローンウシについては，2000年3月に農林水産省が，表示は任意として店頭販売を許可した。

20-5-2　BSE（ウシ海綿状脳症）

食に対する不安感を増大させたニュースとして，BSE の問題を避けて通ることはできないであろう。BSE はウシの脳が海綿（スポンジ）のようになり，やがて死に至るという病気である（19-3-3 参照）。イギリスで1985年頃から発生が見られ，1986年末に新しい病気として認められた。発症原因はプリオンとよばれる感染性のタンパク質といわれているが，まだ確定はしていない。イギリスではその後 BSE の発生が拡大し，1992年のピーク時には年間37,000頭を越えるウシが BSE を発症している。羊の肉骨粉をウシの試料に混ぜて与えていたことがそもそもの発生原因であることが突き止められ，イギリスでは1988年に肉骨粉の使用が禁止され，感染ウシの数もやがて減少していったが，2005年末までにイギリスではのべ18万頭を越えるウシが発症している。また2000年秋からフランス，ドイツなどヨーロッパに飛び火し，日本でも2001年9月にはじめての BSE 感染ウシが発見され大きなニュースとなった。BSE は潜伏期間が3〜7年と長く，発症は今のところ3歳以上のウシに限られている。

BSE を含むプリオン病とよばれる病気は実は羊ではすでに何百年も前から知られており，スクレイピーとよばれていた。スクレイピーは人には感染しない。一方，人でも同様の病気が知られており，クロイツフェルト・ヤコブ病（CJD）とよばれていた。BSE 感染ウシを食べたことにより発症したと考えられる人の症状は新型 CJD とよばれ，従来の CJD とは区別されている。イギリスでは新型 CJD の患者が1995年にはじめて報告され，現在までに100人ほどが報告されている。日本では1頭目の BSE 感染ウシの発生後，食肉には全頭検査が義務づけられた。2005年8月からは21ヵ月以上のウシについての全頭検査に切り替えられたが，2007年10月末までに BSE と診断されたウシは国内では33頭である。

BSE は本来草食動物であるウシや羊に，肉骨粉を与えて共食いをさせた結果引き起こされた感染症であるといってよいであろう。家畜を人間の都合でつくりだしてきた負の遺産であるといえるのではないだろうか。

20-6　これからの食と農

今まで述べてきたように，食の安全性に対する消費者の不安感は増大する一方である。そのような中，少しでもその不安をうち消すために，いくつかの試みがなされてきている。ここではそのうち，「地産地消」と「トレーサビリティ」について概説したい。

20-6-1　地産地消

地産地消とは，産地で農作物を消費するという考え方である。地元でとれたものを食べるのであれば，長期間の輸送も必要がなくなり，保存のための食品添加物を使う必要性も減少するであろう。また，地元であれば，生産者と顔の見える関係をつくることも容易であり，輸送費が削減され価格も抑えられるであろう。新鮮なものを食べられるので，栄養の面からも好ましいであろう。さらに輸送が短時間になればCO_2の発生量も少なくなり，環境の面からも好ましい。

最初にも述べたように，現在は生産者と消費者の距離が離れていることが多く，それが消費者の不安感を募らせる一つの原因になっている。地産地消を実践することで，両者の距離を縮め，消費者の安心感を高めることができるのではないだろうか。

20-6-2　トレーサビリティ

生産者の顔の見える関係，信頼のある関係という意味で，もう一つの試みとして最近トレーサビリティというシステムが導入されるようになってきた。

店先に並ぶ野菜の包装に，生産者の名前や顔写真が載っている例が増えている。さらに2004年12月からは牛肉トレーサビリティ制度が発足し，店頭に並ぶ牛肉がどこの農場で育てられたウシで，いつ屠殺処理をされ店頭に並んだか，といった情報を追跡することが可能になった。こうした取り組みは，牛肉の偽装工作などから生じた流通ルートに対する不安感を払拭するための重要な手段の一つである。

地産地消とも通じるのは，このようなしくみが生産者と消費者の間の信頼，安心を確保するために役立つシステムであるということであろう。食べることは生きていく上で欠かせない最も重要なことであり，そこに信頼と安心を確保することは，実は何より重要なことである。

参考文献

1) 細貝祐太朗・松本昌雄,「食品安全セミナー2　食品添加物」, 中央法規 (2001)
2) 及川紀久雄編,「環境と生命」, 三共出版 (2004)
3) 中村靖彦,「食の世界にいま何がおきているか」, 岩波新書 (2002)
4) 安田節子,「消費者のための食品表示の読み方」, 岩波ブックレット (2003)
5) 「特集　食の安全」, 科学1月号, p13〜p114, 岩波書店 (2005)
6) 「特集 BSEの危険度はどこまでわかったのか―プリオン研究最前線」, 科学11月号, p1101〜

1159 岩波書店（2006）
6) 中村靖彦，「狂牛病」，岩波新書（2001）
7) 「食品表示に関するQ＆A．加工食品の表示に関する共通Q＆A（遺伝子組換え食品に関する表示について）」，消費者庁ホームページ（2010）
8) 「遺伝子組換え食品Q＆A」，厚生労働省ホームページ　（2010年）
9) 「安全性審査の手続きを経た遺伝子組換え食品及び添加物一覧」，厚生労働省医薬食品局食品安全部ホームページ（2010）
10) 「農林水産技術会議 - 家畜クローン研究の現状について」，農林水産省ホームページ（2010）
11) 「牛海綿状脳症」，動物衛生研究所ホームページ（2010）
12) 「日本の食料自給率」農林水産省ホームページ（2018）

索 引

あ 行

青潮　151
赤潮　151
阿賀野川河口　144
悪玉アディポサイトカイン　118
アジポネクチン　118
アデノウイルス　129
アセチレン　144
アデノシンデアミナーゼ（ADA）
　欠損症　111, 123
アセトアルデヒド　144
アナフィラキシーショック　215
アナフィラトキシン作用　111
アロマターゼ阻害剤　133
アミノ酸の異化　54
アミノ酸の生合成　55
アミノ酸の代謝　54
アミロイドペプチド　120
亜硫酸ガス　141
アルツハイマー病（AD）　120
アルデヒド　166
アレニウス　204
アレルギー　212
アレルゲン　212

異化経路　43, 50
一次エネルギー　171
一次構造　16
一次大気汚染物質　165
一卵性双生児　69
一卵性多胎　65
遺伝コード　22
遺伝子DNA　82, 90, 93, 95
遺伝子組み換え食品　237
遺伝子変異　98
遺伝情報　80, 90
遺伝要因　115, 116
イムノグロブリン　109
インスリン　14, 52, 115

インスリン抵抗性　115, 118
インターフェロン　103, 209
インターロイキン　106, 107
飲料水　149

ウイルス　28
ウイロイド　5
ウラン　180
運動機能障害　144
運輸部門　176

エアロゾル　166
エイズ　112, 210, 224
栄養外胚葉　67
栄養芽層　67
栄養素の代謝　50
液化天然ガス　179, 180
エキソサイトーシス　35
越境汚染　169
エネルギー消費　171
エネルギー保存則　40
エピゲノム　101
エピジェネティクス　100, 101
エボラ出血熱　228, 230, 231
塩化第二水銀　144
塩化ビニール　144
円口類　7
延髄　74
エンタルピー　41
エンドソーム　108
エンドヌクレアーゼ　98
エントロピー　41

オイルサンド　201
岡崎フラグメント　86
オゾン　166, 205
オペロン　92
オプソニン作用　110
オルガネラ（細胞内小器官）　16,
　30

温室効果ガス　164, 205

か 行

開口分泌　35
害虫抵抗性　237
解糖　50
外套　78
下丘　75
化学進化　4
化学浸透説　46
化学的酸素要求量　150
化学的メッセンジャー　52
化学肥料　161
核　32
核酸　20
核小体　33
獲得免疫（後天性免疫）　102,
　104, 106, 209, 210, 211
核分裂　66
核分裂反応　181
核膜　33
核膜孔　33
核融合反応　202
化石燃料　164
嗅球　78
割球　64
滑面小胞体　34
カテプシン　108
カーバイト　144
花粉症　215
カポジ肉腫　113
鎌状赤血球貧血症　122
カリニ肺炎　113
ガン遺伝子　118
感覚障害　144
環境汚染物質の代謝　55
環境基準　149, 153
環境ホルモン　150
環境要因　115, 123

眼瞼反射　75
幹細胞　125
間脳　77
ガン抑制遺伝子　118
ガンを遠ざける食品　57

偽遺伝子　94
記憶（メモリー）T細胞　104
危害分析重要管理点管理　iv
気候変化枠組条約　206
気候変動に関する政府間パネル
　　（IPCC）　206
基質準位のATP生成　45
ギブスの標準自由エネルギー　42
キメラマウス　125
嗅脳　78
偽雄　130
橋　74
極性共有結合　12
キラーT細胞　104, 106, 107, 109
銀河　4

組換え　82
クラスI　108
クラスII　108
グリコシド結合　18
グルカゴン　51
グルコースの新生　50
グルコース（ブドウ糖）　17, 50
クロイツフェルト・ヤコブ病
　　227
クローン　38
クローン技術　66, 127, 241
クローン動物　58
αグロビン（α鎖）　99, 100
βグロビン（β鎖）　99
クロマチン　33

形質　80
形質細胞　106, 107, 109
形質転換　83
血液感染　224
血糖値　115

ゲノム　58, 80, 82
ゲノムプロジェクト　90
原核細胞　28
原核生物　6, 28
嫌気的　150
原（始）小脳　74
原始星　2
原子爆弾　182
原子力エネルギー　173, 180
原子力発電所　183
原子炉　182
減数分裂　59, 60, 82
原生動物　9, 38

公害　140, 167
光化学オキシダント　169
光化学スモッグ　167
光合成　17, 35, 48
後成的修飾（エピジェネティクス）
　　100
口蹄疫ウイルス　232
光リン酸化反応　49
好気的　150
抗原　105, 208
抗原提示　109
抗原提示細胞　209
抗原提示細胞表面　108
抗酸化物　57
恒星　2
酵素　13
高速増殖炉　185
抗体　105, 209
好中球　102
腔腸動物　8, 9
後天性免疫　102
後天性免疫不全症候群（AIDS）
　　112
鉱毒　140
後脳胞　71, 74
国際標準化機構（ISO）　iii
コジェネレーション（コジェネ）
　　203
固定価格買い取り制度（FIT）　189

コード遺伝子　90
古小脳　74
コドン　23, 88
コモンデイジーズ　124
ゴルジ体　31, 34
コレラ　229

さ　行

再興感染症　220, 231, 232
最終エネルギー消費　178
再生可能エネルギー　173
サイトカイン　106, 117
細胞骨格　36
細胞質分裂　66
細胞性免疫　104, 108, 109, 209
細胞内呼吸　17
細胞壁　29
細胞膜　19, 29
酢酸　146
サテライトDNA　94
サプレッサーT細胞　107
酸化的ストレス　57
酸化的リン酸化　46
産業部門　176
三次構造　16
酸性雨　167, 179

シェール　173
視蓋　75
色素性乾皮症　98
四丘体　75
ジクロロジフェニルトリクロロエタ
　　ン　151
脂質（lipid）　18
脂質2重層　30, 34
脂質代謝　52
脂質の異化作用　53
脂質の同化　53
視床　77
視床下部　77
ジスルフィド結合　16
自然免疫（先天性免疫）　102,

103, 209
シックハウス症候群　216
脂肪酸　18, 32
自由エネルギー変化　42
重金属　146, 151, 155
集光性複合体　48
縦列型反復配列　93
受精卵クローン　241
従属栄養生物　114
雌雄同体　131
受精能獲得　60
受精膜　62
受精卵　64
主要組織適合複合体（MHC）
　　　105, 107, 108
純水　149
上丘　75
硝化　150
松果体　78
硝酸態窒素　162
常染色体　63, 70, 82
常染色体劣性遺伝疾患（病）
　　　111, 113
視葉　75
小脳　74
小胞体　34
食作用（ファゴサイトーシス）
　　　35, 209
食品添加物　235
植物細胞　29
食物アレルギー　213
食物連鎖　144
除草剤耐性　237
不知火海　144
新エネルギー　191
新エネルギー利用特別措置法
　　　（RPS）　189
真核細胞　28
真核生物　28
新型インフルエンザ　220, 226
新型コロナウイルス（COVID-19）
　　　228, 232
新型肺炎　232

新規遺伝子　95
神経核　74
神経管　71
神経原線維変化　120
神経板　71
新興感染症　220, 224, 227, 228,
　　　231, 232
人獣共通感染症　227

水質基準　149
水質指標　149
水素結合　11
スクレイピー　227
頭端移動　77
すばる望遠鏡　4
スペイン風邪　225
スモッグ　167

生活習慣病　114
精原細胞　60
精子　60
精子核　61, 62
星状体　35
生殖細胞　58, 82, 98
性染色体　63, 70, 82
生体エネルギー　40
生体濃縮　144
性転換　63, 130, 131, 132
生物化学的酸素要求量　149
生物進化　4
生物濃縮　151
精母細胞　60
世界的流行（パンデミック）
　　　220, 231
赤色巨星　2
石炭　172, 174
石油輸出国機構　174
赤血球　33, 122
接合　39
接触感染　222, 223, 224
前ガン遺伝子　118
前脳胞　71
線形動物　7

染色体　33, 81
先体反応　60
選択的圧力　123
善玉アディポサイトカイン　118
先導鎖　86
セントラルドグマ　6, 21
全有機炭素　150

相同染色体　82
ゾウリムシ　38
側線　74
側脳室　73
粗面小胞体　34

た　行

第一段階代謝反応　55
体液性免疫　104, 109, 209
ダイオキシン　153, 165
大気汚染　164
体細胞クローン　242
体細胞分裂　81
第3脳室　73
胎児性水俣病　147
代謝活性化　55
第二段階代謝反応　55
大脳　77
胎盤　67, 69
第4脳室　73
太陽電池　187
多因子遺伝病　116, 124
多核細胞　33
多核性胞胚　66
多型　124
多胎児　69
多段階説　118
脱アミノ反応　54
縦列型反復配列　93
田中正造　142
タールサンド　201
単因子遺伝病　116
炭化水素　11
炭水化物　16, 42

炭素の循環　164
単為生殖　58
タンパク質　13, 54, 87

地域限局型　223
遅延鎖　86, 87
地球温暖化　164, 169, 179
地球の平均気温の変化　169
地産地消　244
窒素酸化物（NOx）　165, 166, 179
地熱発電　198
着床　67
中間径フィラメント　36
中心小体　35
中心体　31, 35
中性脂質　18
中性子星　3
中東呼吸症候群（MERS）　228, 232
中脳　75
中脳蓋　75
中脳水道　73
中脳胞　71
中立説　123
超新星　3
調節卵　64
聴一側線領域　74
チラコイド膜　49

定性的　149
テロメア　86
電子伝達系　33, 44
転写　87
天然ガス　180
天然石油ガス　179, 180

同位体（アイソトープ）　181
同化　50
瞳孔反射　77
糖代謝　50
糖代謝の調節　51
独立栄養生物　114
独立の法則　81
都市ガス　176

土壌汚染　155, 159
トランスファー RNA　22, 36
トリカルボン酸回路（TCA サイクル）　33, 44, 45, 50, 54, 144
トリグリセリド　19, 52
トリプレット　22, 88
トレーサビリティ　244
貪食　103, 108, 209

な 行

内臓脂肪　117
内部細胞塊　66, 125
ナチュラルキラー細胞　102, 209
軟骨魚類　7

二酸化炭素（CO_2）　164, 165
二次エネルギー　172
二次構造　16
二次大気汚染物質　166
二重らせん構造　21, 83
西ナイルウイルス　231

ネコ 400 号　146, 147
熱力学第一法則　40
熱力学第二法則　41
燃料電池　195

ノイラミニダーゼ阻害　226
脳下垂体後葉　77
脳下垂体前葉　77
脳脊髄液　74
囊胞性線維症　123
農薬汚染　157

は 行

バイオマス　192
廃棄物燃料　199
バインデイン　61
パーミル　152
排出基準　149, 153
胚性幹細胞（ES 細胞）　68, 125

胚盤胞　67, 125
胚葉体（embryoid body）　126
発ガンリスク因子　119
ハッブル宇宙望遠鏡　4
ハンターウイルス　227, 228, 229
半保存的複製　96

非遺伝子 DNA　82, 84, 90, 93, 95, 100
光エネルギー　48
非コード遺伝子　90
非再生エネルギー　172
皮質-橋-小脳系　75
微小管　35
ヒスタミン　111, 212
ヒストン　28
備前楯山　140
砒素　141, 150
ビタミン（Vitamin）　26
ビッグバン　2
ヒトゲノム　93
ヒト白血球抗原（HLA）　108
ヒト免疫不全ウイルス（HIV）　5, 112
飛沫感染　221, 222, 223, 230
飛沫核感染（空気感染）　222
百間排出口　144
標準還元電位差　46
表層粒　59, 62
日和見感染　113
ピリミジン二量体　97

フィダー細胞　126
風力発電　190
富栄養化　150, 151
副経路　111
プラスミド DNA　129
プリオン病　227
プルサーマル計画　184
プレセニリン遺伝子　121
プロトン勾配　46
分化全能性　68
分散型反復配列　93

分泌小胞　35
分離の法則　80

ペプチド　13
ペプチド結合　13
ヘモグロビン　99, 122
ペルオキシソーム　35
ヘルパーT細胞　104, 106, 107, 109, 209
ベンゾピレン　55, 165

放射性廃棄物　185
紡錘体　35
補体　110
ポリオ　230
ポリ塩化ビフェニル　151
翻訳　88

ま 行

マイクロフィラメント（アクチンフィラメント）　36
膜タンパク質　30
マクロファージ　102, 103, 104, 106, 107, 109, 209, 214
マールブルグ熱　220, 221, 222, 223, 224, 228, 230
マラリア　122

未使用エネルギー　200
水の光分解　49
ミセル　19
ミトコンドリア　31, 33, 42, 46
ミトコンドリアDNA　34
緑の破壊　194
水俣病　144, 147
ミネラル　24
脈絡叢　73
民生部門　176

メタボリックシンドローム　117
メタンハイドレート　202
メチル水銀　144, 145, 151

メッセンジャーRNA　21, 22, 36, 87
メラトニン　78
免疫記憶　211
免疫グロブリン（イムノグロブリン）　105, 109, 209
免疫グロブリンスーパーファミリー　105, 106
免疫不全疾患　111

モザイク卵　64

や 行

谷中村　142
山中伸弥　127
山中の四因子　127

有機塩素化合物　151
優性遺伝子（顕性遺伝子）　80
優性の法則　80
雄性ホルモン　63
遊離脂肪酸　52
輸送小胞　32, 34

溶存酸素量　150
容量モル濃度　152
葉緑体　16, 35, 48
四エチル鉛　151
四次構造　16

ら 行

ライソゾーム　35
卵　58
卵割　64
卵原細胞　59
ランダムコイル構造　16
卵母細胞　59
卵膜　59

リソソーム　35, 108
リボザイム　4

リボソーム　35, 36
リボソームRNA　22, 33, 91
硫化水素　150
流行性拡大型感染症　223
硫酸第二水銀　144
リン酸ジエステル結合　20

レジオネラ菌　225
劣性遺伝子（潜在遺伝子）　80
レトロウイルス　5, 129
連鎖　81

老人斑　120

わ 行

渡良瀬川　141

欧 文

APP　120
APP遺伝子　121
ATP（アデノシン三リン酸）　17, 33, 42
ATP合成　42
BOD　150
BSE　227, 243
B細胞　104, 109, 209
Bリンパ球　104
cAMP　51
COD　150
COVID-19　228, 232
DDT　151, 161
DNA　20, 28, 83, 90
DNA損傷　98
DNA修復機能　98
DNAポリメラーゼ　85, 96, 97
DO　150
ES細胞　68, 125
G：ギブズの自由エネルギー　40
GM食品　237
gRNA　90, 92, 95
HA抗原　225

HACCP（ハサップ） iv	Oncomi R 96	Sry 遺伝子 63
HIV 112, 220, 224, 225	PAf-1 118	TCA サイクル 33, 44, 50, 54, 144
hnRNA 6, 87, 90	PAN 166	TOC 150
IgA 107, 109, 110, 210, 214	PCB 151	tRNA 24, 36, 88
IgG 107, 109, 110, 210	ppb 152	T 細胞 104, 105, 106, 209
IgD 107, 110, 210	ppm 152	T 細胞白血病ウイルス 5
IgE 107, 110, 210	ppt 152	T 細胞リセプター（TCR） 105, 108
IgM 109, 110, 210	RNA 22, 84	
innner cell mass=ICM 67, 125	RNA ウイルス 5, 128	T リンパ球 104
iPS 細胞 125	RNA ワールド 5, 128	VOC 166, 216
L-α-アミノ酸 13	rRNA 24, 33, 92, 95	X 染色体 63, 70, 82, 130
LINE 94	SARS 220, 221, 222, 223, 228, 230, 231, 232	X 連鎖劣性遺伝 111
LTR 94		Y 染色体 63, 82
M=mol dm^{-3} 152	scRNA 90, 92, 95	α サラセミア 100
MERS 228, 232	SINE 94	α-らせん構造 16
miRNA 90, 92, 95	siRNA 90	β グロビン遺伝子 99
mRNA 5, 24, 36, 87, 92	SIV 224	β サラセミア 99, 100
NA 抗原 225	snoRNA 90, 92, 95	β 酸化 53
ncRNA 96	snRNA 90, 92, 95	β-シート構造 16

編著者（五十音順）

林 要喜知（はやし ようきち）
- 1984年 金沢大学大学院医学研究科博士課程修了
- 現在 旭川医科大学医学部教授，医学博士
- 専門 神経細胞生物学，神経化学

細谷 夏実（ほそや なつみ）
- 1988年 東京大学大学院理学系研究科（相関理化学専攻）博士課程修了
- 現在 大妻女子大学社会情報学部教授，理学博士
- 専門 細胞生物学，環境生物学

矢澤 洋一（やざわ よういち）
- 1965年 北海道大学大学院理学科修士課程退学
- 現在 北海道教育大学名誉教授，東京大学農学部共同研究員
- 専門 生化学，栄養生理学，健康科学

執筆者

浅川 哲弥（あさかわ てつや）
- 1978年 北海道大学大学院理学研究科博士課程退学
- 現在 元北海道教育大学教育学部旭川校教授，理学博士
- 専門 生化学

加藤 勲（かとう いさお）
- 1976年 北海道大学大学院農学研究科博士課程単位取得退学
- 現在 酪農学園大学名誉教授，農学博士
- 専門 環境化学

津村 直美（つむら なおみ）
- 1992年 北海道大学薬学部卒業
- 現在 旭川医科大学医学部助教
- 専門 生化学

豊田 直二（とよた なおじ）
- 1981年 千葉大学大学院医学研究科博士課程修了
- 現在 熊本学園大学社会福祉学部教授，医学博士
- 専門 細胞生物学

中村 正雄（なかむら まさお）
- 1974年 北海道大学大学院理学研究科博士課程修了
- 現在 旭川医科大学名誉教授，理学博士
- 専門 生化学

中村 將（なかむら まさる）
- 1976年 北海道大学大学院水産学研究科博士課程退学
- 現在 一般財団法人沖縄美ら島財団，総合研究センター動物研究室参与，水産学博士
- 専門 魚類生殖生物学

春見 達郎（はるみ たつお）
- 1991年 金沢大学大学院自然科学研究科（生命科学専攻）博士課程修了
- 現在 旭川医科大学医学部助教，学術博士
- 専門 細胞生物学，生殖・発生生物学

松田 禎行（まつだ さだゆき）
- 1981年 北海道大学大学院理学研究科博士課程単位取得退学
- 現在 元北海道教育大学教育学部旭川校教授，理学博士
- 専門 生物無機化学

間宮 均人（まみや なおと）
- 1986年 名古屋大学医学部
- 現在 アイシン・エイ・ダブリュ（株）岡崎工場診療所・医師

矢澤 隆志（やざわ たかし）
- 2000年 熊本大学大学院自然科学研究科博士課程修了
- 現在 旭川医科大学医学部生化学講師，理学博士
- 専門 内分泌学

山舖 直子（やましき なおこ）
- 1977年 北海道大学大学院理学研究科（動物学専攻）修士課程修了
- 現在 元酪農学園大学環境システム学部教授，理学博士
- 専門 発生生物学

生命と環境（せいめい と かんきょう）

2011年5月1日　初版第1刷発行
2020年4月10日　初版第3刷発行

© 編著者　林　要喜知
　　　　　細谷　夏実
　　　　　矢澤　洋一

発行者　秀島　功
印刷者　横山　明弘

発行所　三共出版株式会社　東京都千代田区神田神保町3の2
振替　00110-9-1065
郵便番号　101-0051　電話　03-3264-5711代　FAX　03-3265-5149

一般社団法人日本書籍出版協会・一般社団法人自然科学書協会・工学書協会　会員

Printed in Japan　　印刷・製本　横山印刷

JCOPY 〈（一社）出版者著作権管理機構　委託出版物〉
本書の無断複写は著作権法上での例外を除き禁じられています．複写される場合は，そのつど事前に，（一社）出版者著作権管理機構（電話 03-5244-5088, FAX 03-5244-5089, e-mail:info@jcopy.or.jp）の許諾を得てください．

ISBN 978-4-7827-0586-5